21世纪高等学校计算机教育实用规划教材

计算机常用工具软件

李翠梅　徐广宇　王　彪　主　编
韩　勇　刘保利　曹风华　副主编

清华大学出版社
北京

内容简介

本书从实用的角度出发，介绍了目前最流行、最实用且经过精心挑选、具有代表性、口碑好的数十种在人们工作、娱乐、学习和生活中经常涉及的计算机工具软件，内容涵盖计算机日常应用过程中应该掌握的几乎所有计算机常用软件基础知识。本书文字简洁，步骤清晰，通俗易懂，方便实用，可帮助读者轻松、迅速地掌握工具软件的下载、安装和正确使用。通过本课程的学习，读者应能够掌握计算机常用工具软件的基本使用方法，能较熟练地运用有关工具软件解决计算机应用过程中的实际问题。

本书突出案例教学，强调实际操作技能的掌握。书中包含大量案例，通过案例学习，读者可以真正熟练掌握操作各种计算机常用软件的基本技能，真正达到"学以致用"的效果。

本书适合作为大学本、专科教材使用，也可供计算机爱好者和办公人员参考和查阅。

图书在版编目(CIP)数据

计算机常用工具软件/李翠梅等主编. —北京：清华大学出版社，2017 (2024.2重印)
(21 世纪高等学校计算机教育实用规划教材)
ISBN 978-7-302-48473-8

Ⅰ. ①计… Ⅱ. ①李… Ⅲ. ①工具软件 Ⅳ. ①TP311.56

中国版本图书馆 CIP 数据核字(2017)第 225680 号

责任编辑：闫红梅 薛 阳
封面设计：常雪影
责任校对：胡伟民
责任印制：沈 露

出版发行：清华大学出版社
网 址：https://www.tup.com.cn, https://www.wqxuetang.com
地 址：北京清华大学学研大厦 A 座 **邮 编**：100084
社 总 机：010-83470000 **邮 购**：010-62786544
投稿与读者服务：010-62776969，c-service@tup.tsinghua.edu.cn
质量反馈：010-62772015，zhiliang@tup.tsinghua.edu.cn
课件下载：https://www.tup.com.cn，010-83470236
印 装 者：三河市君旺印务有限公司
经 销：全国新华书店
开 本：185mm×260mm **印 张**：14 **字 数**：325 千字
版 次：2017 年 12 月第 1 版 **印 次**：2024 年 2 月第 5 次印刷
印 数：6001～6300
定 价：29.00 元

产品编号：075687-01

出版说明

随着我国高等教育规模的扩大以及产业结构调整的进一步完善，社会对高层次应用型人才的需求将更加迫切。各地高校紧密结合地方经济建设发展需要，科学运用市场调节机制，合理调整和配置教育资源，在改革和改造传统学科专业的基础上，加强工程型和应用型学科专业建设，积极设置主要面向地方支柱产业、高新技术产业、服务业的工程型和应用型学科专业，积极为地方经济建设输送各类应用型人才。各高校加大了使用信息科学等现代科学技术提升、改造传统学科专业的力度，从而实现传统学科专业向工程型和应用型学科专业的发展与转变。在发挥传统学科专业师资力量强、办学经验丰富、教学资源充裕等优势的同时，不断更新教学内容、改革课程体系，使工程型和应用型学科专业教育与经济建设相适应。计算机课程教学在从传统学科向工程型和应用型学科转变中起着至关重要的作用，工程型和应用型学科专业中的计算机课程设置、内容体系和教学手段及方法等也具有不同于传统学科的鲜明特点。

为了配合高校工程型和应用型学科专业的建设和发展，急需出版一批内容新、体系新、方法新、手段新的高水平计算机课程教材。目前，工程型和应用型学科专业计算机课程教材的建设工作仍滞后于教学改革的实践，如现有的计算机教材中有不少内容陈旧(依然用传统专业计算机教材代替工程型和应用型学科专业教材)，重理论、轻实践，不能满足新的教学计划、课程设置的需要；一些课程的教材可供选择的品种太少；一些基础课的教材虽然品种较多，但低水平重复严重；有些教材内容庞杂，书越编越厚；专业课教材、教学辅助教材及教学参考书短缺，等等，都不利于学生能力的提高和素质的培养。为此，在教育部相关教学指导委员会专家的指导和建议下，清华大学出版社组织出版本系列教材，以满足工程型和应用型学科专业计算机课程教学的需要。本系列教材在规划过程中体现了如下一些基本原则和特点。

(1) 面向工程型与应用型学科专业，强调计算机在各专业中的应用。教材内容坚持基本理论适度，反映基本理论和原理的综合应用，强调实践和应用环节。

(2) 反映教学需要，促进教学发展。教材规划以新的工程型和应用型专业目录为依据。教材要适应多样化的教学需要，正确把握教学内容和课程体系的改革方向，在选择教材内容和编写体系时注意体现素质教育、创新能力与实践能力的培养，为学生知识、能力、素质协调发展创造条件。

(3) 实施精品战略，突出重点，保证质量。规划教材建设仍然把重点放在公共基础课和专业基础课的教材建设上；特别注意选择并安排一部分原来基础比较好的优秀教材或讲义修订再版，逐步形成精品教材；提倡并鼓励编写体现工程型和应用型专业教学内容和课程体系改革成果的教材。

(4) 主张一纲多本，合理配套。基础课和专业基础课教材要配套，同一门课程可以有多本具有不同内容特点的教材。处理好教材统一性与多样化，基本教材与辅助教材，教学参考书，文字教材与软件教材的关系，实现教材系列资源配套。

(5) 依靠专家，择优选用。在制订教材规划时要依靠各课程专家在调查研究本课程教材建设现状的基础上提出规划选题。在落实主编人选时，要引入竞争机制，通过申报、评审确定主编。书稿完成后要认真实行审稿程序，确保出书质量。

繁荣教材出版事业，提高教材质量的关键是教师。建立一支高水平的以老带新的教材编写队伍才能保证教材的编写质量和建设力度，希望有志于教材建设的教师能够加入到我们的编写队伍中来。

21世纪高等学校计算机教育实用规划教材编委会
联系人：魏江江 weijj@tup.tsinghua.edu.cn

前　言

本教材结合当前财经类专业计算机基础教学“面向应用，加强基础，普及技术，注重融合，因材施教”的教育理念，注重实用，通俗易懂，图文并茂，详略得当，介绍了比较常用、实用性强、具有一定代表性并且流行的工具软件，力求使学生在掌握计算机基础知识的同时，掌握实际应用计算机的能力，真正达到学以致用的目的。

教材内容涉及计算机应用过程中需要基本掌握的有关计算机防护、文件压缩与恢复、电子图书浏览和制作、语言翻译、图形与图像处理、网络应用、影音播放、手机管理以及系统测试和优化等方面的常用工具软件的应用。常用工具软件版本更新快，实践性强，因此本教材尽量选用比较新且稳定的版本，理论结合实践地加以阐述，以便提高学生对不同版本软件的适应能力和实际应用能力。本书适合作为大学本、专科教材使用，也可以供计算机爱好者和办公人员参考和查阅。

本教材的特色在于每章开始便提出教学重点和难点，明确教学目标；在操作性强的章节后面都提供简单的教学案例，从而实现“以教学案例构建的任务为主线，以教师为主导，以学生为主体”的以学定教、学生主动参与的教学模式；在每章后面都提供了习题，以加强理论引导。

全书共分为 10 章：第 1 章为常用工具软件基础；第 2 章为计算机防护软件——360；第 3 章为文件压缩与恢复软件；第 4 章为电子图书浏览和制作工具软件；第 5 章为语言翻译工具软件；第 6 章为图像处理工具软件；第 7 章为网络常用工具；第 8 章为影音播放软件；第 9 章为手机管理软件；第 10 章为系统测试与优化软件。

本教材编写组由 7 位老师组成，徐广宇编写了第 1 章 1.2 节、第 2 章、第 10 章，王彪编写了第 3 章、第 9 章，曹风华编写了第 4 章，张利军编写了第 1 章 1.3 节、第 5 章，李翠梅编写了第 6 章，刘保利编写了第 7 章，韩勇编写了第 1 章 1.1 节、第 8 章。全书由李翠梅、徐广宇、王彪任主编，韩勇、刘保利、曹风华任副主编。主编对全书进行了统稿、修改和校对，副主编完成课件制作。

限于编者的学识、水平有限，对书中疏漏、不当之处敬请读者不吝斧正。

编　者

2017 年 5 月 4 日

前言

目　录

第1章

常用工具软件基础

本章说明

软件分为两类：系统软件和应用软件。常用工具软件基本上都是属于应用软件的范畴。本章介绍软件的基础知识，软件的获取、安装和卸载，重点介绍常用工具软件的分类和功能，为全书后续章节的阐述做一个引导。

本章主要内容

- 🕮 软件基础知识
- 🕮 工具软件概述
- 🕮 软件的获取、安装与卸载

一个完整的计算机系统是由硬件系统和软件系统两大部分构成的。硬件是指计算机系统中的各种物理装置，由电子的、磁性的、机械的部件组成的物理实体，是计算机系统的物质基础。软件是相对于硬件而言的，是指存储在计算机的各级各类存储器中的系统及用户的程序和数据，是程序和相关文档的总称，是计算机系统的灵魂。软件系统着重解决如何管理和使用机器的问题。光有硬件而没有软件的计算机称为"裸机"，只有配上软件的计算机才成为完整的计算机系统。

1.1 软件基础知识

本节重点和难点

重点：

(1) 软件的概念和分类；

(2) 系统软件和应用软件的划分依据和功能；

(3) 了解软件开发工具。

难点：

(1) 软件的概念和分类；

(2) 如何判断某个软件是属于应用软件还是系统软件的范畴。

软件分为系统软件和应用软件两类。系统软件是为了对计算机的软硬件资源进行管理、提高计算机系统的使用效率和方便用户而编制的各种通用软件，一般由计算机生产厂商提供。常用的系统软件有操作系统、系统服务程序、程序设计语言和语言处理程序等。应用软件是指专门为某一应用目的而编制的软件，常用的应用软件有文字处理软件、表处理软件、计算机辅助软件、实时控制与实时处理软件、网络通信软件等，以及其他各行各业的应用软件。

1.1.1 系统软件

系统软件是管理、监督和维护计算机软、硬件资源的软件。系统软件的作用是缩短用户准备程序的时间，控制、协调计算机各部件，扩大计算机处理程序的能力，提高其使用效率，充分发挥计算机各种设备的作用等。系统软件主要包括操作系统、系统维护程序、诊断系统程序、服务程序、各种程序设计语言和语言处理程序等。

1.1.2 应用软件

应用软件指专门为解决某个应用领域内的具体问题而编制的软件。它涉及应用领域的知识，并在系统软件的支持下运行。由软件厂商提供或用户自行开发，如财务管理系统、仓库管理系统、字处理、电子表格、绘图、课件制作、网络通信等软件。

1.1.3 软件开发工具

系统软件和应用软件之间并没有严格的界限。有些软件介于它们中间，不易分清其归属。如某些专门用来支持软件开发的软件系统，包括各种程序设计语言(编译和调试系统)、各种软件开发工具等。它们一方面受操作系统的支持，另一方面又用于支持应用软件的开发和运行。

计算机如今能够应用于人类社会的各个方面，一个重要原因是有了大量成功的软件。软件开发已经发展成为一种庞大的产业，各种软件开发工具也应运而生。今天，许多程序已经和传统意义上的语言有了很大的不同。它们不但功能强大，而且其适应范围、程序形成的方法、程序的形式等都有了极大的改进。例如，可视化编程技术可以使编程人员不编写代码，依据屏幕的提示回答一连串问题，或在屏幕上执行一连串的选择操作之后，就可以自动形成程序。另外，传统的高级语言和数据库管理系统有比较明确的界限，但近年来逐渐流行的编程语言大多有很强的数据库管理功能。目前，面向对象的程序设计方法和方便实用的可视化编程语言，如 Visual Basic、Visual C++、Delphi、Power Builder、Java 等，成为软件开发的主要工具。

1.2 工具软件概述

本节重点和难点

重点：

(1) 了解工具软件的分类；

(2) 了解各类软件的功能。

难点：

不同类别软件的功能。

工具软件就是指在使用计算机进行工作和学习时经常使用的软件。这些软件一般都是为了满足计算机用户某类特定需求设计的，功能单一，更新速度快，占用的空间小，而且大多数可以从网上直接下载，免费试用。

1.2.1 工具软件分类

工具软件根据其不同的功能，大体上可以分为如下几类。

1. 系统工具软件

主要包括硬件检测、系统维护、系统检测、系统完善和美化系统等工具软件。比如一些驱动程序、修复系统的补丁程序、系统检测软件、硬盘分区和测速工具、文件清理、系统优化大师、安全桌面、壁纸和窗口透明工具等。

2. 安全类工具软件

该类软件主要是对计算机进行安全防护。如一些专业的杀毒软件、木马专杀工具、防火墙、文件加密器和解密器等。目前比较流行的杀毒软件有 360 安全卫士、360 杀毒、金山毒霸、金山毒霸猎豹、百度卫士、卡巴斯基反病毒软件、QQ 电脑管家等。有些安全类软件同时具有修复系统漏洞和对系统进行优化的功能，如 360 安全卫士、百度卫士等。

3. 网络工具软件

网络工具软件为人们在网络遨游提供了极大的方便。主要包括加速下载的软件、各具特色的浏览器软件、网络云盘、聊天软件以及各类实用的小软件，如 K 歌、弹幕、免费 WiFi 等。

4. 图形图像工具软件

处理图形图像信息的各种应用软件，这类软件可以对图形图像进行抓图扫描、设计制作、编辑修改、广告创意、输入输出等各种操作，如 Photoshop、ACDSee、SnagIt、美图秀秀、光影魔术手等。

5. 媒体类工具软件

进行音频、视频播放以及文件格式转换的工具，增添了人们生活的乐趣。比较流行的有暴风影音、百度音乐、酷狗音乐、QQ 音乐播放器、爱奇艺影音、优酷视频等。

6. 学习办公工具软件

这类软件主要在人们学习或工作中使用比较多，包括各类输入法软件、处理文档和电子表格等的办公软件、各种阅读器、压缩解压缩软件、翻译工具、字典词典软件等。

7. 其他工具软件

工具软件的种类太多，除上述 6 类之外，还有很多如游戏娱乐类、教育教学类、手机管理类、桌面管理类、行业软件等，都一并归入其他工具软件。

1.2.2 工具软件简介

工具软件种类众多，任何一本教材都不可能面面俱到地介绍到所有软件，本教程也不例外。本书精选了一些常用的工具软件，本章仅做简单介绍，后续章节将结合案例详细说明这些软件的功能和用法。

1. 计算机防护软件——360

360 是一个家族式的产品群，包括 360 安全卫士、360 安全浏览器、360 保险箱、360 杀毒、360 软件管家、360 浏览器、360 安全桌面、360 手机卫士、360 手机助手、360 健康精灵、360 云盘、360 搜索以及 360 随身 WiFi 等一系列产品，对计算机的安全护航。其中的 360 安全卫士和 360 杀毒应用最为广泛。360 安全卫士具有对计算机进行体检、查杀修复、垃圾清理和优化加速等功能；360 杀毒具有对硬盘进行全盘扫描杀毒、对核心区域快速扫描杀毒，还可以对 U 盘进行病毒检测和免疫等功能。

2. 文件压缩与解压缩软件——WinRAR

WinRAR 是流行的压缩工具，是 Windows 版本的 RAR 压缩文件管理器，是一个强大的压缩文件管理工具。它能对数据进行备份，减少 E-mail 附件的大小，解压缩从 Internet 上下载的 RAR、ZIP 和其他格式的压缩文件，并能创建 RAR 和 ZIP 格式的压缩文件。

WinRAR 界面友好，使用方便，其压缩率高，是压缩率较大、压缩速度较快的格式之一。

3. 文件加密、解密软件

为防止文件的内容被别人看到，或者不想让别人修改或编辑，可以对文件加密。一般 Word、Excel 和 PowerPoint 都自带有对文件进行加密的工具，也可以选择第三方软件，对文件进行加密管理。

4. 文件管理和恢复软件 EasyRecovery

EasyRecovery 是一款用户可以自主恢复数据的工具软件，操作安全、价格便宜。它支持从多种存储介质恢复删除或者丢失的文件，其支持的媒体介质包括：硬盘驱动器、光驱、闪存、数码相机、手机以及其他多媒体移动设备，能恢复包括文档、表格、图片、音频、视频等数据文件。

5. 阅读工具 SSReader、Adobe Reader 和 CAJViewer

SSReader 是超星公司拥有自主知识产权的图书阅览器，是专门针对数字图书的阅览、下载、打印、版权保护和下载计费而研究开发的，可以阅读网上由全国各大图书馆提供的 PDG 格式的数字图书，并可阅读其他多种格式的数字图书。最新版本的 SSReader 具有 OCR 文字识别功能，可以摘录书中文字；具有个人扫描功能，可以自己制作电子图书。

Adobe Reader 是美国 Adobe 公司开发的一款优秀的 PDF 文件阅读软件，用于打开和使用在 Adobe Acrobat 中创建的 Adobe PDF 文档（电子文件格式）。在 Reader 中无法创建 PDF，但是可以使用 Reader 查看、打印和管理 PDF。

CAJViewer 是中国期刊网的专用全文格式的电子图书阅读器，该阅读器支持中国期刊网的 CAJ、NH、KDH 和 PDF 格式文件阅读。CAJ 阅读器可配合网上原文的阅读，也可以阅读下载后的中国期刊网全文，并且它的打印效果与原版的效果一致。

6. 电子文档制作工具 FlashPaper 和电子书制作工具 SuperCHM

FlashPaper 是 Macromedia 推出的一款电子文档类工具，它可以将文档通过简单的设置转换为 SWF 格式或 PDF 文档，原文档的排版样式和字体显示不会受到影响，因此，无论平台和语言版本是什么，都可以自由观看。

SuperCHM 内置简单易用、功能齐全的网页编辑器，较好地结合了 DHTMLEdit，是真正所见即所得的 CHM 制作工具，采用 hhp 格式保存和读取文件，软件的通用性强；可以轻松地完成 CHM 制作，而不必在多个软件之间来回切换。

7. 语言翻译工具——金山快译和金山词霸

金山快译是全能的汉化翻译及内码转换新平台，具有全新的翻译界面，包括中日英多语言翻译引擎，以及简繁体转换功能，可以快速解决在使用计算机时英文、日文以及简繁体转换的问题。

金山词霸是一款经典、权威、免费的词典软件，界面简洁清新，完整收录柯林斯高阶英汉词典；整合五百多万双语及权威例句；141 本专业版权词典；并与 CRI 合力打造 32 万纯正真人语音；同时支持中文与英语、法语、韩语、日语、西班牙语、德语 6 种语言互译。

8. 图像处理工具软件 ACDSee、SnagIt 和 Image Optimizer

ACDSee 是目前流行的数字图像处理软件之一，它能广泛应用于图片的获取、管理、浏览、优化甚至和他人的分享。它提供了良好的操作界面，简单人性化的操作方式，优质的快速图形解码方式，与其同类软件相比，ACDSee 打开图像的速度相对较快；它支持丰富的图像格式，能打开包括 ICO、PNG、XBM 在内的二十余种图像格式，也可以浏览 QuickTime、Adobe 格式档案以及 GIF 动态影像，还可以进行影像格式的转换。

SnagIt 是一款屏幕、文本和视频捕获、编辑与转换软件，可以捕获屏幕、电影、游戏画面、菜单、窗口或用鼠标定义的区域等。捕获视频只能保存为 AVI 格式；文本只能够在一定的区域进行捕捉；图像可保存为 BMP、PCX、TIF、GIF、PNG 或 JPEG 格式。捕捉结果通过内嵌编辑器，可以进行改进。

Image Optimizer 是一款图像压缩软件，它可以对 JPG、GIF、PNG、BMP、TIF 等图像文件进行压缩优化，应用范围更广；它能让使用者自行控制图像优化进程，除可自行设置压缩率外，也可以即时预览图像压缩后的品质。

9. 网络应用工具

本书介绍的网络应用工具包括浏览器、迅雷、eMule、百度云盘、Server-U、FlashFXP、腾讯 QQ 和 Foxmail。

浏览器是指可以显示网页服务器或者文件系统的 HTML 文件内容，并让用户与这些文件交互的一种软件。它用来显示万维网或局域网的文字、图像及其他信息。常见的网页浏览器有 Internet Explorer、QQ 浏览器、Firefox、Opera、Google Chrome、百度浏览器、搜狗浏览器、猎豹浏览器、360 浏览器、UC 浏览器、傲游浏览器、世界之窗浏览器等。浏览器是最经常使用到的客户端程序。

迅雷是一个下载软件，本身不支持上传资源，只提供下载和自主上传，它可以提升下载速度。迅雷下载过的相关资源都有记录。

eMule 是一个完全免费的软件，可以提升访问因特网的速度；可以进行上传和下载操作，并且自动检查下载的文件是否损坏，以确保文件的正确性。

百度网盘(原百度云)是百度推出的一项云存储服务，已覆盖主流 PC 和手机操作系统，包含 Web 版、Windows 版、Mac 版、Android 版、iPhone 版和 Windows Phone 版，用户可以轻松将自己的文件上传到网盘上，并可跨终端随时随地查看和分享。

Server-U 是 Windows 平台的 FTP 服务器软件，通过它可以将任何一台 PC 设置成一个 FTP 服务器，这样，用户便能够使用 FTP，通过在同一网络上的任何一台 PC 与 FTP 服务器连接，进行文件或目录的复制、移动、创建和删除等。

FlashFXP 是一款功能强大的 FXP/FTP 软件，界面直观友好，提供了最简便和快速而高效的途径来通过 FTP 传输文件。

腾讯 QQ(简称“QQ”)是腾讯公司开发的一款基于 Internet 的即时通信软件。它支持在线聊天、视频通话、点对点断点续传文件、共享文件、网络硬盘、自定义面板、QQ 邮箱等多种功能。目前，QQ 已经覆盖 Microsoft Windows、OS X、Android、iOS、Windows Phone 等多种主流平台。

Foxmail 是电子邮件客户端软件，对电子邮件进行管理。2005 年 3 月 16 日被腾讯收购，新的 Foxmail 具备强大的反垃圾邮件功能。

10. 影音播放工具

影音播放工具包括音频播放、电视直播、影视播放和视频格式转换工具等。

酷狗音乐(KuGou)是中国领先的音乐搜索和下载平台，是中国国内最先提供在线试听功能的音频播放软件；酷狗音乐库提供的音乐资源很丰富，在该窗口可以看到“乐库”“电台”“MV”“直播”“歌词”5 大标签，汇集了最新的流行音乐资讯及歌曲；它还具备聊天功能，并且可以与好友共享传输文件，让聊天、音乐、下载变得更加互动，还附带多功能的播放器。

网络电视 PPTV 是 PPLive 旗下产品，一款 P2P 网络电视软件，支持对海量高清影视内容的直播和点播功能。可在线观看电影、电视剧、动漫、综艺、体育直播、游戏竞技、财经资讯等丰富视频娱乐节目。

暴风影音是一款影视播放软件，是北京暴风科技有限公司推出的一款功能强大的视频播放器，该播放器兼容大多数的视频和音频格式，深受消费者喜爱。

格式工厂(Format Factory)是一套由中国人陈俊豪开发的，并免费使用的多媒体格式转换软件，是多功能的多媒体格式处理软件，支持几乎所有多媒体格式到各种常用格式的转换。

音频格式转换器(Audio Converter)是一款几乎能把所有的音频视频文件转换为MP3的工具,它可以在mp3、wma、wav、ogg等音频格式之间相互转换,还可以把视频格式如rm、rmvb、avi、mpeg、wmv、asf、dat、mov等转换为音频格式mp3、wma、wav、ogg等。

11. 手机管理软件

手机管理软件包括91手机助手、豌豆荚和刷机精灵等。

91手机助手是智能手机用户喜爱的中文应用软件,是国内最大、最具影响力的智能终端管理工具,也是全球唯一跨终端、跨平台的内容分发平台。智能贴心的操作体验,最多最安全可靠的资源让其成为亿万用户的共同选择。

豌豆荚是一款在PC上使用的Android手机管理软件。把手机和计算机连接上后,即可以将各类应用程序、音乐、视频、电子书等内容传输或者从网络直接下载到手机上,也可以用它实现备份、联系人管理、短信群发、截屏等功能。

刷机精灵是由Ours团队推出的作品,是一款运行于PC端的Android手机一键刷机软件,能够帮助用户在简短的流程内快速完成刷机升级。

12. 系统测试软件

系统测试工具一般包括CPU测试、显卡测试和硬盘测试识别等工具。

超级兔子EVEREST就是一个测试系统软硬件信息的工具,它可以详细地显示出PC多方面的信息,识别更多的新硬件和进行更多的测试,可在任务栏即时显示5项温度电压信息等。支持多种主板多种显卡,支持对并口/串口/USB这些PNP设备的检测,支持对各式各样的处理器的侦测。

完美卸载是维护系统软件,拥有安装监视、智能卸载、闪电清理、闪电修复、广告截杀、垃圾清理等功能。

1.3 软件的获取、安装与卸载

本节重点和难点

重点:

(1) 如何获取软件;

(2) 软件的安装和卸载。

难点:

(1) 如何安装软件;

(2) 如何干净彻底地卸载不需要的软件。

1.3.1 软件的获取

软件可以通过以下三种方法获取。

1. 通过官方网站下载

大多数正规的工具软件会有自己的官方网站,而且会将软件的体验版、测试版或正式版放到网站上,供用户免费下载。比如http://www.360.cn是360系列产品的官方网站,可以很方便地从该网站下载360产品的各种版本。

2. 通过第三方网站下载

除了官方网站之外,还存在很多的第三方软件网站,可以提供各种免费软件或共享软件的下载。比如在百度搜索“QQ 下载”,除了可以选择从腾讯 QQ 的官网下载该软件之外,也可以选择百度软件中心、太平洋下载、下载之家、绿茶软件园和 PC 下载网等网站下载。

3. 购买

用户也可以选择到零售商处购买或在线购买软件,购买各类软件的零售光盘或者授权许可序列号。

1.3.2 软件的安装

应用程序的安装与复制不同,在安装相应软件的过程中会根据计算机的环境进行相应的配置。大部分软件在使用前都必须进行安装,才可以正常使用。

大多数应用程序的安装都有自己的安装程序,只要运行应用程序的安装程序,根据提示信息,就可安装好应用程序。如何添加程序取决于程序的安装文件所处的位置。通常,程序从 CD、DVD 或从网络安装。

1. 从 CD 或 DVD 安装程序

将光盘插入计算机,然后按照屏幕上的说明操作。从 CD 或 DVD 安装的许多程序会自动启动程序的安装向导。如果程序不自动开始安装,则检查程序附带的信息。该信息可能会提供手动安装该程序的说明。如果无法访问该信息,还可以浏览整张光盘,然后打开程序的安装文件(通常为 Setup. exe 或 Install. exe)。

2. 从 Internet 安装程序

在 Web 浏览器中,单击指向程序的链接。然后执行下列操作之一。

若要立即安装程序,可单击“直接打开”或“运行”,然后按照屏幕上的指示进行操作。

若要以后安装程序,可单击“保存”,然后将安装文件下载到计算机上。做好安装该程序的准备后,双击该文件,并按照屏幕上的指示进行操作。如果下载的是压缩的安装包,需要解压缩后运行安装文件,按照提示操作,完成安装。

【案例 1-1】 下载图像处理 ACDSee 软件并安装。

案例实现

(1) 选择官网下载,地址 http://cn. acdsee. com/,单击“免费下载”按钮后,打开如图 1-1 所示的“新建下载任务”对话框。

图 1-1 下载软件

(2) 单击“下载”按钮,下载到指定位置;这里单击“直接打开”,下载软件到指定位置并进入安装界面,如图 1-2 所示。

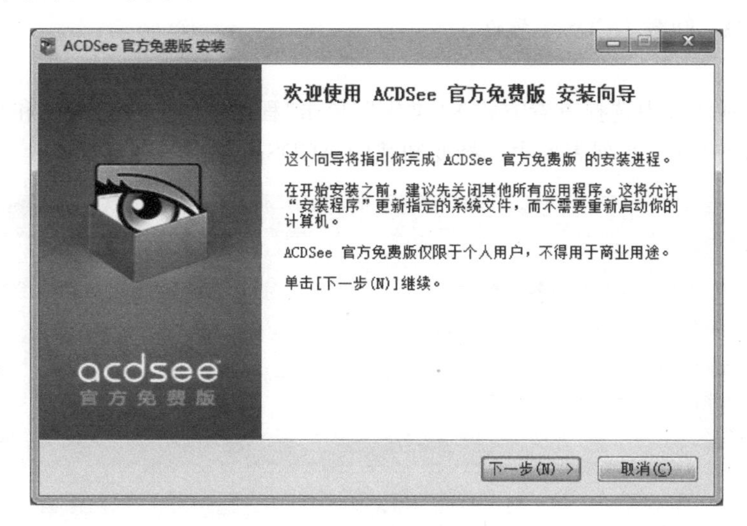

图 1-2 安装界面

(3) 按照提示操作,安装类型选择“完全”安装即可。

(4) 也可以在 360 软件管家中,搜索该软件进行安装。

1.3.3 软件的卸载

由于在安装软件时对操作系统进行了相应的配置,因此应用程序的卸载必须使用卸载程序卸载相应的软件,否则会在系统中留下许多残留信息。

在控制面板中选择查看方式为“类别”,单击“程序”类别中的“程序和功能”图标,打开“程序和功能”窗口,如图 1-3 所示,在列表框中选择要卸载的程序名,之后单击列表上方的“卸载/更改”按钮即可。

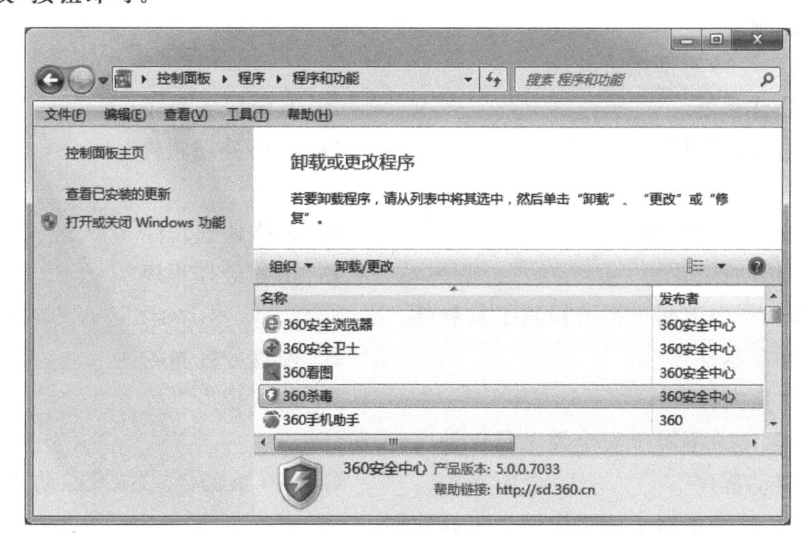

图 1-3 控制面板“程序和功能”界面

卸载软件也可以用工具软件来完成，比如用360的软件管家就可以方便地卸载软件，还可以清除或粉碎一些删除不掉的软件残留。

【案例 1-2】 卸载 ACDSee 软件。

案例实现

(1) 在控制面板中选择查看方式为"类别"，单击"程序"类别中的"程序和功能"图标，打开"程序和功能"窗口，在列表框中选择要卸载的 ACDSee，如图 1-4 所示。

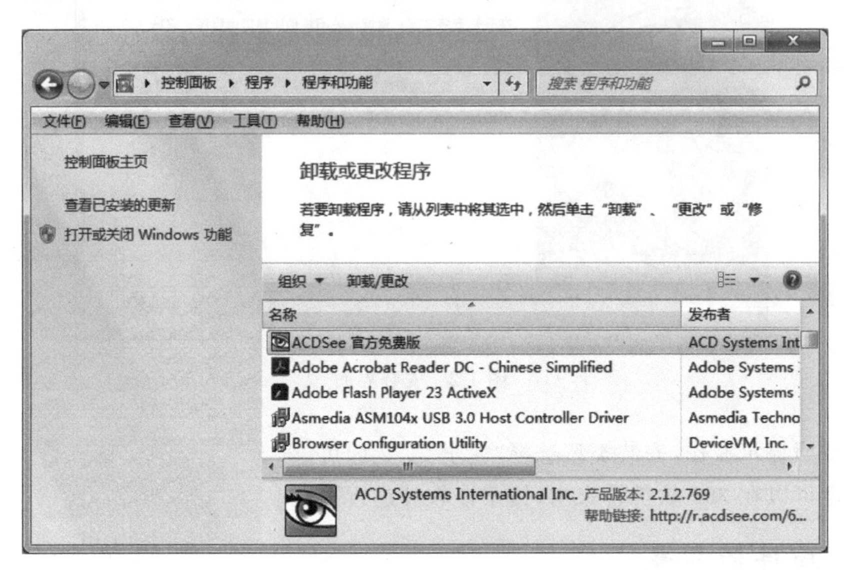

图 1-4 卸载 ACDSee 界面

(2) 单击列表上方的"卸载/更改"按钮按提示操作即可。

习　题

一、单选题

1. 下列(　　)不是系统软件。

   A. 操作系统　　B. 系统服务程序

   C. 语言处理程序　　D. 表格处理软件

2. 下列(　　)不是应用软件。

   A. 文字处理软件　　B. 表格处理软件

   C. 网络通信软件　　D. 语言处理程序

3. 下列(　　)不属于系统检测工具软件。

   A. 驱动程序　　B. 硬盘分区和测速

   C. 优化大师　　D. 防火墙

4. 下列(　　)不属于安全类工具软件。

   A. 驱动程序　　B. 金山猎豹　　C. 360 杀毒　　D. 防火墙

5. 下列(　　)不属于网络应用类工具软件。

   A. 浏览器　　B. ACDSee 软件

C. 网络云盘　　D. 下载软件

6. 下列(　　)不属于图形图像类工具软件。

A. Photoshop 软件　　B. ACDSee 软件

C. SnagIt 软件　　D. 弹幕软件

7. 下列(　　)不属于图形图像类工具软件。

A. Photoshop 软件　B. 美图秀秀　C. 暴风影音　D. 光影魔术手

8. 下列(　　)不属于媒体类工具软件。

A. 爱奇艺影音　B. 优酷视频　C. 暴风影音　D. 光影魔术手

9. WinRAR 是一款(　　)工具软件。

A. 计算机防护　　B. 压缩解压缩

C. 加密解密　　D. 文件管理和恢复

10. CAJViewer 是一款(　　)工具软件。

A. 阅读　　B. 压缩解压缩

C. 加密解密　　D. 文件管理和恢复

11. SuperCHM 是一款(　　)工具软件。

A. 语言翻译　B. 阅读　C. 制作电子书　D. 图片获取

12. SnagIt 是一款(　　)工具软件。

A. 网络应用　B. 抓图　C. 聊天　D. 图像压缩

13. 超级兔子 EVEREST 可以实现(　　)功能。

A. 网络应用　B. 系统测试　C. 软件卸载　D. 图片浏览

14. 软件获取的途径有(　　)。

A. 购买　　B. 官网下载

C. 第三方网站下载　　D. 以上都对

15. 软件可以从(　　)安装。

A. CD　B. DVD　C. 网络　D. 以上都对

二、判断题

1. 一个完整的计算机系统是由各类硬件系统构成的。(　　)

2. 软件是计算机系统的物质基础。(　　)

3. 软件是指存储在计算机的各级各类存储器中的系统及用户的程序和数据。(　　)

4. 光有软件而没有硬件的计算机称为“裸机”，只有配上硬件的计算机才成为完整的计算机系统。(　　)

5. 软件分为系统软件和应用软件两类。(　　)

6. 常用的应用软件包括操作系统、系统服务程序、程序设计语言和语言处理程序等。(　　)

7. 常用的系统软件有文字处理软件、表处理软件、计算机辅助软件等。(　　)

8. 应用软件指专门为解决某个应用领域内的具体问题而编制的软件。(　　)

9. 系统软件是管理、监督和维护计算机软、硬件资源的软件。(　　)

10. 工具软件就是指在使用计算机进行工作和学习时经常使用的软件。(　　)

11. 暴风影音是一款影视播放软件，是由北京暴风科技有限公司推出的一款功能强大

的视频播放器。(　　)

12. 音频格式转换器(Audio Converter)是一款几乎能把所有的音频视频文件转换为MP3的好工具。(　　)

13. Foxmail是对电子表格文件管理的工具。(　　)

14. 利用百度网盘,用户将可以轻松地将自己的文件上传到网盘上,并可跨终端随时随地查看和分享。(　　)

15. 刷机精灵可实现手机数据的备份、联系人管理、短信群发、截屏等功能。(　　)

第2章

计算机防护软件——360

本章说明

随着计算机的广泛应用，计算机用户成几何级数增长，计算机病毒、流氓软件、钓鱼网站、黑客随之纷至沓来，往往令人措手不及。360 防护软件集电脑体检、木马查杀、清理插件、修复漏洞、清理垃圾、清理痕迹、系统修复等多种功能于一身，可以帮助用户解决大多数的计算机问题和系统安全问题。本章对 360 安全卫士和 360 杀毒软件的大多数功能和应用进行阐述。

本章主要内容

- 🕮 网络安全工具——360 安全卫士
- 🕮 计算机杀毒软件——360 杀毒软件

360防护软件集电脑体检、木马查杀、清理插件、修复漏洞、清理垃圾、清理痕迹、系统修复等多种功能为一身，并具有“木马防火墙”、开机加速、垃圾清理等多种系统优化功能，可大大加快计算机运行速度，内含的360软件管家还可帮助用户轻松下载、升级和强力卸载各种应用软件，并且提供多种实用工具来解决问题和保护系统安全。360还开发了全球规模庞大的云安全体系，能够快速识别并清除新型木马病毒以及钓鱼、包含木马的恶意网页，全方位保护用户的上网安全。此外，360防护软件率先提出免费使用的理念，认为互联网安全犹如搜索、电子邮箱、即时通信一样，是互联网的基础服务，应该免费。为此，360安全卫士、360杀毒等系列安全产品供互联网用户免费使用，目前360已成为一款使用最广泛的计算机防护软件。

2.1 网络安全工具——360安全卫士

本节重点和难点

重点：

(1) 360安全卫士简介；

(2)“立即体检”功能；

(3)“木马查杀”功能；

(4)“电脑清理”功能。

难点：

(1)“系统修复”功能；

(2)“优化加速”功能。

2.1.1 360安全卫士简介

360安全卫士拥有“立即体检”“木马查杀”“电脑清理”“系统修复”“优化加速”等多种功能，并使用了“木马防火墙”技术，依靠抢先侦测和云端鉴别，可全面、智能地拦截各类木马，保护用户的账号、隐私等重要信息。目前，木马威胁之大已远超病毒，360安全卫士运用云安全技术，在拦截和查杀木马的效果、速度以及专业性上表现出色，能有效防止个人数据和隐私被木马窃取。

360安全卫士由于自身非常轻巧，使用方便，功能强大，效果佳，用户口碑好，目前已经成为计算机用户使用最多的计算机防护软件。

2.1.2 “立即体检”功能

打开360安全卫士，就会看到自己的计算机已经很久没有体检过了，单击“立即体检”按钮就可以马上开始体检，通过“立即体检”功能可以查看目前计算机的状态，如图2-1所示。

2.1.3 “木马查杀”功能

木马是一类恶意程序，它通过一段特定的程序来控制另一台计算机。木马通过将自身伪装吸引用户下载执行，向施种木马者提供打开被种者计算机的门户，使施种者可以任意毁坏、窃取被种者的文件，甚至远程操控被种者的计算机。木马对计算机的危害很大，可能导

图 2-1 “立即体检”功能

致包括支付宝、网络银行在内的重要账户密码丢失。木马还可能导致计算机上的隐私文件被复制或者被删除。所以，及时查杀木马是很必要的。“木马查杀”功能可以帮助用户找出计算机中疑似木马的程序，并在取得用户允许的情况下删除这些程序。

打开 360 安全卫士，“木马查杀”功能就在左上角第二个按钮，单击可以打开“木马查杀”功能窗口，在该窗口中，可以选择“快速查杀”“全盘查杀”“按位置查杀”，如图 2-2 所示。

图 2-2 “木马查杀”功能

快速查杀：直接扫描关键性位置，速度快，节省时间。

全盘查杀：扫描全部的文件，虽然速度慢，但是可以彻底扫描出磁盘中的木马文件。

按位置查杀：自定义 360 去扫描的位置查杀病毒。

在左下角还有如下一些选项。

一组按钮用来设置木马查杀功能；

信任区可写入一些信任的软件以及文件，查杀时会避开那些文件进行查杀；

恢复区可以恢复一些可能被误删的“木马”文件；

上报区也就是向 360 上报可能存在却未被扫描出来的木马文件。

2.1.4 “电脑清理”功能

1. 什么是垃圾文件

垃圾文件，指系统工作时所过滤加载出的剩余数据文件，虽然每个垃圾文件所占系统资源并不多，但是有一段时间没有清理时，垃圾文件会越来越多。

2. 为什么要清理垃圾文件

垃圾文件长时间堆积会拖慢计算机的运行速度和上网速度，浪费硬盘空间。

3. 如何清理垃圾

360 安全卫士的电脑清理功能包括清理垃圾、清理痕迹、漏洞修复、清理注册表、清理插件、清理软件、清理 Cookies 等功能。打开“电脑清理”窗口，可以选择全面清理或单项清理启动清理功能，如图 2-3 所示。

图 2-3 “电脑清理”功能

因为系统软件的缓存需要，每次检测垃圾都会检测出许多垃圾，可单击“一键清理”按钮进行清理。

2.1.5 “系统修复”功能

360 安全卫士的“系统修复”功能可以检查计算机中多个关键位置是否处于正常的状态，当遇到浏览器主页、“开始”菜单、桌面图标、文件夹、系统设置等出现异常时，使用系统修复功能，可以找出问题出现的原因并修复问题。在“系统修复”窗口中可以选择“全面修复”和“单项修复”，如图 2-4 所示。

图 2-4 “系统修复”功能

全面修复包括：常规修复、漏洞修复、软件修复、驱动修复。

常规修复：360 会帮助用户检查用户已经安装的软件。

漏洞修复：检测计算机中的漏洞，或者没有安装的补丁。360 把常规修复、漏洞修复以及主页锁定一起合并到了木马查杀中，这样使用起来变得快捷了一些。

软件修复：检测软件本身是否有漏洞或安全问题。

驱动修复：检测计算机的驱动程序是否存在问题。

2.1.6 “优化加速”功能

360 安全卫士的“优化加速”功能包括开机加速、系统加速、网络加速、硬盘加速等功能。

打开“优化加速”窗口，可以选择“全面加速”或“单项加速”即可启动优化加速功能，如图 2-5 所示。

随着系统中安装软件的增多，一些软件会成为计算机开机时需要启动的选项，会影响计算机的开机速度，360 安全卫士扫描后，选择“立即优化”即可实现优化功能计算机本次开机的开机时间。

网络加速功能，通过优化计算机的上网参数、内存占用、CPU 占用、磁盘读写、网络流量，清理 IE 插件等全方位的优化清理工作，快速提升计算机上网卡、上网慢的症结，带给用户更好的上网体验。

图 2-5 “优化加速”功能

2.1.7 “功能大全”功能

360 安全卫士的“功能大全”窗口中，可以使用电脑安全、网络优化、系统工具、游戏优化、实用工具、我的工具，例如，在“我的工具”选项中可以查看当前计算机已经安装的工具有哪些，如图 2-6 所示。

图 2-6 “功能大全”功能

2.2 查杀病毒工具——360 杀毒

本节重点和难点

重点：

(1) 360 杀毒软件简介；

(2) 快速扫描。

难点：

(1) 全盘扫描；

(2) 360 杀毒软件的其他功能。

2.2.1 360 杀毒软件简介

360 杀毒是中国用户量最大的一款杀毒软件，并且是免费的杀毒软件，它创新性地整合了 5 大领先防杀引擎，包括国际知名的 BitDefender 病毒查杀引擎、小红伞病毒查杀引擎、360 云查杀引擎、360 主动防御引擎、360QVM 人工智能引擎。5 个引擎智能调度，可以为计算机提供全时全面的病毒防护，不但病毒查杀能力出色，而且能第一时间防御新出现的病毒木马。而且 360 杀毒还具有轻巧快速，误杀率较低的特点。

360 杀毒独有的技术体系对系统资源占用极少，对系统运行速度的影响微乎其微。360 杀毒还具备“免打扰模式”，在用户玩游戏或打开全屏程序时自动进入“免打扰模式”，拥有更流畅的游戏乐趣。360 杀毒和 360 安全卫士配合使用，是安全上网的常用组合。360 杀毒主界面如图 2-7 所示。

图 2-7 360 杀毒主界面

2.2.2 全盘扫描

全盘扫描是对计算机上所有的盘符，所有的软件进行扫描。相比之下，全盘扫描更彻底。建议每隔一段时间对计算机全盘扫描一次，通常情况下快速扫描就可以，快速扫描速度快，而全盘扫描速度很慢，如图 2-8 所示。

图 2-8 “全盘扫描”功能

2.2.3 快速扫描

360 杀毒“快速扫描”功能是对系统设置、常用软件、内存活跃程序、开机启动项、磁盘文件做一个扫描，可以在较短的时间对系统做一个检测，可以检查出系统运行中大部分的问题，快速扫描界面如图 2-9 所示。

2.2.4 360 软件的其他功能

1. 广告拦截

360 杀毒具有拦截技术，可以拦截各类网页广告、弹出式广告、弹窗广告等，为用户营造干净、健康、安全的上网环境。

2. 软件净化

在平时安装软件时，会遇到各种各样的捆绑软件，甚至一些软件会在不经意间安装到计算机中，通过新版杀毒内嵌的捆绑软件净化器，可以精准监控，对软件安装包进行扫描，及时报告捆绑的软件并进行拦截，同时用户也可以自定义选择安装。

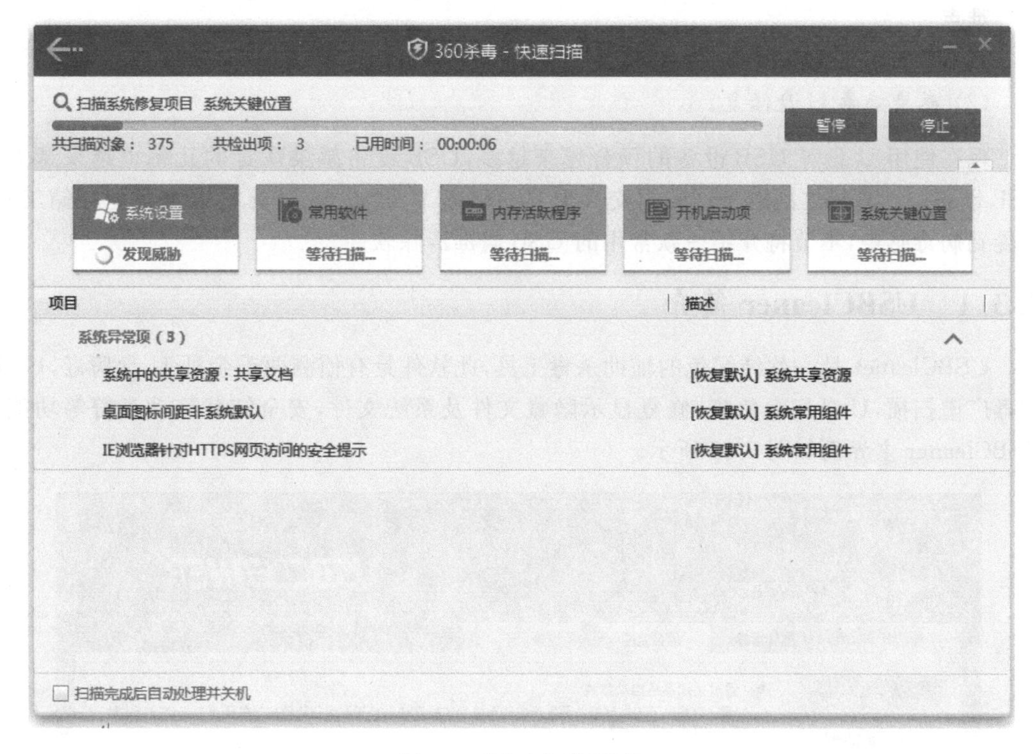

图 2-9 “快速扫描”功能

3. 杀毒搬家

在杀毒软件的使用过程中，随着引擎和病毒库的升级，其安装目录所占磁盘空间会有所增加，可能会导致系统运行效率降低。360 杀毒新版提供了杀毒搬家功能。仅一键操作，就可以将 360 杀毒整体移动到其他的本地磁盘中，为当前磁盘释放空间，提升系统运行效率。

4. 清理插件

可以给浏览器和系统瘦身，提高计算机和浏览器速度，根据评分、好评率、差评率来管理计算机中的各种插件。

5. 修复 Windows 漏洞

为计算机查找微软官方提供的漏洞补丁，及时修复漏洞，保证系统安全。

6. 对 IE 设置

在上网过程中，用户 IE 浏览器的初始设置可能会被一些恶意程序修改，使用 360 安全卫士可以将其修复。

2.3 U 盘保护工具——USBCleaner

本节重点和难点

重点：

(1) USBCleaner 的功能；

(2) U 盘病毒检测。

难点：

(1) U 盘病毒免疫；

(2) 感染病毒 U 盘修复。

现在使用 U 盘等 USB 设备的场合越来越多，USB 设备感染病毒的几率也越来越大。USB 设备与计算机之间的来回数据交换更容易引起 USB 设备、计算机以及其他存储工具都受到病毒感染，本节将介绍一款常用的 USB 病毒清除软件。

2.3.1 USBCleaner 简介

USBCleaner 是一款纯绿色的辅助杀毒工具，此软件具有侦测两千余种 U 盘病毒，U 盘病毒广谱扫描，U 盘病毒免疫，修复显示隐藏文件及系统文件，安全卸载移动盘符等功能，USBCleaner 主界面如图 2-10 所示。

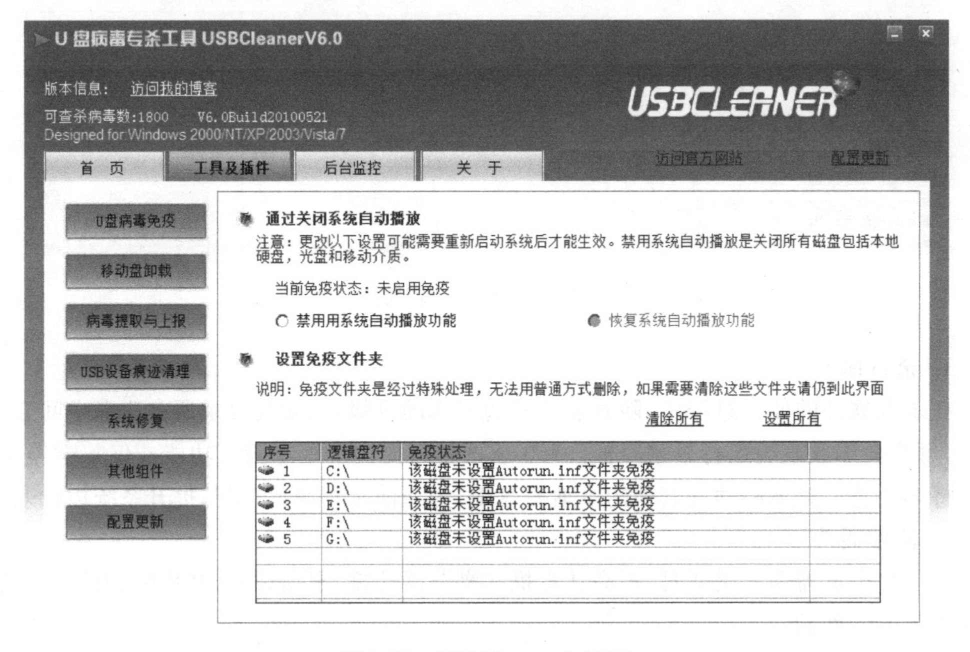

图 2-10 USBCleaner 主界面

USBCleaner 名为 U 盘病毒专杀工具，这里的 U 盘病毒其实是一种泛指，也是不规范的称法，它应该包括 U 盘、移动硬盘、记忆棒、SD 存储卡、MP3、MP4 播放机等闪存类病毒。USBCleaner 是一款杀毒辅助工具，但它并不能代替杀毒软件和防护软件。

2.3.2 U 盘病毒检测和免疫

1. U 盘病毒检测

U 盘病毒检测功能可以精确查杀已知的 U 盘病毒，并对这些 U 盘病毒对系统的破坏做出修复，通过检测可快速检测未知的 U 盘病毒，并向用户发出警报，移动盘检测可检测 U 盘、MP3 等移动设备的专门模块，要独立使用。

2. U 盘病毒免疫

包括两种方案供用户选择，包括关闭系统自动播放与建立免疫文件夹，可自如控制免疫的设置与取消，U 盘病毒免疫可以极大减小系统感染 U 盘病毒的侵害。

2.3.3 USBCleaner 的其他功能

1. 移动盘卸载

帮助卸载某些因文件系统占用而导致的移动 U 盘无法卸除的问题。

2. 病毒样本提交与上报

方便获取可疑的病毒样本并上报。

3. 系统修复

包括修复隐藏文件与系统文件的显示，映象劫持修复与检测，安全模式修复，修复被禁用的任务管理器，修复被禁用的注册表管理器，修复桌面菜单右键显示，修复被禁用的命令行工具，修复无法修改 IE 主页，修复显示文件夹选项等。包括独立的某类 U 盘病毒的毒清理程序，针对感染全盘的 U 盘病毒。

4. 常规监控

智能识别 U 盘病毒实体，并加以防护。

5. 日期监控

对修改系统时间的 U 盘病毒加以防护，自动检测、设置移动盘插入时安全打开。

6. U 盘非物理写保护

保护 U 盘不被恶意程序写入数据。

7. 文件目录强制删除

协助清除那些顽固的畸形文件夹目录。

8. auto.exe 病毒检测模块

特别针对 auto.exe 木马设计。

习　　题

一、单选题

1. 杀毒软件可以查杀(　　)。

A. 任何病毒　　B. 任何未知病毒

C. 已知病毒和部分未知病毒　　D. 只有恶意的病毒

2. 当你的计算机感染病毒时，应该(　　)。

A. 立即更换新的硬盘　　B. 立即更换新的内存储器

C. 立即进行病毒的查杀　　D. 立即关闭电源

3. 计算机病毒是(　　)。

A. 计算机系统自生的　　B. 一种人为编制的计算机程序

C. 主机发生故障时产生的　　D. 可传染疾病给人体的那种病毒

4. 对于来历不明的软件，应坚持(　　)的原则。

A. 先查毒，再使用　　B. 先使用，再查毒

C. 无须任何处理　　D. 不允许使用

5. 杀毒软件可以查杀(　　)。

A. 任何病毒　　B. 任何未知病毒
C. 已知病毒和部分未知病毒　　D. 只有恶意的病毒

6. 使用防火墙软件可以将(　　)降到最低。
A. 黑客攻击　　B. 木马感染　　C. 广告弹出　　D. 恶意卸载

7. 关于 360 杀毒的说法中,正确的是(　　)。
A. 杀毒能检测未知病毒,能清除任何病毒
B. 不能清除压缩包中的病毒
C. 能清除光盘上的病毒
D. 在线升级时不需向软件制作者付费

8. 360 杀毒系统升级的目的是(　　)。
A. 重新安装　　B. 更新病毒库　　C. 查杀病毒　　D. 卸载软件使用

9. 计算机病毒是一种(　　)。
A. 软件　　B. 硬件
C. 系统软件　　D. 具有破坏性的程序

二、判断题

1. 360 杀毒不能对单个文件进行病毒查杀。(　　)

2. 计算机病毒的主要特征有传播性、隐蔽性、感染性、潜伏性、可激发性、表现性和破坏性。(　　)

3. 360 杀毒不能对单个文件进行病毒查杀。(　　)

4. 计算机病毒按其产生的后果可分为良性后果和恶性后果;按其寄生方式可分为文件型和引导性。(　　)

5. 防治计算机病毒的主要方法有定时备份数据、修补软件漏洞、安装杀毒软件和养成良好的习惯。(　　)

6. 360 安全卫士中,最常用的功能是修复系统漏洞和清理恶意软件。(　　)

7. 为了防止黑客和其他用户的恶意攻击,可以安装杀毒类软件。(　　)

8. 升级杀毒软件可以采用定时升级、自动升级、手工升级、送货上门升级 4 种升级方式。(　　)

9. 计算机病毒能够感染所有格式的文件。(　　)

10. 木马是一种远程控制程序,可以用于窃取用户密码,但不能应用于无线网络用户。(　　)

第3章

文件压缩与恢复软件

本章说明

随着信息处理技术的飞速发展和广泛应用，产生的文件数量越来越多，文件内容越来越大。这种趋势给文件存储、文件传输带来了越来越大的压力。因此，文件压缩技术应运而生。文件压缩技术的产生、不断发展和应用，一定程度上减少了对存储空间的要求，提高了下载、上传等的网络利用效率。

本章以常用的压缩软件，如 WinRAR 等为例，介绍文件压缩与恢复的相关知识。并介绍文件加密、恢复、修复等的相关软件工具及其用法。

本章主要内容

- 文件压缩与解压缩软件——WinRAR
- 文件加密软件
- 文件管理和恢复——EasyRecovery

文件的压缩与恢复是文件管理的重要内容和手段。文件压缩指的是通过压缩算法将被压缩文件的二进制编码信息映射为更少的编码信息。举个简单的例子,假设某个文件的内容为0111…1110,中间为1000个1,那么这个文件就可以重新编码为“0,一千个1,0”,从而减少文件所占用的存储空间。因此,文件压缩的主要目的是减少文件的存储空间。文件压缩一方面可以减少存储空间,另一方面给文件的网络传输带来极大的好处,不仅可以提高上传和下载速度,还可以节约网络带宽。

文件被压缩后得到的目标文件称为压缩文件。在重新读取原文件时,需要对压缩文件进行解压缩,也就是将压缩文件还原为原来文件的实际内容。

本章介绍常用的压缩软件,如WinRAR等。这些软件都具备对文件进行压缩、解压缩、查看、删除等功能,使用起来非常方便。

3.1 文件压缩与解压缩软件——WinRAR

本节重点和难点

重点:

(1) 文件压缩与解压缩的理解;

(2) 了解WinRAR工具软件;

(3) 掌握使用WinRAR进行文件压缩与解压的方法。

难点:

(1) ZIP与RAR格式;

(2) 自解压文件的建立。

WinRAR是一个能够创建、管理和控制压缩文件的应用软件,有各种常见的操作系统版本,如Windows、Linux、OS/2、Mac OS等版本。将WinRAR安装后即可使用。其主窗体如图3-1所示。

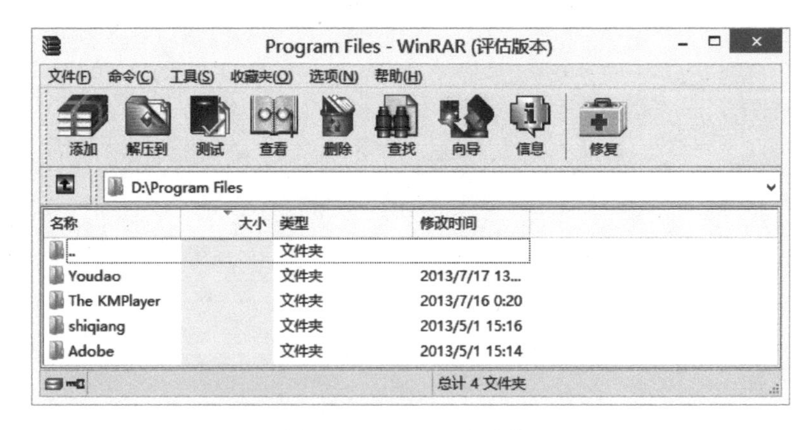

图3-1 WinRAR主窗体

3.1.1 文件的管理

WinRAR软件提供两种基本的压缩文件格式:RAR和ZIP。

1. ZIP 压缩文件

ZIP 是一个较早出现的典型的文件压缩算法，于 1989 年由菲利普·卡兹(Philip Katz)所发明。Internet 上很多的压缩文件都是 ZIP 格式的压缩文件。ZIP 的优点是压缩速度快。

2. RAR 压缩文件

RAR(Roshal ARchive)算法由 Eugene Roshal 于 1993 年提出。RAR 通常比 ZIP 能够提供更好的压缩率，但压缩速度慢些。RAR 支持多卷压缩文件，即可将被压缩文件压缩为多个目标文件。

3.1.2 压缩文件

使用 WinRAR 进行文件压缩的主要步骤如下。

(1) 打开欲压缩文件的文件夹，选定欲压缩文件，可以使用 Ctrl＋鼠标右击进行多选。

(2) 单击右键，打开快捷菜单，如图 3-2 所示为压缩文件时的快捷菜单。

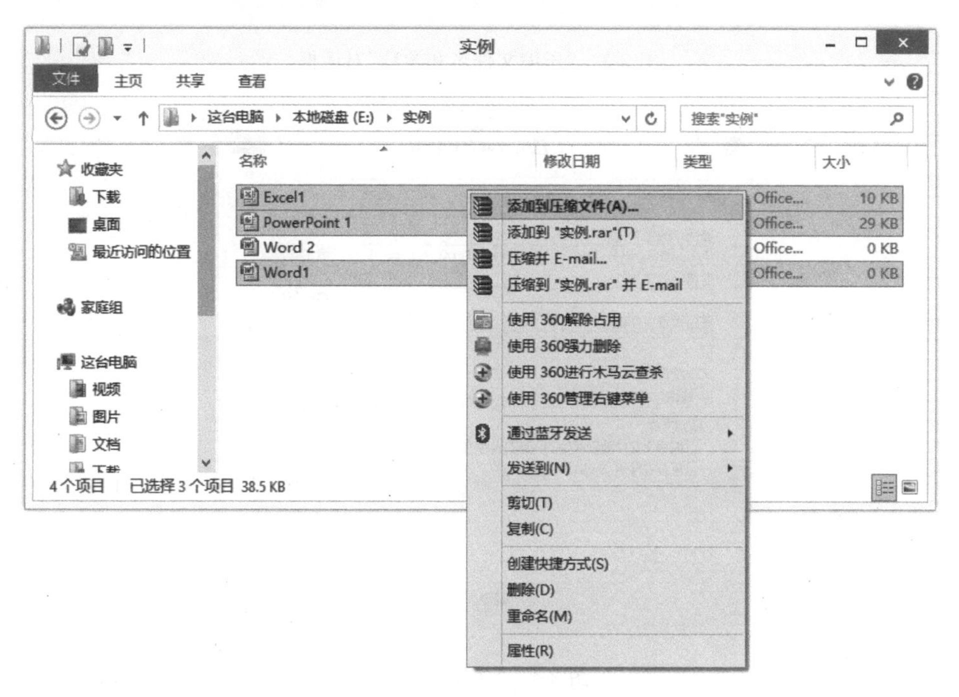

图 3-2　压缩文件时的快捷菜单

(3) 在弹出的快捷菜单中，可以选择添加到“默认文件名. rar”、“压缩到默认文件名. rar 并 E-mail”命令以默认的压缩格式(RAR)直接压缩到默认的文件位置(当前的文件夹)下默认的文件名(当前的文件夹名称)。

(4) 在弹出的快捷菜单中选择“添加到压缩文件…”、“压缩并 E-mail…”命令，通过对话框进行进一步的设置后完成压缩。如图 3-3 所示为“压缩文件名和参数”对话框。

(5) 在“常规”选项卡中，输入压缩文件名称，选定压缩文件格式 RAR 或 ZIP，对于 RAR 类型，可选择分卷压缩。在如图 3-4 所示的“文件”选项卡中，可以添加更多的不同位置的被压缩文件。

(6) 单击“确定”按钮，完成压缩。在目标文件夹中可以看到所生成的目标压缩文件。

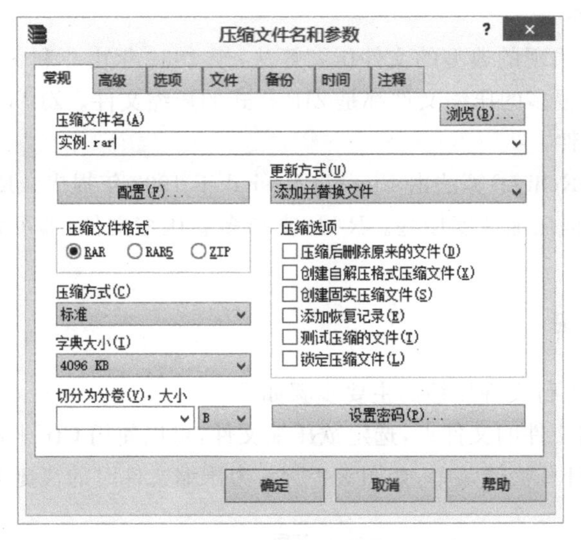

图 3-3 “压缩文件名和参数”对话框

图 3-4 “文件”选项卡

3.1.3 解压缩文件

当使用压缩文件时，往往需要将其进行解压缩，以恢复压缩前的原文件。解压缩的主要步骤如下。

(1) 在欲解压缩的文件上单击右键，弹出快捷菜单，如图 3-5 所示。

(2) 在弹出的快捷菜单中，“解压到当前文件夹”命令将压缩文件中的所有文件直接还原到当前文件夹中；“解压到默认文件夹\”命令，将在当前文件夹下建立以压缩文件名为名称的子文件夹，并将压缩文件中的原文件解压缩到该文件夹中。

(3) 选择快捷菜单中的“解压文件…”命令，通过对话框进行设置后再解压缩，如图 3-6 所示。在“常规”选项卡中，可以指定解压缩文件的目标路径、更新方式、覆盖方式等。

图 3-5　解压缩文件时的快捷菜单

图 3-6　“解压路径和选项”对话框

(4) 在如图 3-7 所示的“高级”选项卡中，可指定文件相关的时间信息、文件属性、是否在解压缩后删除压缩文件等。

(5) 最后单击“确定”按钮，完成解压缩任务。

图 3-7 “高级”选项卡

3.1.4 管理压缩文件

压缩文件生成后，与其他一般的文件一样，可以进行复制、移动、重命名、网络上传、删除等基本的文件管理。在 WinRAR 中，还可以进行压缩文件的打开、查看、更新、扫描病毒等管理。

双击欲打开的压缩文件，出现如图 3-8 所示的“打开并查看压缩文件的内容”窗体。在窗体中显示了该压缩文件所包含的全部文件。

图 3-8 打开并查看压缩文件的内容

(1) 直接双击其中的某个文件，可以打开该文件。

(2) 单击工具栏中的“删除”按钮，可以删除所选中的文件。

(3) 单击工具栏中的“添加”按钮，可以向该压缩文件中压缩添加更多的其他文件。

(4) 单击工具栏中的“查找”按钮，可以查找计算机中的其他文件。

(5) 单击工具栏中的“扫描杀毒”按钮,可以查杀压缩文件中可能包含的计算机病毒。

(6) 单击工具栏中的“注释”按钮,可以为压缩文件加上一些文字注释说明。

(7) 单击工具栏中的“保护”按钮,可以禁止修改压缩文件、身份校验信息等,以便更好地保护压缩文件的内容。

(8) 单击工具栏中的“自解压格式”按钮,可以生成能够直接解压缩的.exe 文件,从而能够在未安装 WinRAR 的计算机中打开压缩文件。

3.1.5 设置压缩包文件加密

加密码是文件保护的有效方法。在使用 WinRAR 生成压缩文件时,可以设置密码,从而使得只有得到密码授权的用户才可以打开该压缩文件。有以下两种途径可添加密码。

(1) 在建立压缩文件时,在如图 3-9 所示的“常规”选项卡中,单击“设置密码”按钮设置密码。

(2) 对于已经建立好的压缩文件,可以使用 WinRAR 主窗体中的“文件”菜单下的“设置默认密码”命令。

上述两种方式都将打开如图 3-10 所示的“输入密码”对话框。

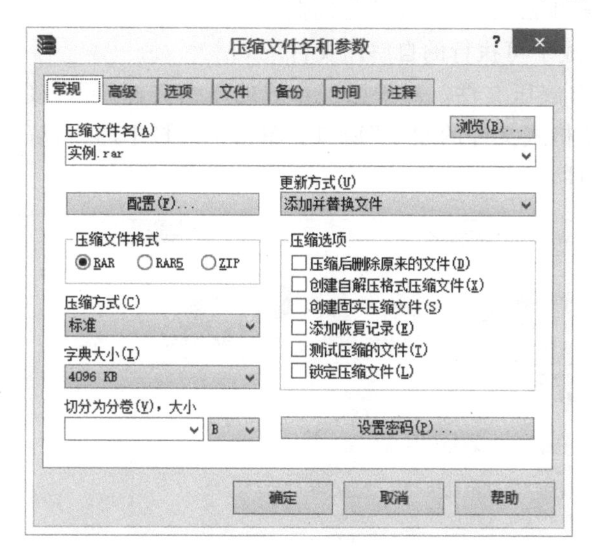

图 3-9 “常规”选项卡

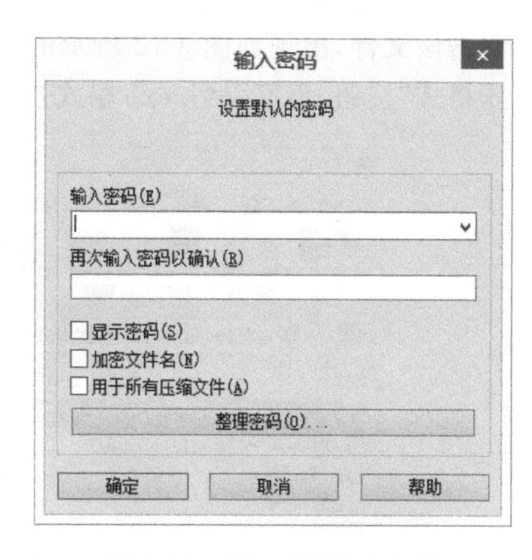

图 3-10 “输入密码”对话框

(1) 勾选其中的“显示密码”复选框,则以显式方式输入密码一次即可,否则以隐式方式输入两次密码。

(2) 勾选其中的“加密文件名”复选框,则 WinRAR 不仅加密压缩文件,而且加密所有包括其中的文件名、文件内容、大小、属性、注释等各类信息,因此提供了更高级别的安全保护。

【案例 3-1】 建立自解压格式压缩文件。

案例实现

(1) 选择要压缩的文件,单击右键选择“添加到压缩文件…”,打开如图 3-11 所示的“压缩文件名和参数”对话框。

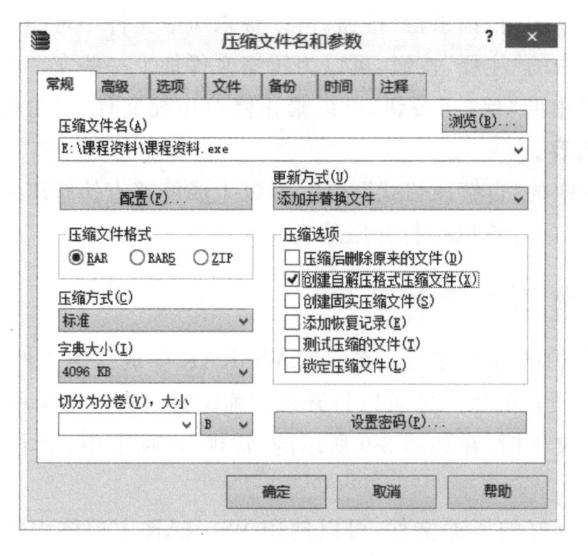

图 3-11 “压缩文件名和参数”对话框

(2) 在“压缩选项”组中，勾选“创建自解压格式压缩文件”复选框。

(3) 单击“确定”按钮，在目标文件夹生成了可执行的自解压文件.exe。

上述方法步骤针对未生成压缩文件的自解压文件。对于已经生成的压缩文件，可直接双击该文件，出现如图 3-12 所示的“自解压格式文件的建立”窗口。单击工具栏中的“自解压格式”按钮，也可得到.exe 格式自解压文件。

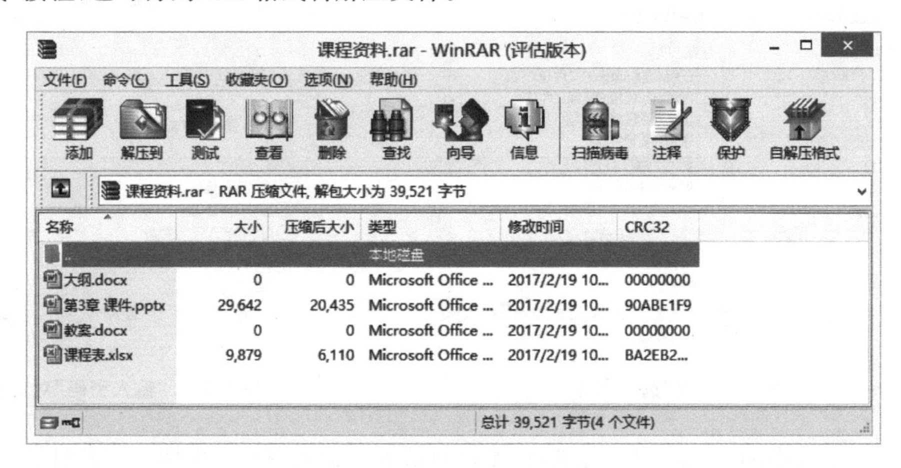

图 3-12 自解压格式文件的建立

3.2 文件加密软件

本节重点和难点

重点：

(1) 文件加密的理解；

(2) Word 文件加密器的使用；

(3) PPTX 文档加密器的使用。

难点：

(1) 对加密原理的理解；

(2) 对加密工具的理解。

文件加密是对写入存储介质的数据进行加密的技术。常用的加密算法有：RSA 算法、IDEA 算法、AES 算法等，相对而言，AES 加密强度更高。

有的操作系统，比如 Windows，自身就提供了文件加密功能。除此之外，还有很多的商业加密软件。

正所谓“魔高一尺，道高一丈”，需要注意的是，加密软件只能加强对文件内容的保护，很难提供绝对的加密保护。

3.2.1 使用 Word 文档加密器

Word 文档加密器是专门针对 Word 文档进行加密的软件，包括 Word 文档编辑器产生的 doc、docx、docm 类型的文件。该软件允许设置各个级别的密码，从而提供对文件打开、内容浏览、编辑、复制以及打印等的保护。

使用 Word 文档加密器进行加密的主要步骤如下。

(1) 启动 Word 文档加密器，出现如图 3-13 所示的窗体。

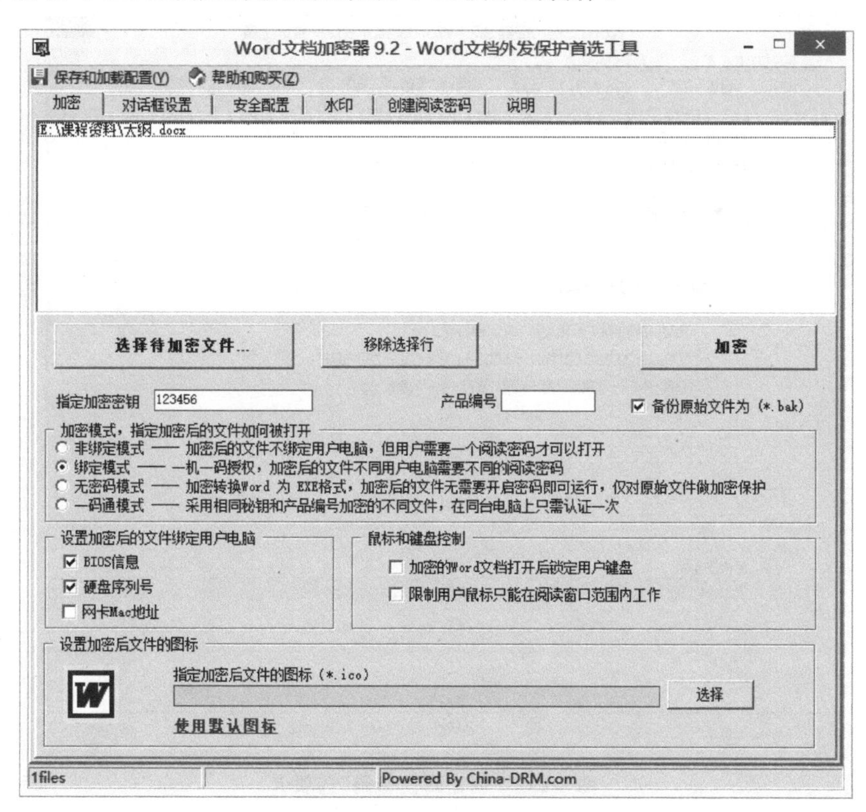

图 3-13　Word 文档加密器

(2) 在“加密”选项卡中,单击“选择待加密文件…”按钮,将欲加密的文件加入文件框中。

(3) 在“指定加密密钥”文本框中输入加密密钥。

(4) 选择加密模式。该软件提供了以下 4 种模式。

① 非绑定模式:加密后的文件不绑定用户计算机,但用户需要一个阅读密码才可以打开。

② 绑定模式:一机一码授权,加密后的文件不同用户计算机需要不同的阅读密码。

③ 无密码模式:加密转换 Word 为 EXE 格式,加密后的文件无须开启密码即可运行,仅对原始文件做加密保护。

④ 一码通模式:采用相同密钥和产品编号加密的不同文件,在同台计算机上只需认证一次。

(5) 设置加密后的文件绑定用户计算机。可以指定“BOIS 信息”、“硬盘序列号”、“网卡 Mac 地址”三者的任意组合。

(6) 设置鼠标和键盘控制,可以进行两项组合。

(7) 打开“创建阅读密码”选项卡,如图 3-14 所示,在此创建阅读密码,包括输入授权用户的计算机的机器码;根据需要可以输入水印内容;勾选“阅读次数或有效期控制”,设置可供阅读的次数、阅读有效期、预览时间。单击“创建阅读密码”按钮,阅读密码创建完成。

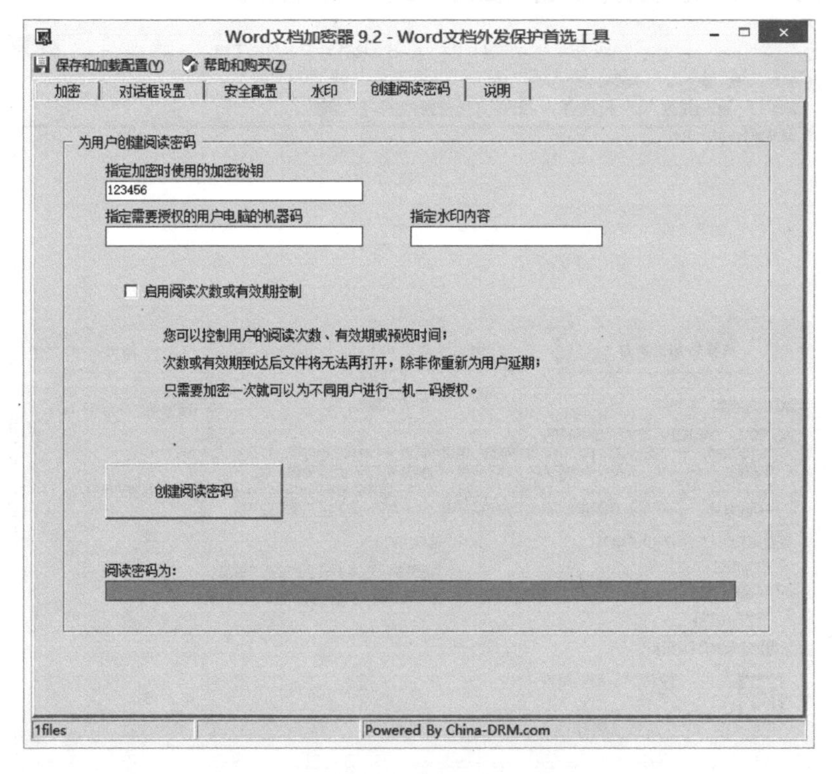

图 3-14 “创建阅读密码”选项卡

(8) 单击“加密”选项卡中的“加密”按钮,完成加密任务。

此外,还可以设置的内容有:

(1) 设置用户提示语，当打开加密文档时出现；

(2) 设置是否允许用户打印文档；

(3) 设置禁止在虚拟机中阅读；

(4) 设置禁止屏幕拷屏；

等等，在此不再一一赘述。

3.2.2 使用 PPTX 加密器

PPTX 加密器是专门针对演示文档进行加密的软件工具。该软件可以对 PowerPoint 所生成的 ppt、pps、pptx、ppsx 文件进行加密。在加密时，将对演示文档所使用的全部文件如视频文件、音频文件、Flash 文件等一同加密，最终得到一个单独的加密目标文件。使用 PPTX 加密器软件的主要方法步骤如下。

(1) 打开 PPTX 加密器，出现如图 3-15 所示的窗体。

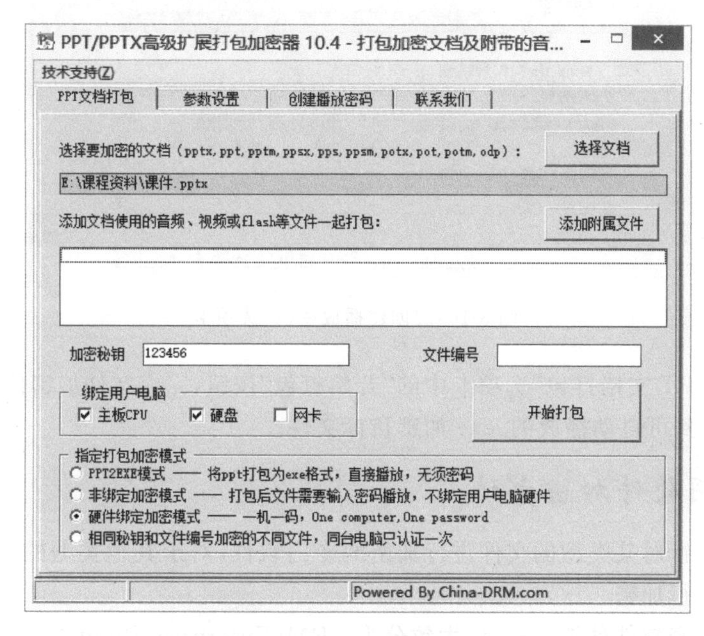

图 3-15 PPTX 加密器窗体

(2) 在“PPT 文档打包”选项卡中，完成以下设置。

① 单击“选择文档”按钮，将欲加密的演示文档加入到加密器中。

② 单击“添加附属文件”按钮，将全部附属文件添加到加密器中。

③ 输入加密密钥、产品编号。

④ 在“绑定用户电脑”区域中，根据需要选择不同的绑定方式：主板 CPU、硬盘、网卡。

⑤ 指导打包加密模式，可以是以下模式。

- PPT2EXE：将 PPT 打包为 exe 格式，可直接播放，无须密码。
- 非绑定加密模式：打包后文件需要输入密码播放，但不绑定用户计算机。
- 硬件绑定加密模式：一机一码。
- 相同密钥和文件编号模式：同台计算机只需认证一次。

(3) 打开“创建播放密码”选项卡,如图 3-16 所示,进行密码设置。

① 输入授权用户的机器码。

② 单击“创建 PPT 播放密码”按钮生成用户密码。

③ 设置时效控制,包括所限制的阅读次数、阅读期限、阅读时间。

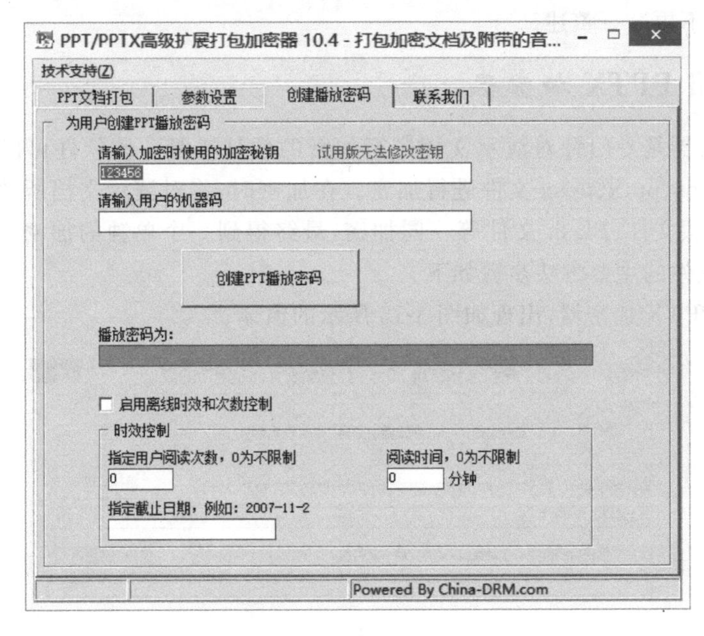

图 3-16 “创建播放密码”选项卡

(4) 单击“PPT 文档打包”选项卡中的“开始打包”按钮,完成文件加密任务。

(5) 最后得到可自动播放的.exe 加密目标文件。

3.2.3 使用软件加密文件

以上是专门针对某类型的文件进行加密的专门软件,对于其他类型的文件可以使用通用的加密软件进行加密。

市场上的加密软件种类繁多,但大致分为 ERM(Enterprise Right Management,企业权限管理)、DLP(Data Leakage Prevention,数据泄漏防护)、DMS(Data Management System,可信数据管理系统)等。例如,思智泰克(ERM)的思智 ERM701、亿赛通(DLP)的 Smartsec、明朝万达(DMS)的 Chinasec(安元)(DMS)等。

各种软件加密工具的用法都较为简单、易理解使用。用户可根据保密情况认真考察选用市场上的产品,甚至可以自己开发。

3.2.4 加密文件的解密

在进行文件加密时,好的做法是对原文件进行备份,这样可以防止加密者自己忘记密码。

对于未经授权的加密文件,不能进行非法解密。

3.3 文件管理和恢复——EasyRecovery

本节重点和难点

重点：

(1) 文件恢复的理解；

(2) EasyRecovery 的使用。

难点：

(1) 恢复误格式化的硬盘文件；

(2) 恢复 U 盘文件。

在使用计算机的过程中，若遇到意外误删除、误格式化等情况时，存储介质中的文件就无法读取了。在这种情况下，可以使用一些工具进行一定程度的恢复，以降低因误操作而带来的损失。这类数据恢复工具市场上有很多，这里以一个常用的数据恢复工具 EasyRecovery 为例，介绍这类软件的功能和用法。

(1) 下载并安装 EasyRecovery 软件。

(2) 启动 EasyRecovery，出现如图 3-17 所示的"选择设备类型"对话框。

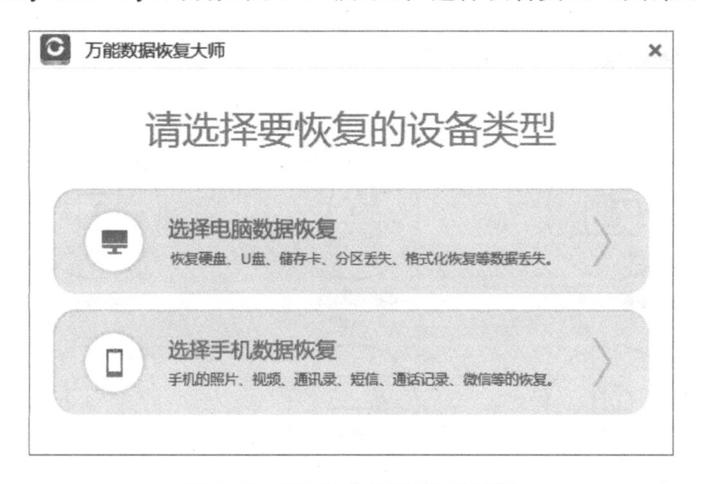

图 3-17 "选择设备类型"对话框

(3) 单击"选择电脑数据恢复"，出现如图 3-18 所示的"向导模式"窗口。

(4) 单击下方的"标准模式"，由向导模式切换到标准模式，如图 3-19 所示。

3.3.1 EasyRecovery 的功能

EasyRecovery(万能数据恢复大师)是一个数据恢复工具。从如图 3-19 所示的窗口可以看到其主要功能如下。

(1) 误删除文件的恢复；

(2) 误清空回收站的恢复；

(3) 误格式化磁盘的恢复；

(4) 硬盘分区丢失的恢复；

图 3-18 “向导模式”窗口

图 3-19 “标准模式”窗口

(5) U 盘/储存卡的数据恢复；

(6) 深度恢复。

3.3.2 恢复被删除的文件

(1) 启动万能数据恢复大师，单击“误删除文件”，出现如图 3-20 所示的“选择存储器”窗口。

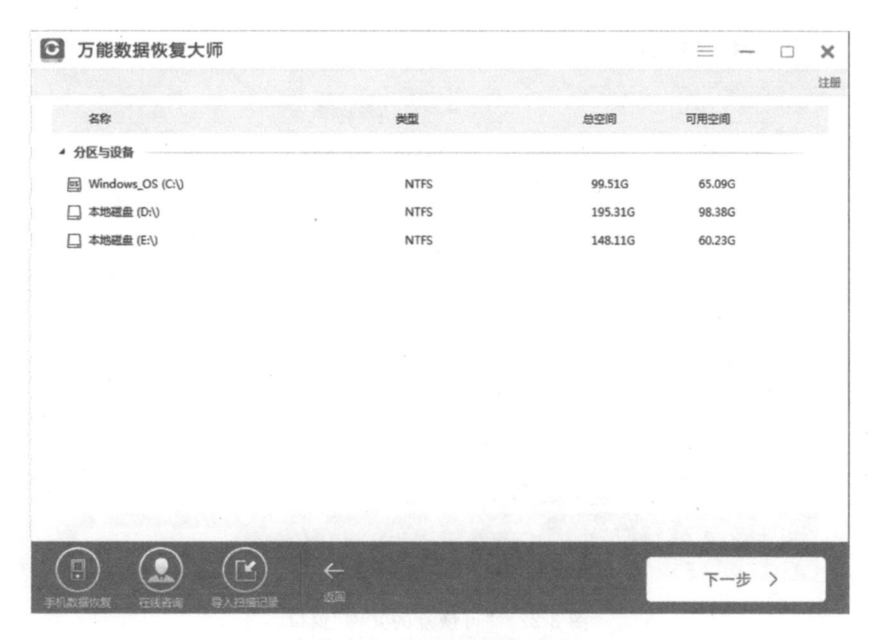

图 3-20 “选择存储器”窗口

(2) 选择被删除文件所在的硬盘,单击“下一步”按钮,出现如图 3-21 所示的“选择文件类型”窗口。

图 3-21 “选择文件类型”窗口

(3) 勾选要恢复的文件类型,单击“下一步”按钮。EasyRecovery 将找出所有可能恢复的文件,如图 3-22 所示。

(4) 从所找到的文件中勾选欲恢复的文件。可在左侧窗口中设置“类型”“路径”“时间”

图 3-22 “可恢复的文件”窗口

等缩小勾选范围,也可以双击文件对文件进行预览。

(5) 单击“恢复”按钮,将文件恢复到指定的目标文件夹中,完成文件恢复。

3.3.3 诊断磁盘

诊断磁盘对磁盘进行全面扫描,列出全部可以恢复的文件,供用户选择恢复。具体步骤如下。

(1) 启动万能数据恢复大师,单击“深度恢复”。

(2) 选择欲进行深度扫描的磁盘,单击“下一步”按钮,开始扫描。

(3) 耐心等待扫描结果。

(4) 从扫描结果中勾选欲恢复的文件。

(5) 单击“恢复”按钮,完成文件恢复。

3.3.4 恢复被格式化的文件

误格式化硬盘,硬盘中的数据将全部丢失。在硬盘中未写入新的数据之前,还可以进行恢复。例如,若要安装并使用 EasyRecovery 进行恢复,不能将 EasyRecovery 安装到被格式化硬盘中,否则意味着该硬盘中已写入新的数据,将无法恢复。

使用 EasyRecovery 从被格式化硬盘中恢复数据的主要步骤如下。

(1) 启动万能数据恢复大师,单击“误格式化磁盘”。

(2) 选择被误格式化的磁盘,单击“下一步”按钮。

(3) 选择“误格式化扫描”单选项,单击“下一步”按钮。

(4) 勾选要恢复的文件类型,单击“下一步”按钮。

(5) 从所找到的文件中勾选欲恢复的文件。

(6) 单击“恢复”按钮,完成文件恢复。

3.3.5 修复损坏的压缩文件

在使用计算机的时候，有时会遇到压缩文件受损而无法打开的情况，此时，可利用 WinRAR 的修复功能尝试修复。

(1) 启动 WinRAR，其主窗口中有一个地址栏，单击其下拉列表，选定受损压缩文件所在的文件夹中的受损文件。

(2) 单击 WinRAR 工具栏上的"修复"按钮，如图 3-23 所示。

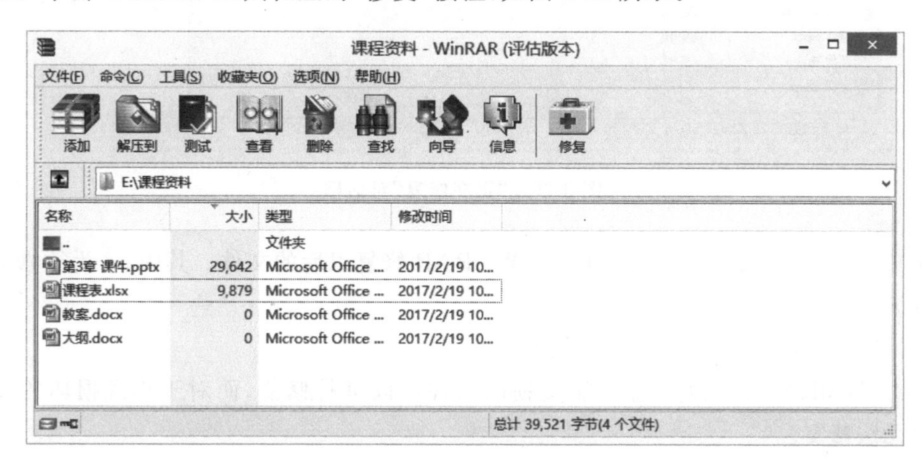

图 3-23 "修复"按钮

若工具栏上没有"修复"按钮，则可在 WinRAR 的工具栏上单击鼠标右键，在出现的快捷菜单中单击"选择"按钮进行添加，如图 3-24 所示，从中勾选"修复"选项，单击"确定"按钮，则在工具栏上出现了"修复"按钮。

(3) 在弹出的如图 3-25 所示的"正在修复"对话框中，指定修复文件的目标文件夹，并指定压缩文件类型。

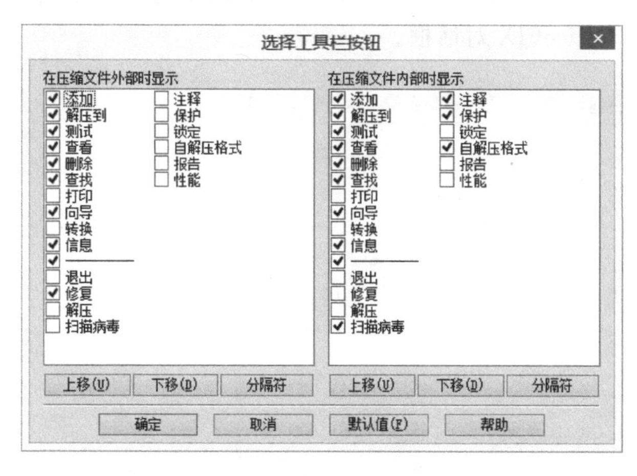

图 3-24 选择工具栏按钮

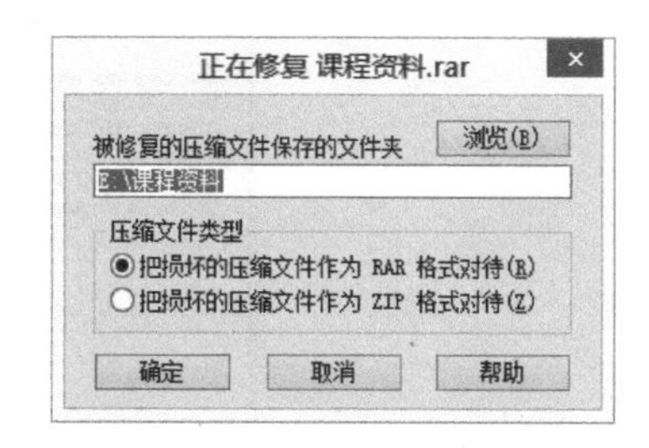

图 3-25 "正在修复"对话框

(4) 单击"确定"按钮，WinRAR 开始修复过程，如图 3-26 所示。

(5) 修复结束后，打开指定的修复文件的目标文件夹，在该文件夹下有名为 rebuilt.

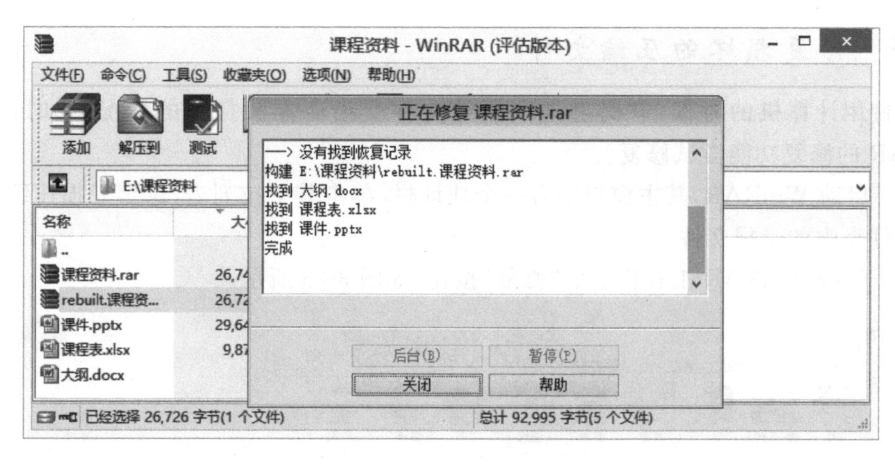

图 3-26 “正在修复”对话框

.rar 或 rebuilt..zip 的压缩文件,即 WinRAR 修复以后的文件。其中,* 为欲修复的压缩文件名。

(6) 尝试打开该文件,看是否修复成功。

注意,WinRAR 往往对发生逻辑受损的文件可以进行修复,而对于物理损坏的文件有时候也无法修复。

3.3.6 修复损坏的 Office 文件

在实际工作中,有的用户会遇到 Office 办公软件的文档,如 Word、Excel、PowerPoint 等生成的文档无法打开的情况。一种可能的原因是文件损坏了。此时,可尝试使用有关的修复工具软件修复。下面介绍一种名为“Cimaware. OfficeFIX. office”的修复工具及其修复过程。

(1) 下载并安装 Cimaware. OfficeFIX. office 修复工具。

(2) 在 Windows 菜单栏中出现了 OfficeFIX、WordFIX、ExcelFIX 等组件。单击 OfficeFIX 组件,出现如图 3-27 所示的 OfficeFIX 对话框。

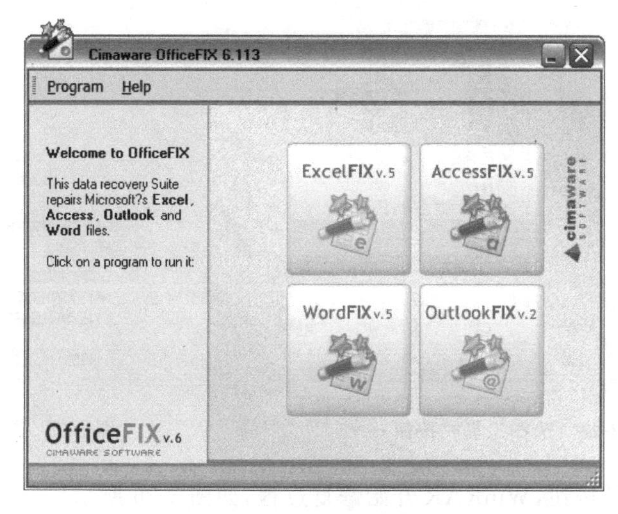

图 3-27 OfficeFIX 对话框

(3) 根据要修复文件的类型,选择 WordFIX、ExcelFIX 等修复功能。图 3-28 为单击 WordFIX 后的窗口。

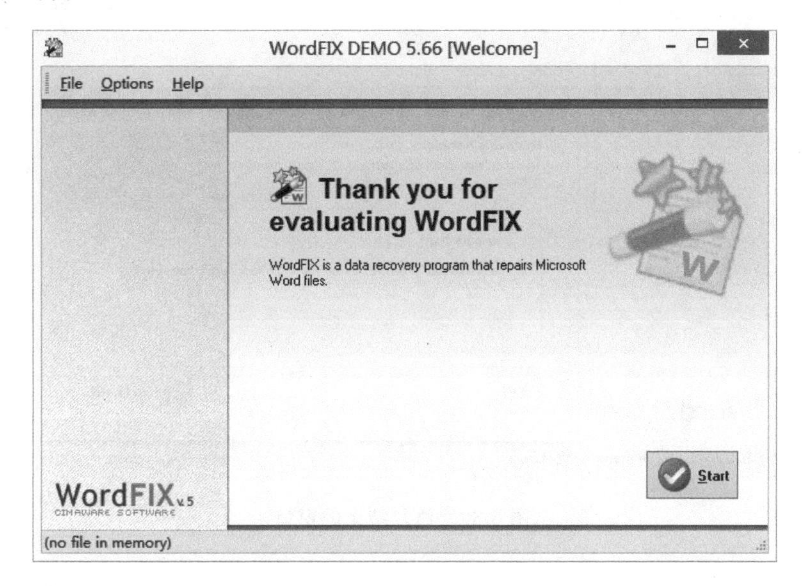

图 3-28　单击 WordFIX 后的窗口

(4) 单击 Start 按钮,打开如图 3-29 所示的窗口,单击其中的 Recovery 按钮。

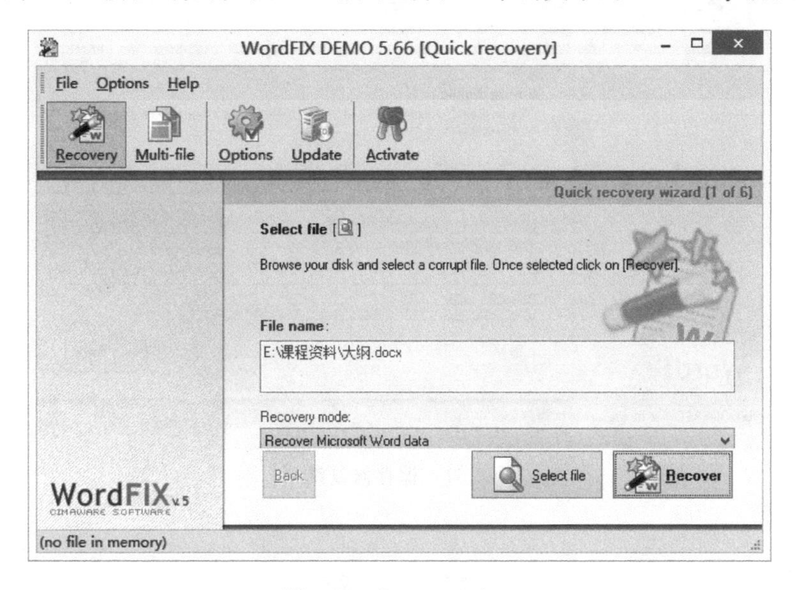

图 3-29　Recovery 窗口

(5) 单击 Select file 按钮,指定要修复的文件。

(6) 单击 Recover 按钮开始修复。

(7) 修复完成后,出现如图 3-30 所示的窗口。单击 Go to save 按钮,查看修复结果。

(8) 单击 Save 按钮,保存修复结果,如图 3-31 所示。

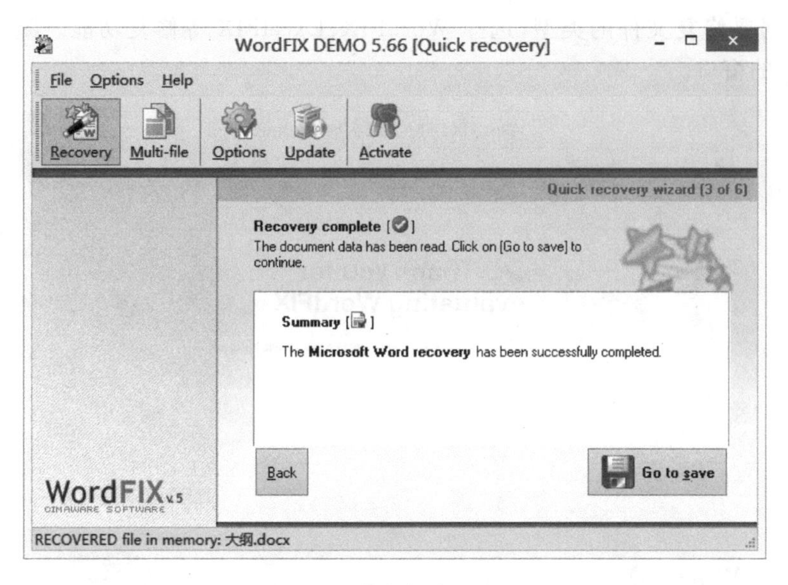

图 3-30 修复结束的窗口

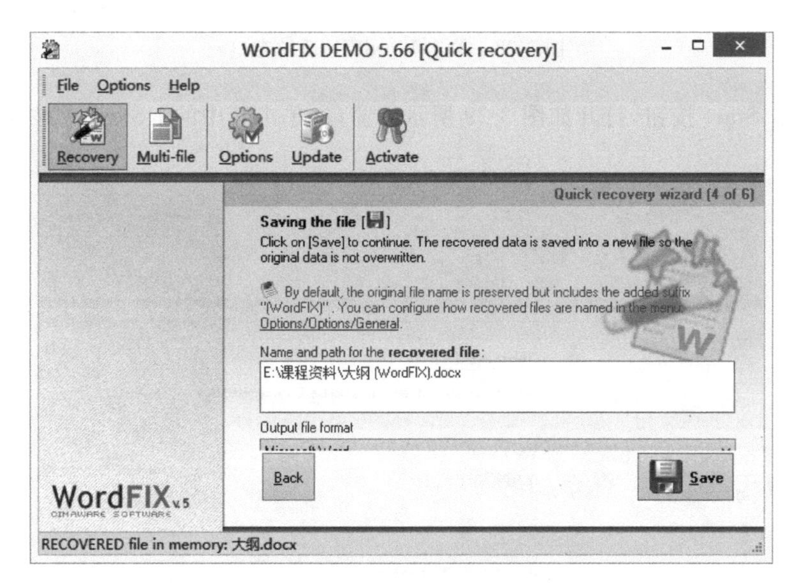

图 3-31 保存修复结果

习 题

一、单选题

1. 下列不能被压缩的是(　　)。

   A. 回收站　　B. 图片文件　　C. 声音文件　　D. 动画文件

2. 下列不能对.docx 文件进行加密的是(　　)。

   A. WinRAR　　B. Microsoft Word

C. Word 文档加密器　　D. PPTX 加密器

3. 下列不是加密算法的是(　　)。

A. RSA 算法　　B. IDEA 算法　　C. AES 算法　　D. RAR 算法

4. 下列属于压缩算法的是(　　)。

A. RSA 算法　　B. ZIP 算法　　C. AES 算法　　D. IDEA 算法

5. 下列哪种情况下,不能由 EasyRecovery 恢复文件?(　　)

A. 被格式化硬盘中的文件　　B. 丢失的硬盘中的文件

C. 从回收站中清空的文件　　D. 被误删除的文件

6. 不能为加密文件加水印的是(　　)。

A. WinRAR　　B. Word 文档加密器

C. PPTX 加密器　　D. Microsoft Word

7. 不属于 Word 文档加密器加密模式的是(　　)。

A. 非绑定模式　　B. 绑定模式　　C. 指纹模式　　D. 无密码模式

8. PPTX 加密器不能绑定用户计算机的(　　)。

A. 主板 CPU　　B. 键盘　　C. 网卡　　D. 硬盘

9. Word 文档加密器不能绑定用户计算机的(　　)。

A. BIOS 信息　　B. 硬盘序列号　　C. 显卡　　D. 网卡 MAC 地址

10. Word 文档加密器不能控制用户的(　　)。

A. 阅读顺序　　B. 阅读次数　　C. 阅读时间　　D. 截止时间

二、判断题(正确的填写"√",错误的填写"×")

1. WinRAR 可以对所有类型的文件进行压缩。(　　)
2. 文件经过压缩后一定能够减少所占用的存储空间。(　　)
3. 压缩文件通常只能用生成该压缩文件的软件来解压缩。(　　)
4. 解压后的文件内容可能与原文件的内容不同。(　　)
5. 自解压文件是可执行的.exe 文件。(　　)
6. WinRAR 一次只能对一个文件进行压缩。(　　)
7. WinRAR 只能在对文件进行压缩时附加解压缩密码。(　　)
8. Word 文档加密器只能对.docx 类型的文件进行加密。(　　)
9. Word 文档加密器也具有文件压缩功能。(　　)
10. PPTX 加密器适合对 Office 的文件进行加密。(　　)
11. EasyRecovery 不能对从回收站中删除的文件进行恢复。(　　)
12. 硬盘被重新分区后,其中的文件便无法恢复。(　　)
13. EasyRecovery 能恢复磁盘中的属性为隐藏的文件。(　　)
14. 磁盘中复制了新文件后,只要将这些文件删除,便可由 EasyRecovery 恢复之前误删除的文件。(　　)
15. U 盘中被误删除的文件也可以用 EasyRecovery 来恢复。(　　)
16. 文件夹不能被压缩。(　　)

第4章

电子图书浏览和制作工具软件

本章说明

电子图书和人们的日常生活联系越来越紧密，如数字图书馆、多媒体光盘、电子教材或互联网等。浏览和制作电子图书也就成为广大用户必须掌握的常备技能之一。本章主要介绍了当前主流的几种电子图书浏览和制作工具，可以帮助用户快速浏览、编辑和制作出自己喜爱的电子图书。

本章主要内容

- 相关背景知识
- 超星图书浏览工具——SSReader
- PDF 阅读工具——Adobe Reader
- CAJ 阅读工具——CAJViewer
- 电子书制作工具——SuperCHM

电子图书又称为 e-book，广泛来自于数字图书馆、多媒体光盘、电子教材或互联网等，类型有电子图书、电子期刊、电子报纸和软件读物等。本章主要介绍电子图书浏览和制作的几种流行工具。

4.1 相关背景知识

本节重点和难点

重点：

(1) 电子图书；

(2) 电子图书馆；

(3) 了解常见的电子图书格式。

难点：

(1) 电子图书馆的特点；

(2) 数字图书馆和传统图书馆的差异。

电子图书、电子图书馆及其基本知识，可以帮助用户快捷地使用电子图书浏览和制作工具。

4.1.1 电子图书和电子图书馆简介

1. 电子图书

电子图书是指以数字代码方式将图、文、声、像等信息存储在磁、光、电介质上，通过计算机或类似设备使用，并可复制发行的大众传播软件，类型丰富，如电子图书、电子期刊等。

2. 电子图书馆

电子图书馆收藏的图书是以电子形式存储的信息，而不是一本本的、印刷在纸上的图书。电子图书馆具有速度快、存储能力大、成本低、保存时间长等特点。电子图书馆还可以存储图像、视频、声音等信息，实用而方便。

3. 数字图书馆

Internet 的迅猛发展，导致图书馆开始由物理形式向电子化、虚拟化和数字化的快速转变。数字图书馆是指运行在高速宽带网络上的、超大规模分布式的、可跨库检索的海量数字化信息资源库群。数字图书馆又称为虚拟图书馆，即在本地图书馆之外，还有许多外地图书馆可以联机访问。

数字图书馆充分将数字信息技术应用于图书馆各项服务中，几乎所有的图书信息都能以数字化形式获得，读者通过网络访问图书馆的文献数据库系统。数字图书馆与传统图书馆相比，具有查询方便、打破时空局限、数字化的管理方式和信息的及时性等优点。

4.1.2 常见的电子图书格式

电子图书的格式有很多种，这里介绍几种比较常见、流行的电子读物文件格式。

1. EXE 文件格式

EXE 文件格式也称为可执行文件格式，是一种比较流行的电子读物文件格式，不需要安装专门的阅读器，下载后就可以直接打开。它最大的特点是阅读方便，制作简单，对运行环境并无很高要求；缺点是不支持 Flash 和 Java 及常见的音频视频文件，而且对于多数此格式的电子图书，都不能直接获取其中的文字图像资料。

2. ABM 文件格式

这是一种全新的数码出版物格式，这种格式最大的优点就是能把文字内容与图片、音频甚至是视频动画结合为一个有机的整体。在阅读时，能带来视觉、听觉上全方位的享受。

3. PDG 文件格式

超星公司把书籍经过扫描后存储为 PDG 数字格式，存放在超星数字图书馆中。如果想阅读这些图书，则必须使用超星阅览器(Superstar Reader)。把阅览器安装完成后，打开超星阅览器、单击“资源”，就可以看到按照不同科目划分的图书分类，展开分类后，每一本具体的书就呈现在我们面前了。

4. CAJ 文件格式

CAJ(Chinese Academic Journal)是清华同方公司的文件格式，中国期刊网提供这种文件格式的期刊全文下载，可以使用 CAJViewer 在本机阅读和打印通过“全文数据库”获得的 CAJ 文件。

5. CHM 文件格式

CHM 文件格式是微软 1998 年推出的基于 HTML 文件特性的帮助文件系统，以替代早先的 WinHelp 帮助系统，在 Windows 98 中，CHM 类型的文件被称为“已组建的 HTML 帮助文件”。被 IE 浏览器支持的 JavaScript、VBScript、ActiveX、JavaApplet、Flash、常见图形文件(GIF、JPEG、PNG)、音频视频文件(MIDI、WAV、AVI)等，CHM 同样支持，并可以通过 URL 与 Internet 联系在一起。这种格式的电子读物的缺点是要求操作系统必须是 Windows 98 或 NT 及以上版本，另外，还要求操作系统安装有 Microsoft Internet Explorer 3.0 或以上版本。

4.2 超星图书浏览工具——SSReader

本节重点和难点

重点：

(1) 了解超星数字图书网；

(2) 使用超星阅读器搜索图书。

难点：

(1) 掌握搜索图书的不同方法；

(2) 使用超星阅读器阅读图书。

超星阅读器(SSReader)是一款拥有自主知识产权的图书阅读器，是专门针对数字图书的阅览、下载、打印、版权保护和下载计费而研究开发的，能支持 PDG、PDF 等主流的电子图书格式。

4.2.1 超星数字图书网

1. 超星数字图书网

超星数字图书网也称为超星数字图书馆，成立于 1993 年，是国内专业的数字图书馆解决方案提供商和数字图书资源供应商，是国家“863”计划中国数字图书馆示范工程项目，于2000年1月在互联网上正式开通。它由北京世纪超星信息技术发展有限责任公司投资兴建，目前拥有数字图书八十多万种。每位读者通过互联网都可以免费阅读超星数字图书馆中的图书资料。

超星数字图书馆中的图书涉及哲学、宗教、社科总论、经典理论、民族学、经济学、自然科学总论、计算机等各个学科门类，成为目前世界最大的中文在线数字图书馆。它提供了大量的电子图书资源以供阅读，其中包括文学、经济、计算机等五十余大类，数百万册电子图书，500万篇论文，全文总量13亿余页，数据总量已达到1 000 000GB，大量免费电子图书，超16万集的学术视频，拥有超过35万授权作者，5300位名师，一千万注册用户，并且每天仍在不断地增加与更新。该图书馆中图书数量最多，种类配比合理，更新迅速及时。

2. 超星图书阅读器

下载安装超星图书阅读器，运行该软件，其主界面如图4-1所示。超星阅读器(SSReader)是超星公司(全称：北京世纪超星信息技术发展有限责任公司)专门针对数字图书的阅览、下载、版权保护和下载计费而研究开发的一款专业阅读器。

阅读超星数字图书网图书(PDG)需要下载并安装超星阅读器(SSReader)。除阅读图书外，超星阅读器还可用于扫描资料、采集整理网络资源等，是国内外用户数量最多的专用图书阅读器之一。

图4-1　超星阅读器

4.2.2　使用超星阅读器搜索图书

使用超星阅读器搜索图书有两种常用的方法。一种是利用超星发现，用户能方便快速地搜索到需要的各种文献资料；另一种是在超星图书馆的首页，使用页面的搜索功能，也能方便地找到想要的图书。这些基于网络的操作，都能用超星阅读器来完成。

1. 超星发现搜索图书

(1) 启动超星阅读器，打开程序窗口中的“超星发现系统”选项卡。在页面的“搜索”文本框中输入搜索关键字，单击“搜索”按钮开始搜索。

(2) 超星阅读器完成搜索后，会在选项卡中列出搜索结果。在页面左侧将列出相关的分类，逐级单击分类可以打开下级子分类。勾选子分类复选框，在页面中间将列出这些子分类对应的条目，如图 4-2 所示。

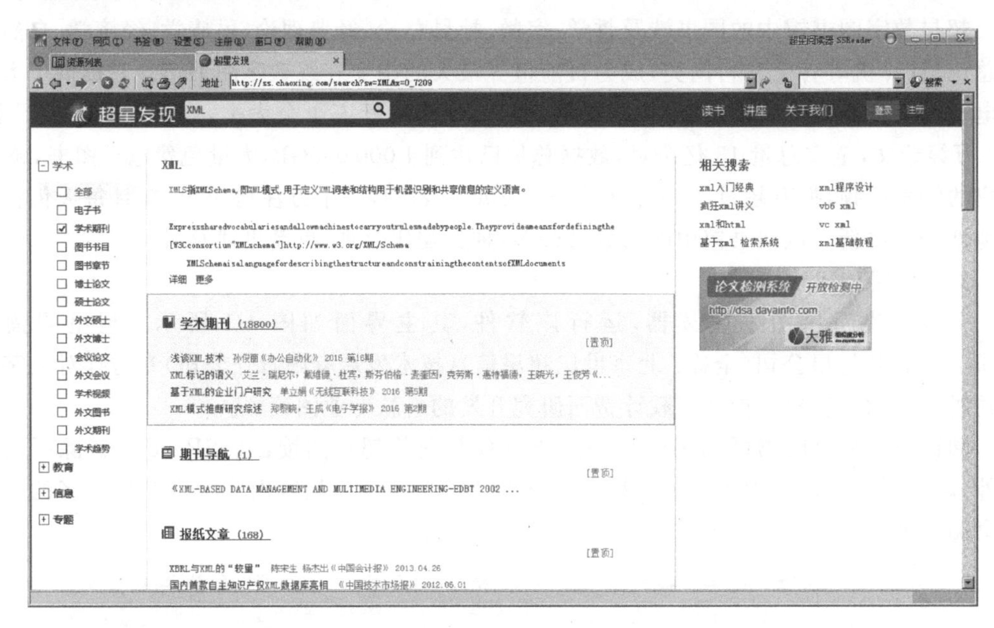

图 4-2　分类结果

2. 使用页面搜索图书

(1) 启动超星阅读器，在“超星发现系统”选项卡中单击“读书”超链接，打开“超星读书”选项卡进入“超星读书”页面，如图 4-3 所示。

图 4-3　“超星读书”页面

(2) 用户可以选择搜索字段，系统提供主题词、书名、作者三个搜索字段供选择。用户可以选择搜索范围，在文本框中输入搜索关键字后，单击“搜索”按钮即可获得搜索结果，如图 4-4 所示。

图 4-4　搜索结果

4.2.3　使用超星阅读器阅读图书

超星图书这种特殊的书籍文件，它的扩展名是.PDG，只有超星阅读器才能打开这种书籍文件。超星阅读器既可以打开已经下载到本地的超星图书文件，又可以打开超星图书馆中的图书，以实现在线阅读。

1. 浏览本地超星图书文件

(1) 打开超星阅读器的方法是，选择“文件”|“打开”命令。在如图 4-5 所示的“打开”对话框中单击“浏览”按钮，在如图 4-6 所示的“打开”对话框中选择需要打开的超星图书文件即可。

图 4-5　“打开”对话框

(2) 超星阅读器在一个新的选项卡中就会打开指定的书籍。目录在窗口的左侧列出，右侧显示书籍的内容页，如图 4-7 所示。

2. 浏览数字图书馆图书

(1) 运行超星阅读器，打开“超星发现系统”选项卡，单击“读书”超链接，就会进入“超星读书”网站的首页，使用搜索功能或在页面中寻找书籍。例如，单击页面中的“全部分类”按钮，在打开的列表中选择书籍分类，如图 4-8 所示。

超星阅读器将在新的选项卡打开页面，页面中列出了分类中的图书，如图 4-9 所示。

图 4-6　选择文件

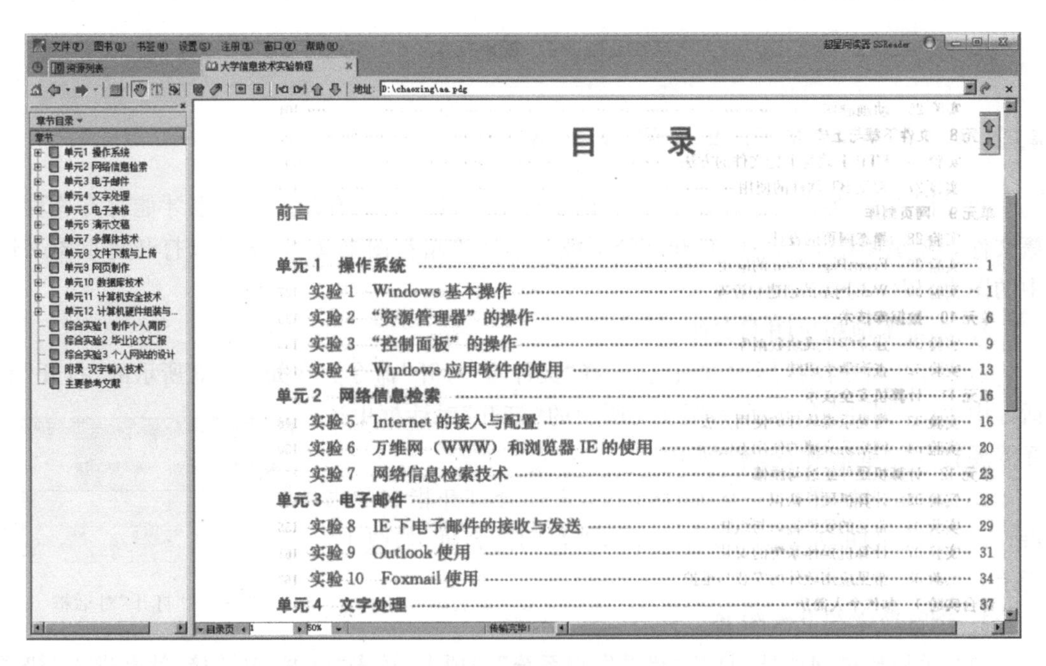

图 4-7　阅读文件

（2）单击某本书的超链接会打开书籍的介绍页面，包括对书籍的内容简介、目录、评价和相关图书等的介绍，如图 4-10 所示。

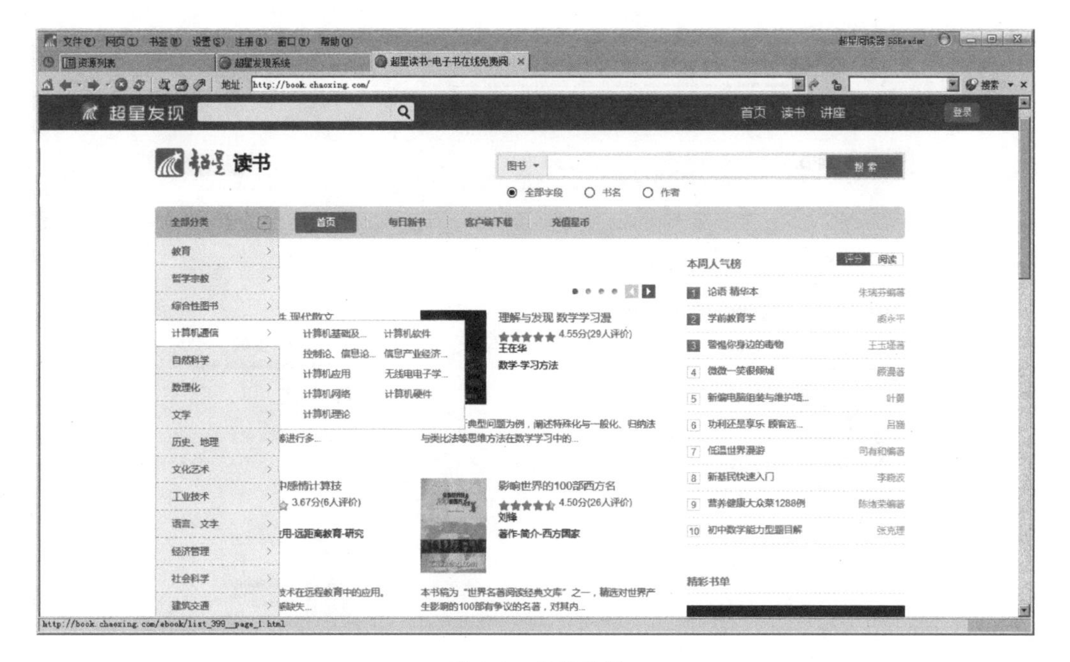

图 4-8　书籍分类

图 4-9　列出分类中的图书

(3) 单击“网页阅读”按钮，将在超星阅读器中以网页的形式打开该书籍进行阅读，如图 4-11 所示；单击“阅读器阅读”按钮，阅读器会直接读取服务器上的书籍文件，在阅读器中打开，如图 4-12 所示。

【案例 4-1】 在 D 盘的 chaoxing 文件夹下，使用超星阅读器制作名称为 123.pdg 的文件。

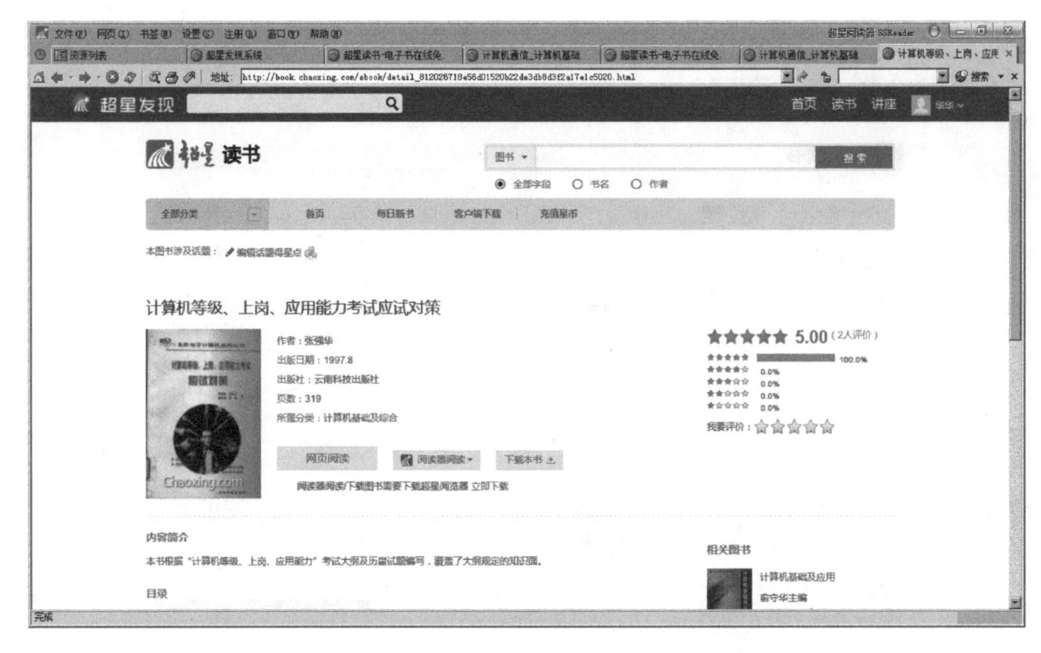

图 4-10　介绍书籍页面

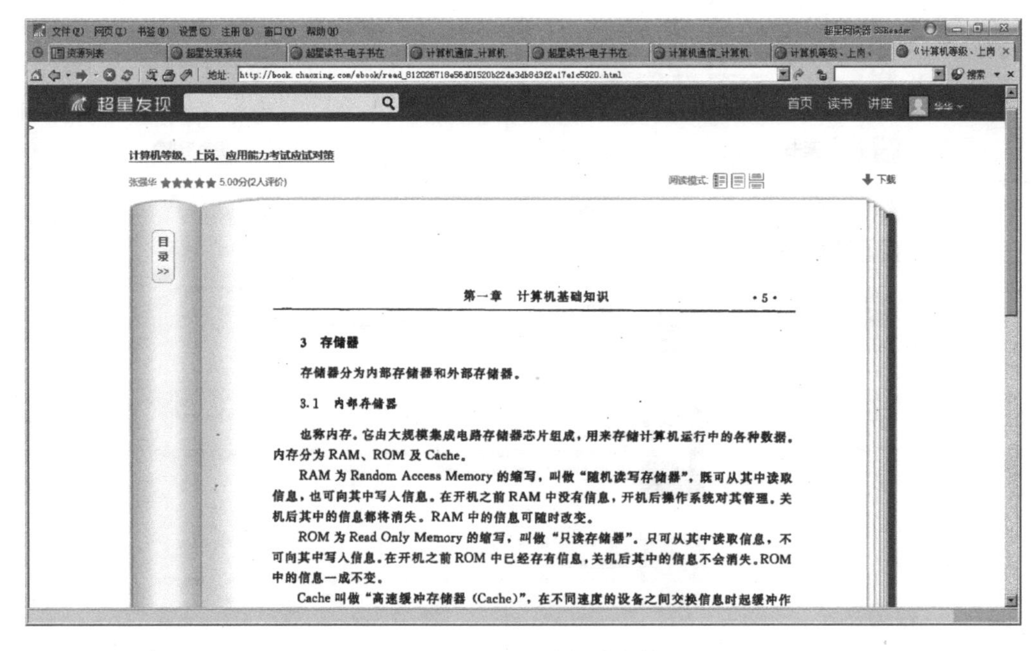

图 4-11　网页形式阅读书籍

案例实现

(1) 启动超星阅读器，选择“文件”|“新建 EBook(资源采集)”命令，打开“采集窗口”选项卡，左侧会出现一个“正文页”选项，选择该选项，如图 4-13 所示。

(2) 选择“采集”|“导入”命令，打开“导入文件”对话框，选择 D 盘的 chaoxing 文件夹下 1.txt 文件导入，如图 4-14 所示。

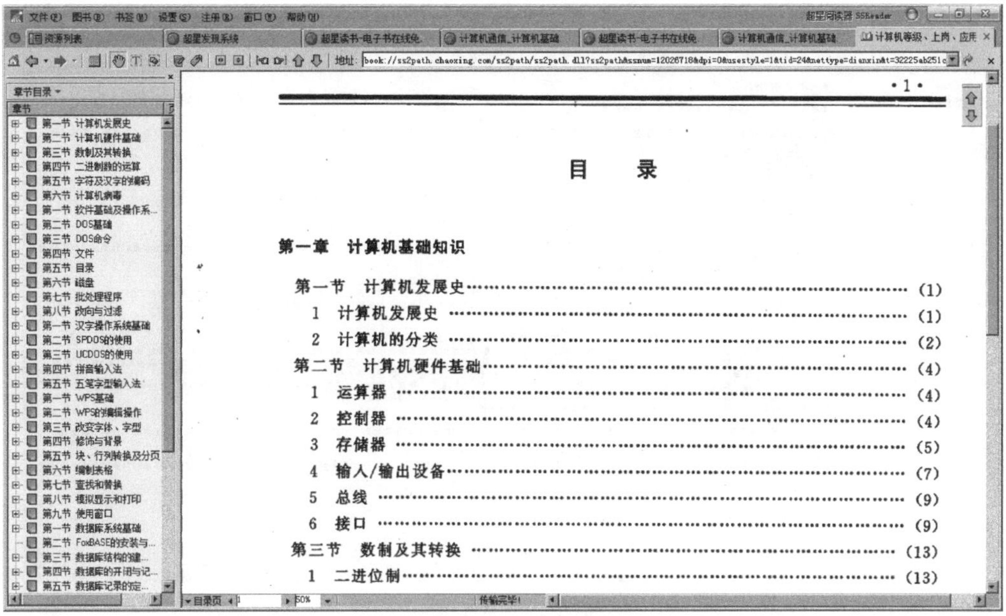

图 4-12　阅读器阅读方式

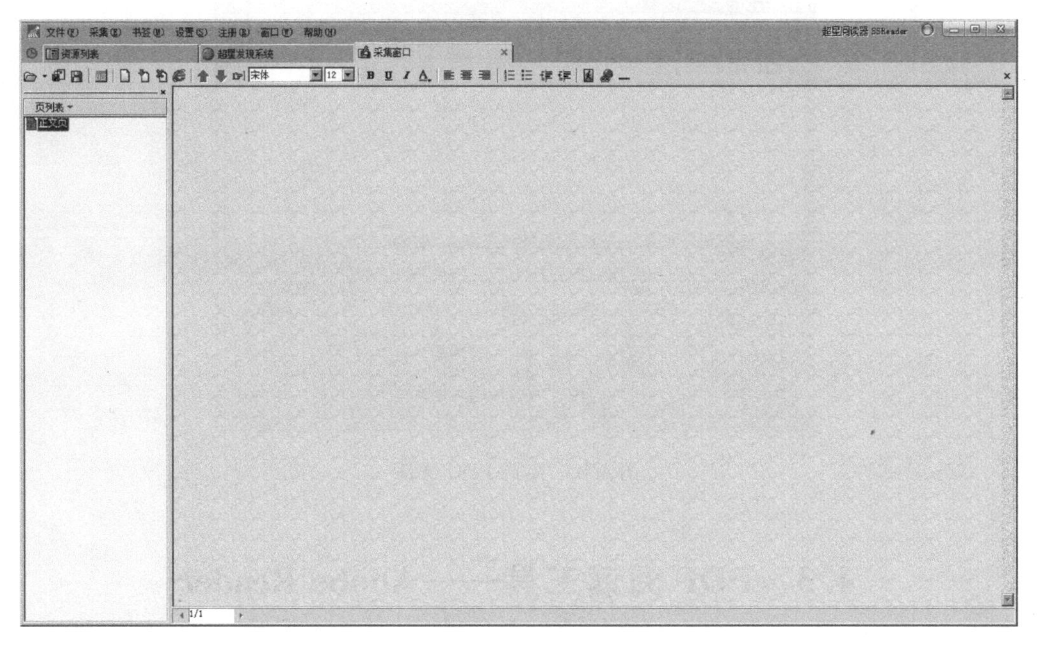

图 4-13　采集窗口

（3）在工具栏中单击“插入一页”按钮，插入一页，继续导入文件 2. txt，同样导入文件 3. txt。

（4）单击“保存”按钮，打开“图书另存为”对话框，选择正确的路径，输入文件名 123. pdg，如图 4-15 所示。

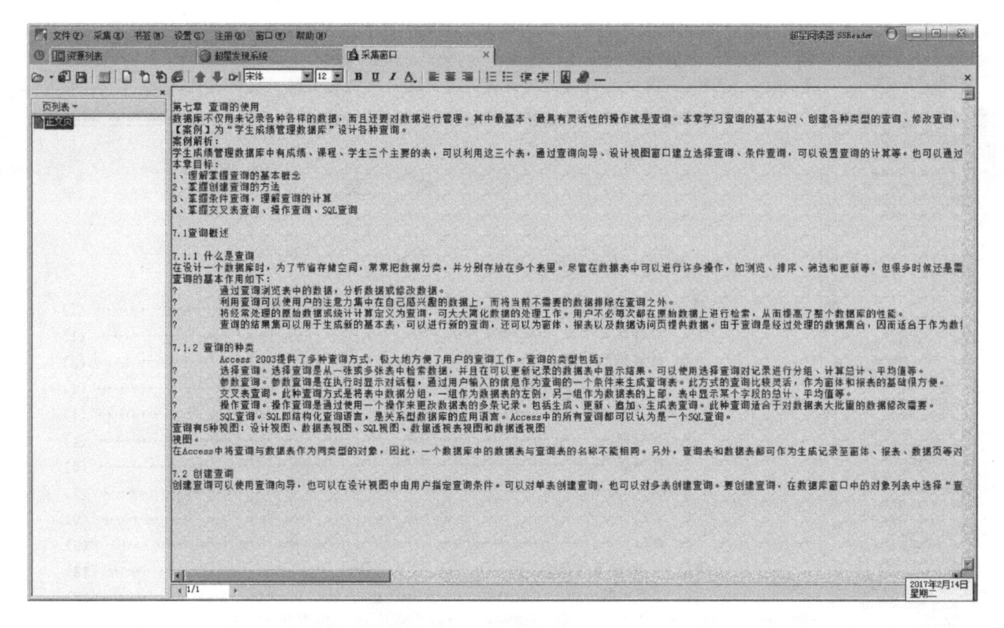

图 4-14　导入文件

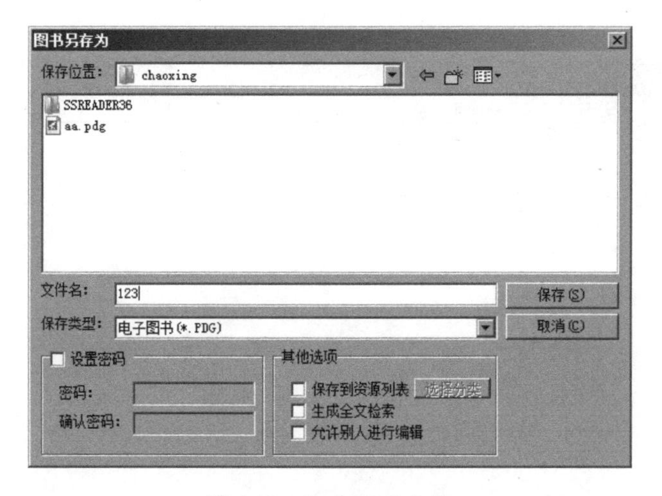

图 4-15　生成 PDG 文件

4.3　PDF 阅读工具——Adobe Reader

本节重点和难点

重点：

(1) 使用 Adobe Reader；

(2) 浏览 PDF 文件。

难点：

(1) 如何添加标注；

(2) 获取文档快照。

PDF 阅读工具 Adobe Reader,可以方便用户更好地查看、阅读、打印 PDF 电子文件。

4.3.1 Adobe Reader 简介

Adobe Reader 是一种得到广泛使用的文本编辑器。使用 Adobe Reader 可以将多种电子文件,包括电子表格、图形图像以及因特网文件转化为一种跨平台的便携式格式,即 PDF 文件。PDF(Portable Document Format)格式是 Adobe 公司在其 PostScript 语言的基础上创建的一种主要应用于电子出版的文件规范系统,PDF 文件可以将文字、字型、格式、颜色及与设备和分辨率独立的图形图像等封装在一个文件中,该格式文件还可以包含超文本链接、声音和动态影像等电子信息,支持特长文件,集成度和安全可靠性都较高。由于 PDF 文件可以不依赖操作系统的语言和字体以及显示设备,能逼真地将文件原貌展现给每一个阅读者,因此越来越多的电子图书、产品说明、公司文告、网络资料、电子邮件等开始使用 PDF 格式文件。目前已成为电子文档和数字化信息传播事实上的一个标准。

Adobe Reader 的主窗口如图 4-16 所示。它的菜单栏包括"文件""编辑""视图""窗口"和"帮助"5 个菜单。软件的功能比较全面。

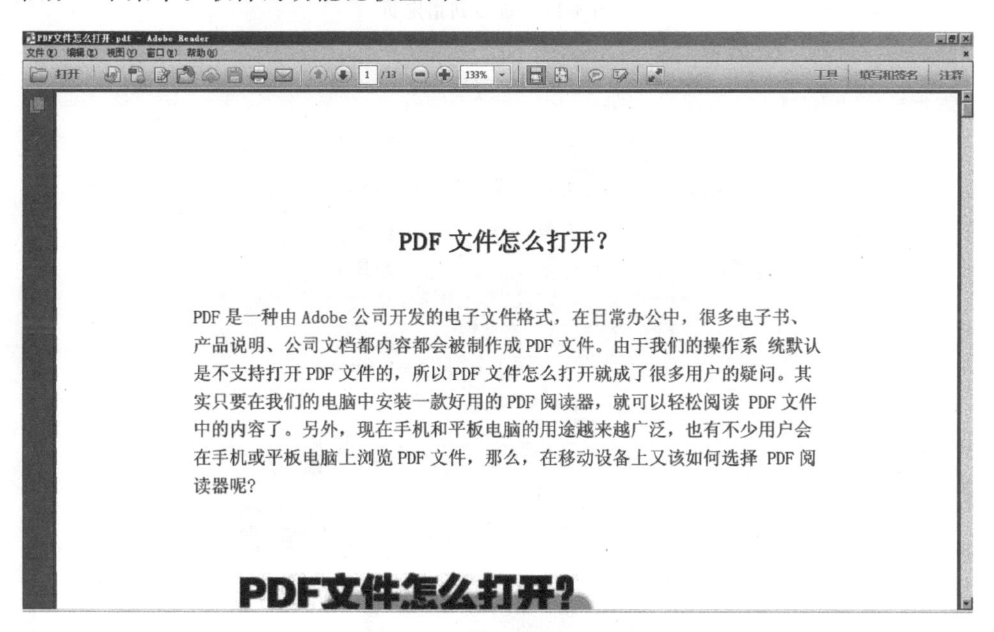

图 4-16 Adobe Reader 主窗口

4.3.2 Adobe Reader 的典型应用

1. 浏览 PDF 文件

(1) 在 Adobe Reader 窗口中打开所要浏览的 PDF 文件,阅读文档时,可以在工具栏的"页码"框中输入页码数值后按 Enter 键就会跳转到指定的页,如图 4-17 所示。

(2) 选择"视图"|"阅读模式"命令就进入到阅读模式,此时窗口只显示菜单栏,在窗口下方会显示一个浮动工具栏,如图 4-18 所示。

图 4-17　跳转到指定页

图 4-18　浮动工具栏

2. 在文档中添加标注

(1) 单击工具栏中的“注释”按钮，打开“注释”面板。选择“附注”选项后，在附注面板中输入附注文字，如图 4-19 所示。

(2) 还可以添加文本注释。在“批注”面板中单击“文本注释”，即可输入文字，该面板还可以对文字的样式进行设置，如图 4-20 所示。

(3) 在“图画标记”面板中单击“绘制云朵”按钮，还可以添加图画标注，如图 4-21 所示。

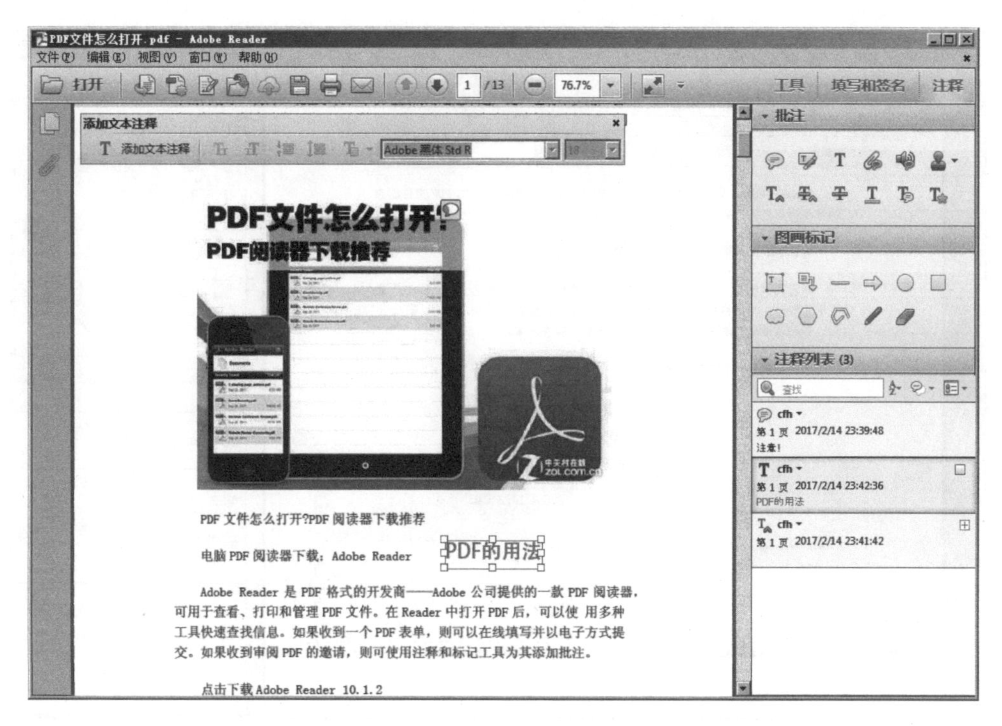

图 4-19　添加附注

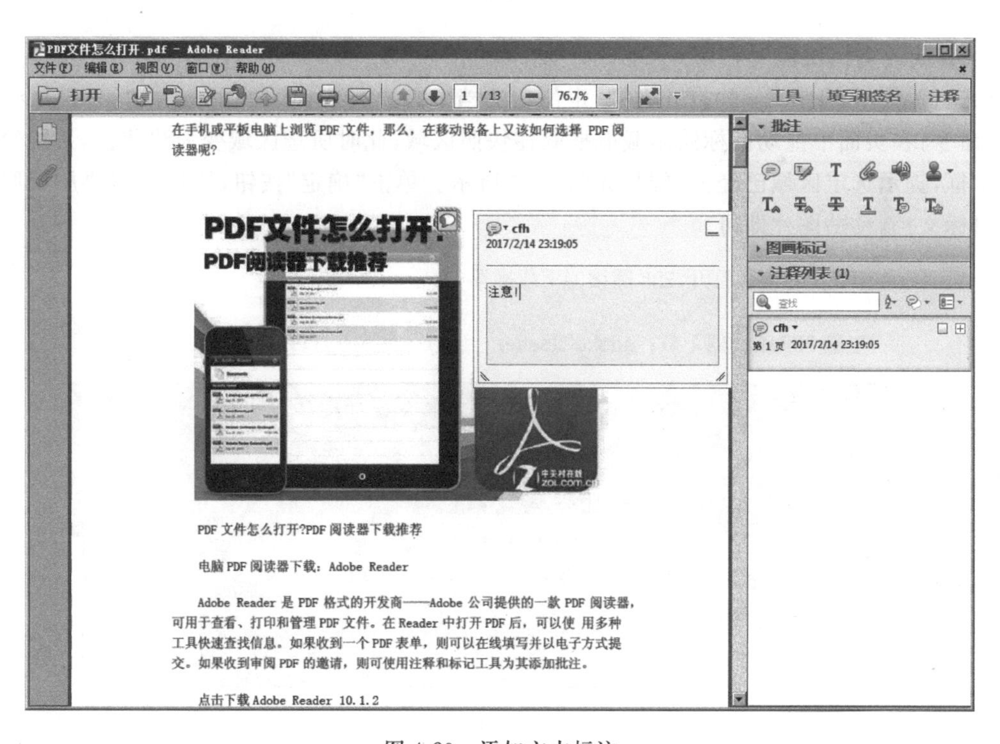

图 4-20　添加文本标注

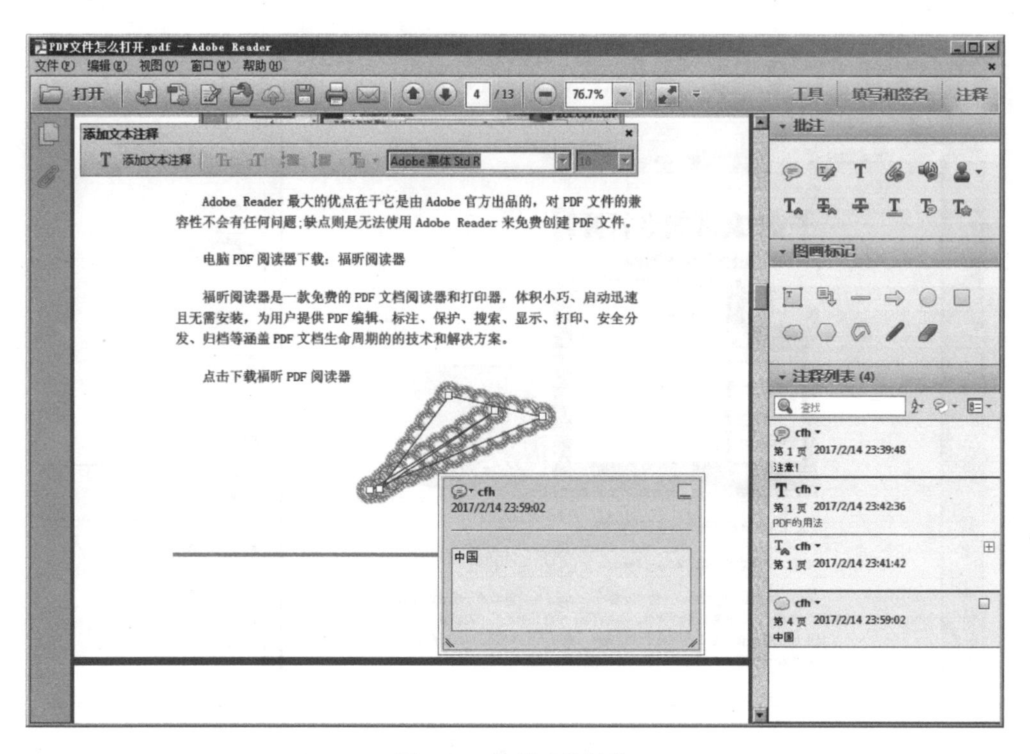

图 4-21　绘制云朵标注

3. 获取文档快照

运行 Adobe Reader 并打开文档，定位在文档中需要获取快照的页，选择“编辑”|“拍快照”命令，在页面中拖动鼠标绘制截取框圈住快照区域，此时所选区域变为浅蓝色，系统给出提示框，提示选定区域已经被复制，如图 4-22 所示。单击“确定”按钮，切换到需要放置照片的目标文档，粘贴图片即可。

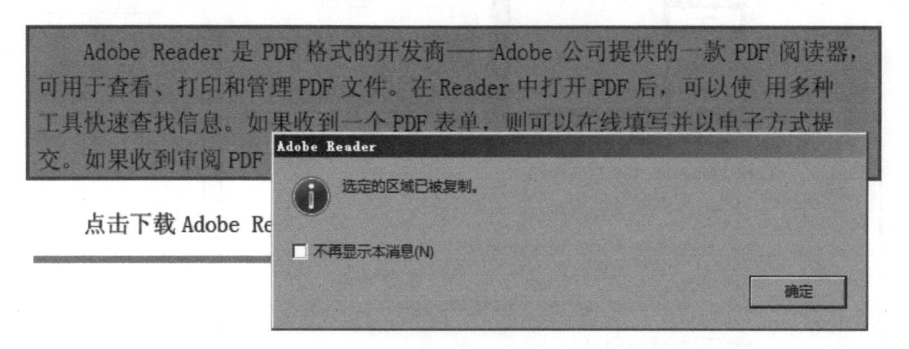

图 4-22　拍快照

【案例 4-2】　打开 D 盘的 chaoxing 文件夹下的 123. pdf，将文件第一页的内容复制到 Word 文件中。

案例实现

(1) 打开 123.pdf,选择"编辑"|"拍快照"命令,拖动鼠标框住第一页内容,此时所选区域变为浅蓝色,系统给出提示框,提示选定区域已经被复制。

(2) 将快照截取的内容粘贴到 Word 创建的文件中即可。

4.4 CAJ 阅读工具——CAJViewer

本节重点和难点

重点:

(1) 了解软件的功能;

(2) 熟悉 CAJViewer 的基本用法。

难点:

(1) 添加书签;

(2) 添加注释。

CAJ 是国内目前使用较为广泛的一种文本格式,需要专门的阅读工具 CAJViewer 才能打开。

4.4.1 CAJViewer 简介

CAJViewer,又叫 CAJ 全文浏览器,是中国期刊网的专用全文格式阅读器,支持中国期刊网的 CAJ、NH、KDH 和 PDF 格式文件。它可以在线阅读,也可以下载到本地硬盘进行阅读。它的打印效果非常逼真。CAJViewer 一共有 4 个版本:完整版、简约版、英文版和繁体版。

CAJViewer 功能强大,例如可以绑定工具书,遇到问题,可以直接链接到工具书库进行查询;还可以绑定个人图书馆,对下载的文献进行管理;再如写读书笔记,双面打印,屏幕取词,自定义搜索等。CAJViewer 的界面如图 4-23 所示。

CAJViewer 的主要特色如下。

1. 简易友好

一次安装,简单易用,界面友好,可自由拖放文档。

2. 极速启动

占用内存极少,经过全面框架优化,瞬间打开文件,可以带来极速的阅读体验。

3. 文本图像摘录

实现文本及图像摘录,并可以将摘录结果粘贴到 Word 中进行编辑。

4. 个性阅读

阅读器提供了单页、双页、全屏多种阅读模式,同时可实现等比例放大或缩小页面进行查阅。多种阅读模式,随意变换。

5. 打印及保存

将可查询到的文章以 caj/kdh/nh/pdf 文件格式保存,并可将其按照原版显示效果打印。

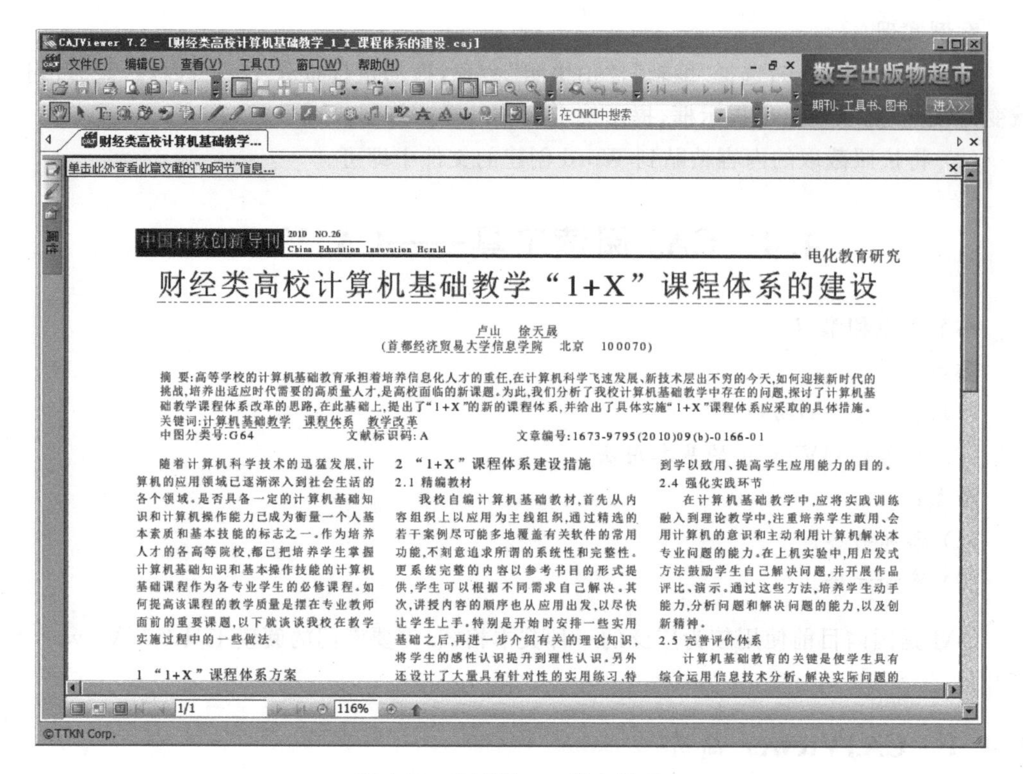

图 4-23 CAJViewer 的主界面

4.4.2 CAJViewer 的典型应用

1. 添加"书签"

(1) 当阅读较长篇幅的电子文档时,不能够一次读完。这时就需添加一个"书签",方便下次阅读时可以直接从本次结束的地方重新开始。选择"工具"|"添加书签",页面的左上角会出现一个五角星标志,如图 4-24 所示。

(2) 双击五角星标志,会弹出一个书签,最后在弹出的书签中输入书签内容即可,如图 4-25 所示。

2. 添加"注释"

(1) 在阅读中,有时候需要添加"注释"。方法类似书签的添加。选择"工具"|"注释",然后单击需要添加注释的文字或区域,即弹出"注释"窗口,如图 4-26 所示。

(2) 单击图 4-26"注释"窗口右上角的"关闭"按钮,即可最小化注释,如图 4-27 所示。如需查看注释,双击注释点即可查看。

【案例 4-3】 打开 D 盘的 chaoxing 文件夹下的文章"财经类高校计算机基础教学"1+X"课程体系的建设.caj",将该文章的摘要复制到 Word 文件中。

案例实现

(1) 打开文章"财经类高校计算机基础教学"1+X"课程体系的建设.caj",选择"工具"|"文本"命令,拖动鼠标选中摘要部分,在快捷菜单中选择"选择区域发送至 WPS/Word"命令即可,如图 4-28 所示。

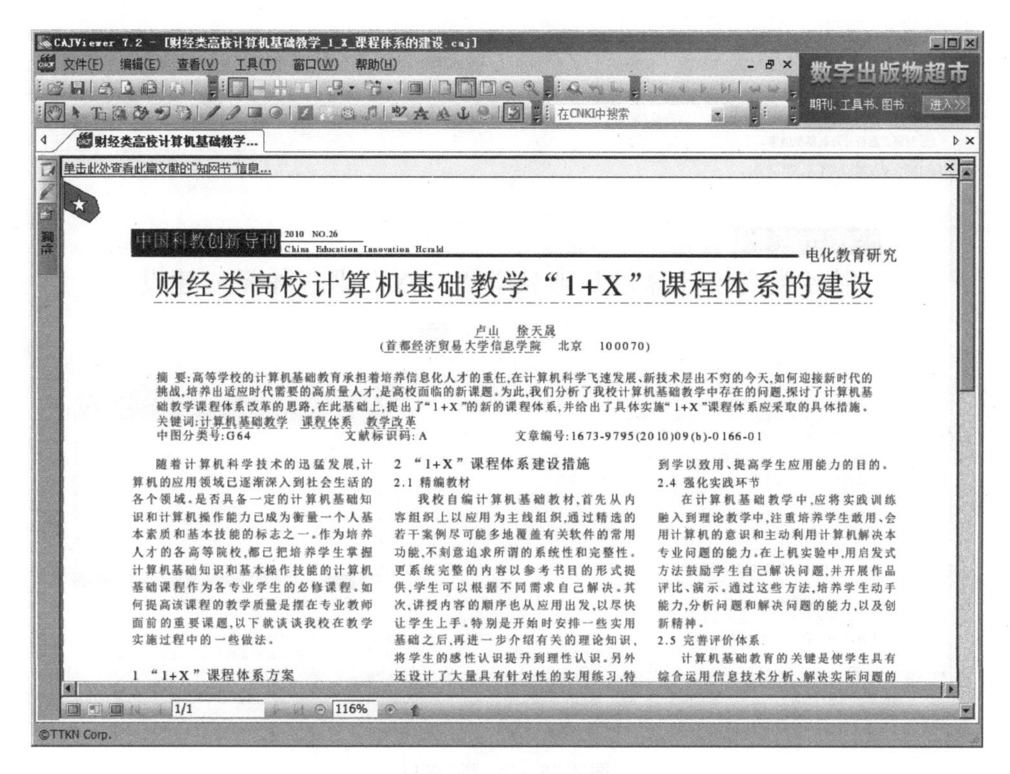

图 4-24 "书签"标志

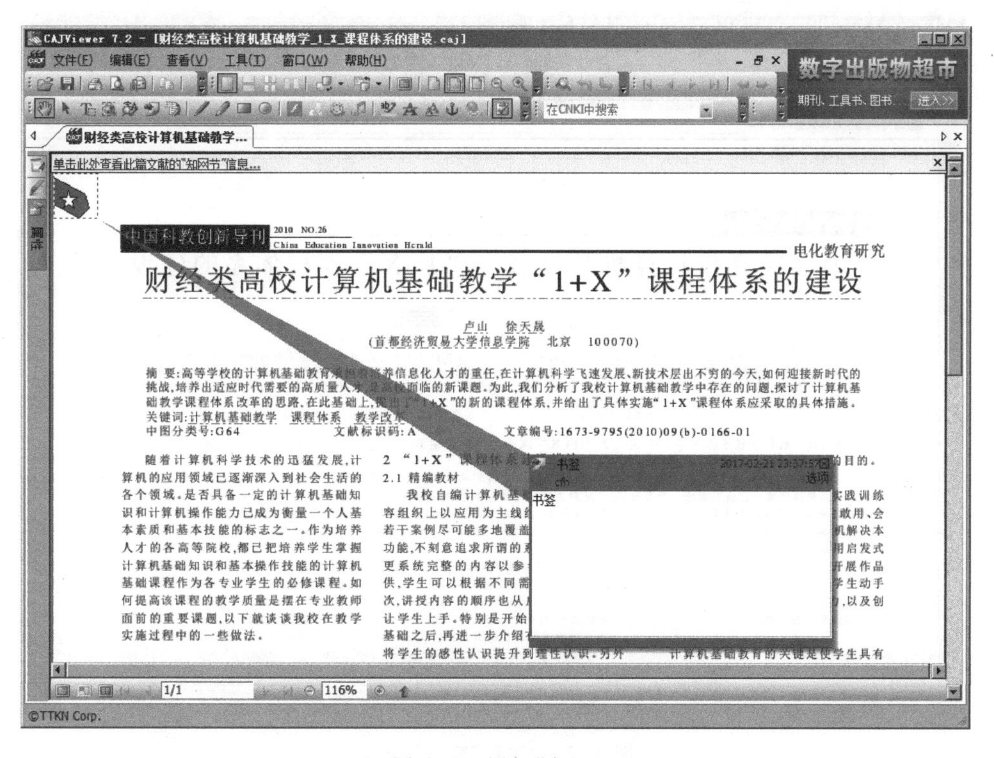

图 4-25 添加"书签"

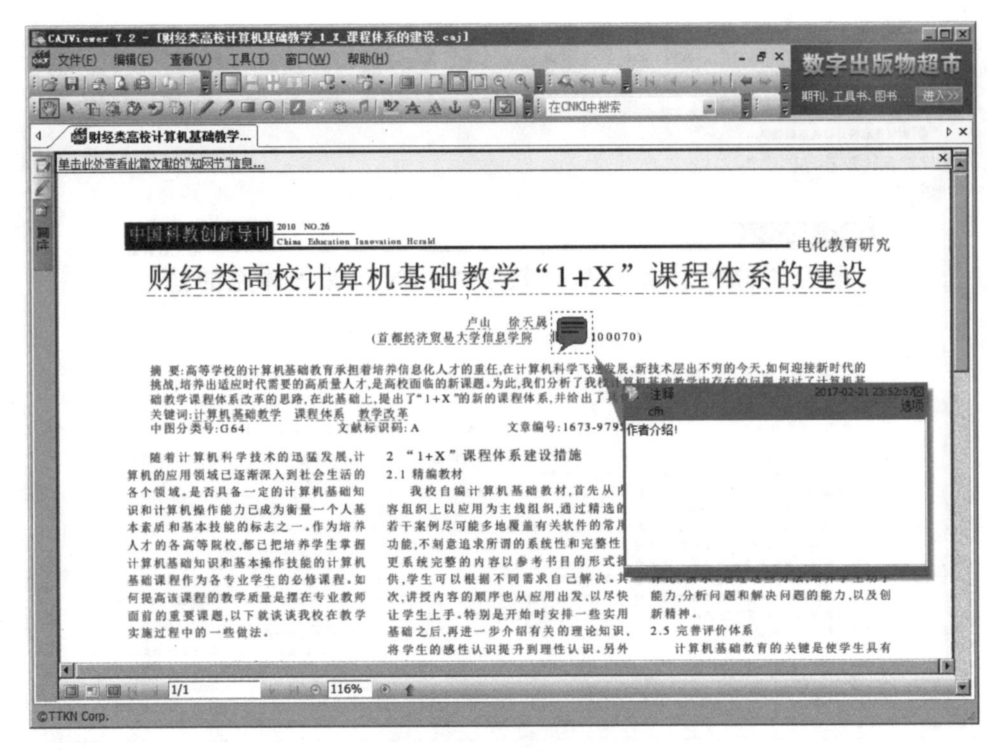

图 4-26 "注释"窗口

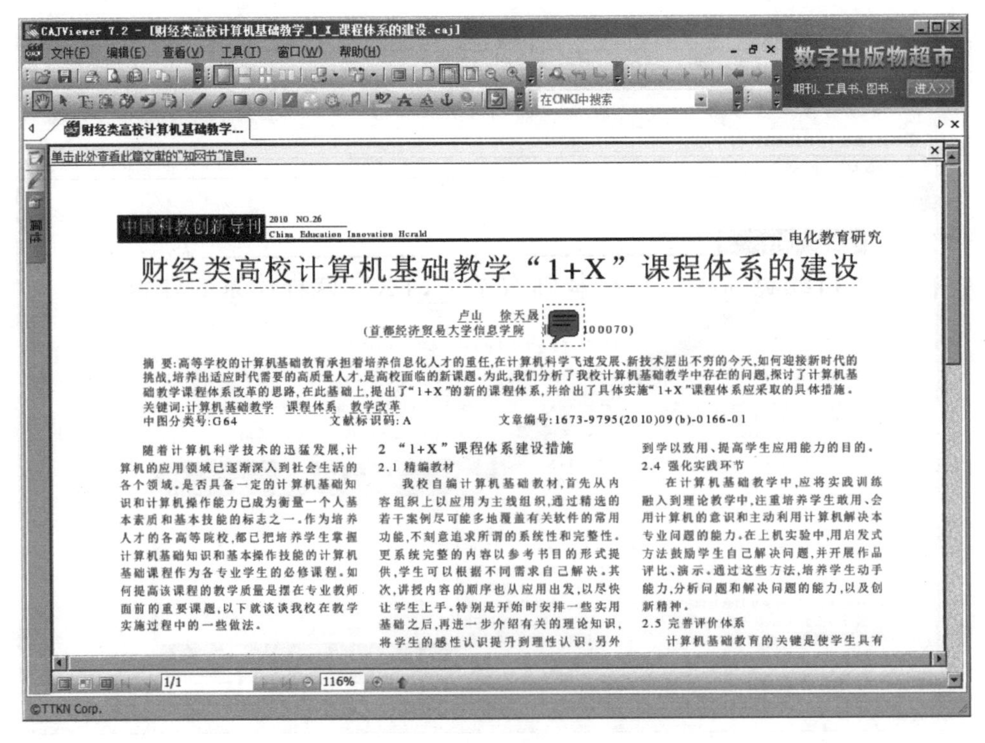

图 4-27 "注释"窗口最小化

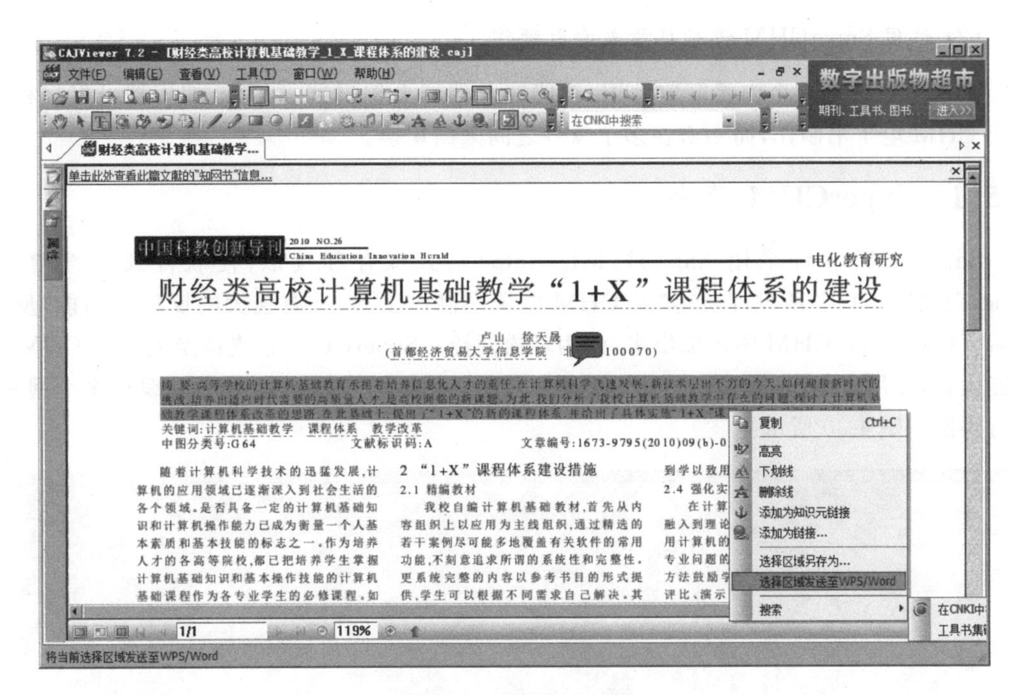

图 4-28　发送至 Word

(2) 这时会弹出一个“请选择一个 WPS/Word 文档”对话框，如图 4-29 所示。这样就可以把所选内容复制到 Word 文件中了。

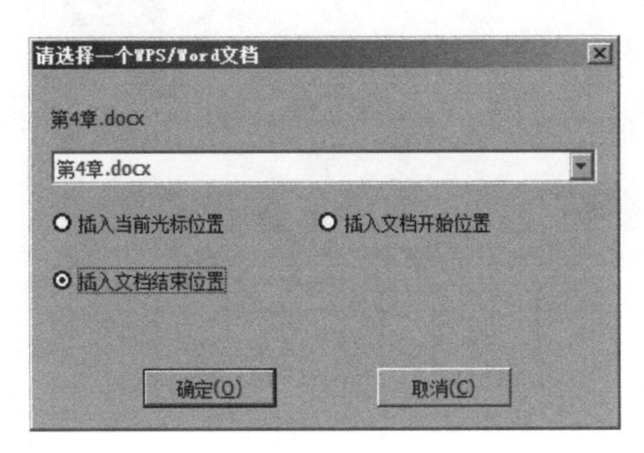

图 4-29　案例结果

4.5　电子书制作工具——SuperCHM

本节重点和难点

重点：

(1) 了解软件的功能；

(2) 熟悉 SuperCHM 的基本用法。

难点：

(1) 运用 SuperCHM 进行项目操作；

(2) 运用 SuperCHM 进行目录或索引操作。

SuperCHM 是一个内置简单易用、功能齐全的网页编辑器，利用该编辑器可以轻松地完成 CHM 电子书制作，而不必在多个软件之间来回切换。

4.5.1 SuperCHM 简介

SuperCHM 软件采用 hhp(HTML Help)格式保存和读取，使软件通用性增强。SuperCHM 是真正"所见即所得"的 CHM 电子书制作工具，具有强大的反编译功能，反编译后直接在 SuperCHM 中读取出来，使用轻松便捷。SuperCHM 也支持绝大部分 CHM 的功能设置，使用户制作的 CHM 与众不同。它还采用 MDI 设计，同时可以编辑多个网页。运行界面如图 4-30 所示。

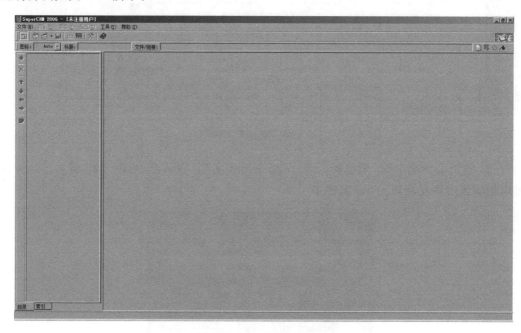

图 4-30　SuperCHM 主界面

4.5.2 运用 SuperCHM 进行项目操作

运用 SuperCHM 进行项目操作的具体步骤如下。

(1) 打开 SuperCHM 主界面，选择"文件"|"新建"命令，弹出"另存为"对话框，如图 4-31 所示。在对话框中选择路径、输入文件名，单击"保存"按钮。

(2) 在 SuperCHM 主界面中，选择"文件"|"打开"命令，在"打开"对话框中可以选择所要打开的项目文件，如图 4-32 所示，就可以直接打开文件了。

(3) SuperCHM 支持 CHM 中的大部分功能设置，用户可以选择"设置"|"项目设置"命令，如图 4-33 所示，在打开的"项目设置"对话框中进行设置即可。

"项目设置"对话框中包含 6 个选项卡。

① "样式"选项卡：可以设置 CHM 运行时的窗口样式，有普通样式和扩展样式两种。

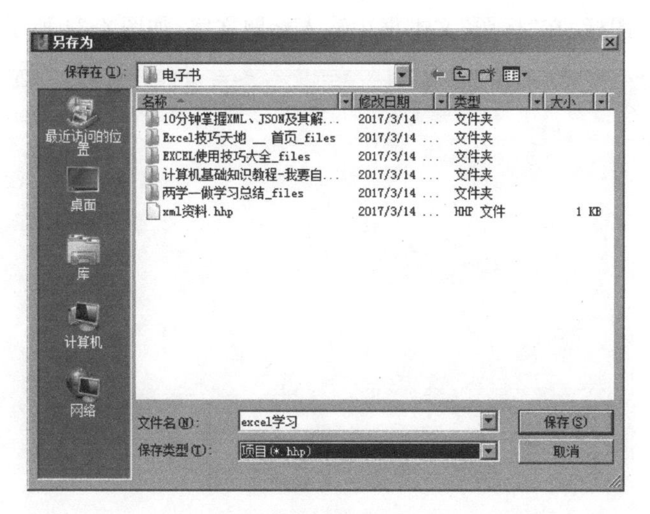

图 4-31 “另存为”对话框

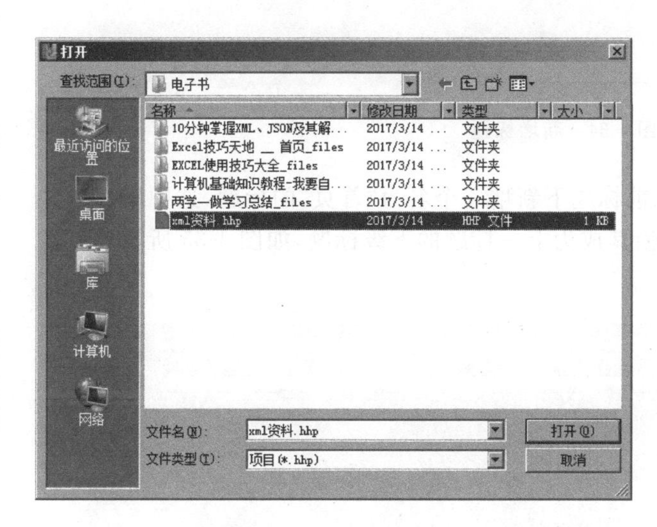

图 4-32 “打开”对话框

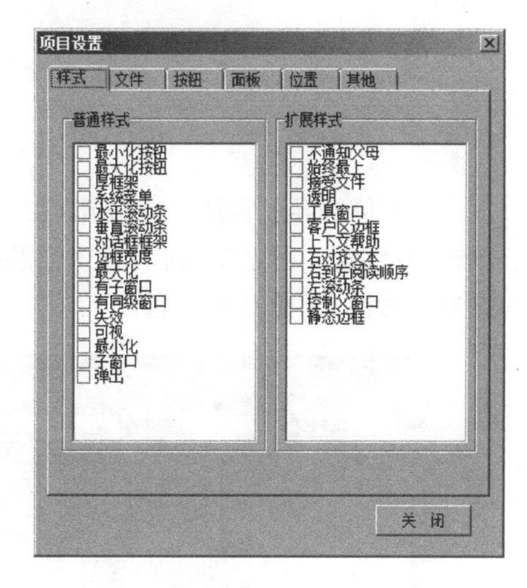

图 4-33 “项目设置”对话框

② “文件”选项卡：“标题”框中设置 CHM 运行时的窗口标题；“默认”框中设置 CHM 启动后的默认网页；“主页”框中设置 CHM 的主页；“编译后的文件名”框中设置编译成功后的文件名，默认时 CHM 文件名和项目文件名相同。

③ “按钮”选项卡：设置 CHM 文件工具栏上的按钮，也可以自定义按钮。

④ “面板”选项卡：是指定主题、索引等文件显示在窗口左边的导航栏。

⑤ “位置”选项卡：是指 CHM 文件运行时的位置和大小。

⑥ “其他”选项卡：其他的一些设置。

4.5.3 运用 SuperCHM 进行目录或索引操作

运用 SuperCHM 进行目录或索引操作的具体步骤如下。

(1) 打开 SuperCHM 主界面，单击“文件”|“新建”按钮并保存。单击选择该软件界面左下角的“目录”标签打开该选项卡，在导航窗中单击“＋”按钮新增一个目录标题，在“图标”

下拉列表框中选择图标,在“标题”文本框中输入标题文字,如图 4-34 所示。

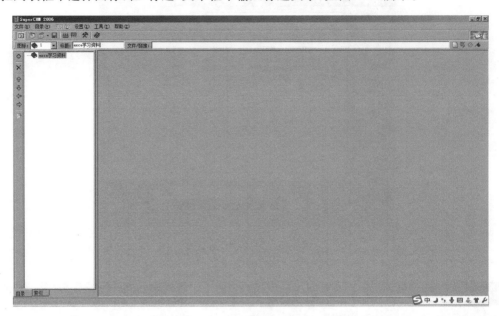

图 4-34 新增标题

(2) 单击导航窗的“+”按钮,在当前标题下新增一个名为“首页”的标题,选中该标题并单击“右移选中标题”按钮右移该标题使其成为上一标题的下级标题,如图 4-35 所示。可以按照此方法,创建其他标题。

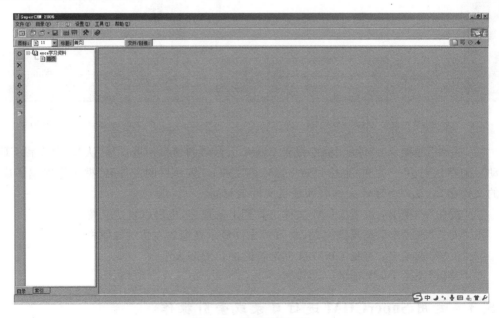

图 4-35 增加下级标题

(3) 选中标题,单击修改工具栏中的“链接网页”按钮,弹出“打开”对话框,选择已经制作好的网页文件,如图 4-36 所示。按照同样的步骤,链接好其他标题的网页文件。

(4) 选择“文件”|“保存”命令保存项目文件。选择“文件”|“编译”命令，对项目进行编译。对话框中给出编译进度，完成后给出编译信息提示，如图 4-37 所示。

图 4-36　链接网页

图 4-37　“编译项目”对话框

(5) 编译完后，可以在 Windows 资源管理器中查看生成的 CHM 文件，如图 4-38 所示。用户可以双击运行 CHM 文件，即可阅览 CHM 文件，如图 4-39 所示。

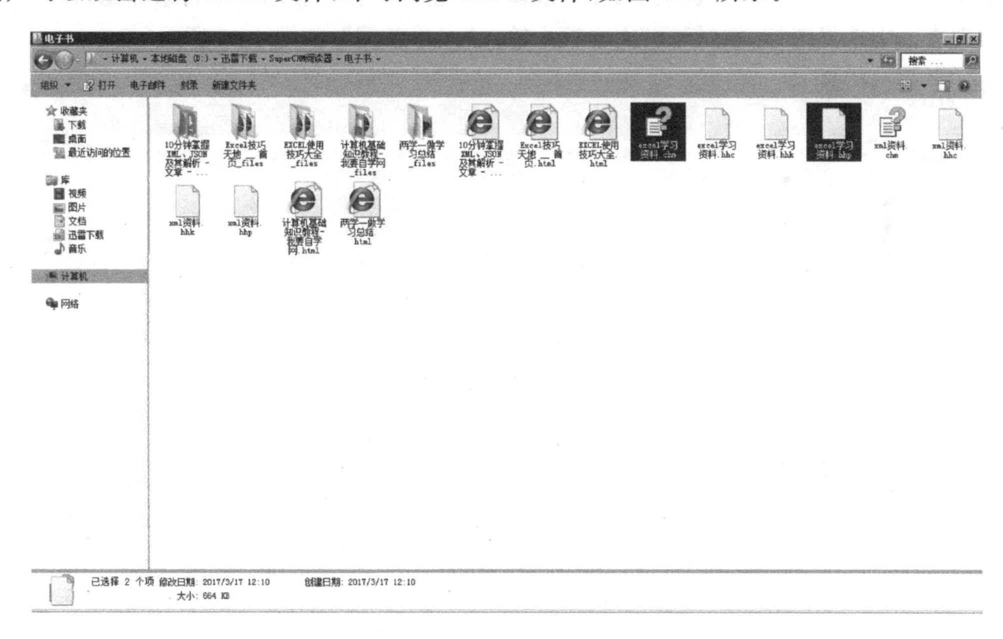

图 4-38　项目文件和 CHM 文件

【案例 4-4】　利用“D:\迅雷下载\SuperCHM 阅读器\电子书”文件夹下已经下载的网页资料，制作“娱乐新闻”电子书。

案例实现

(1) 打开 SuperCHM 主界面，单击“文件”|“新建”按钮并保存。单击选择该软件界面

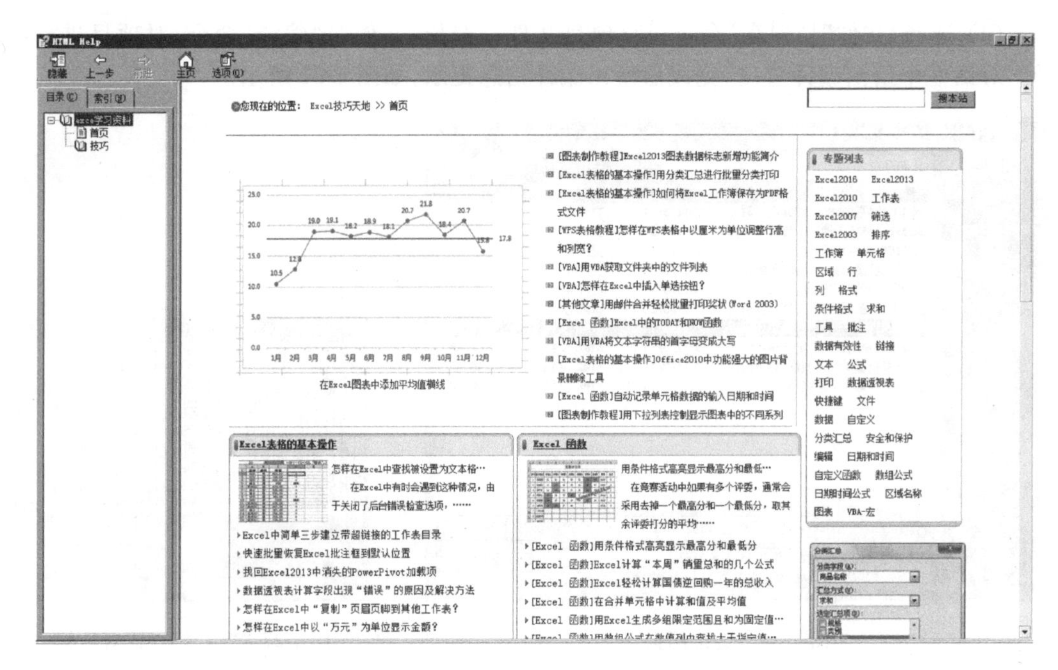

图 4-39　阅览 CHM 文件

左下角的“目录”标签打开该选项卡，在导航窗中单击“+”按钮新增一个目录标题，在“图标”下拉列表框中选择图标，在“标题”文本框中输入“娱乐新闻”，如图 4-40 所示。

图 4-40　标题

(2) 单击导航窗的“+”按钮，在当前标题下新增一个名为“首页”的标题，选中该标题并单击“右移选中标题”按钮右移该标题使其成为上一标题的下级标题，如图 4-41 所示。可以按照此方法，创建其他标题。

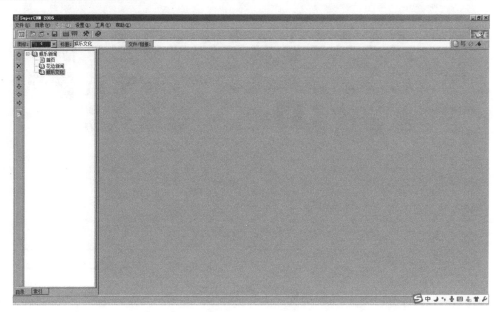

图 4-41　首页标题

(3) 选中标题，单击修改工具栏中的“链接网页”按钮，弹出“打开”对话框，选择已经制作好的网页文件，如图 4-42 所示。按照同样的步骤，链接好其他标题的网页文件。

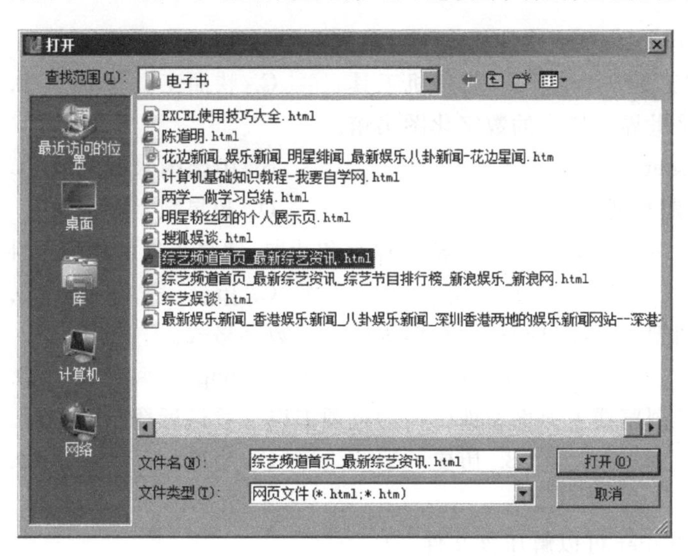

图 4-42　链接网页

(4) 编译项目。

(5) 编译完后，可以在 Windows 资源管理器中看到生成的娱乐新闻.CHM 文件，如图 4-43 所示。用户可以双击运行娱乐新闻.CHM 文件，即可阅览娱乐新闻.CHM 文件。

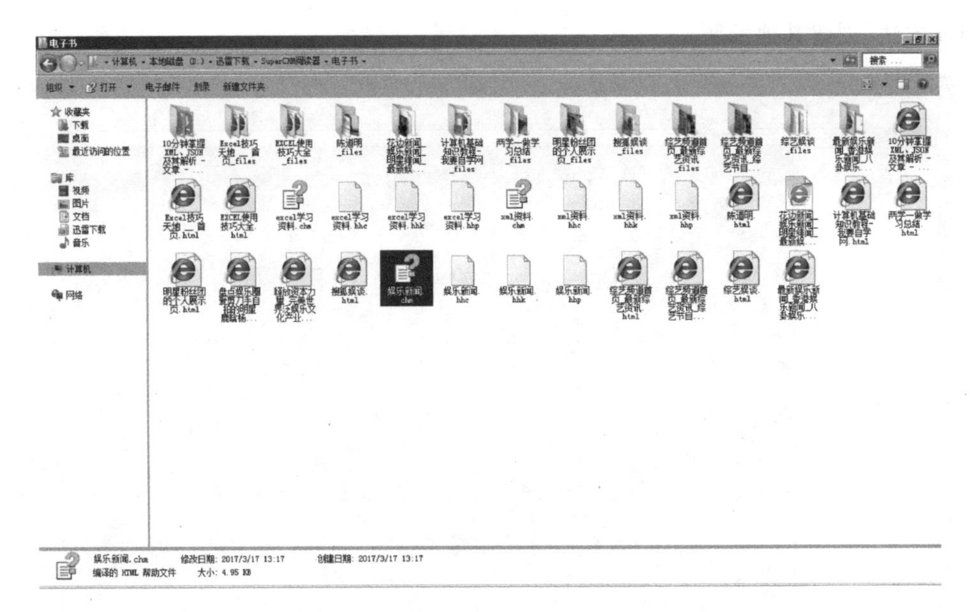

图 4-43　娱乐新闻.CHM 文件

习　　题

一、单选题

1. 运用 Adobe Reader 软件的(　　)截取电子文件内容。

　A. 打印工具　　B. 打印机工具　　C. 快照工具　　D. 图章工具

2. (　　)是世界上最大的数字化图书馆。

　A. Internet　　B. 中国国家图书馆

　C. 中国期刊网　　D. 超星数字图书馆

3. SuperCHM 软件采用(　　)格式保存和读取,增强了软件的通用性。

　A. caj　　B. hhp　　C. jpg　　D. htm

4. 超星公司把书籍经过扫描后存储为(　　)数字格式。

　A. chm　　B. txt　　C. pdg　　D. png

5. 单击超星浏览器主界面左面(　　)选项卡以查看最近登录的网页。

　A. 资源　　B. 历史　　C. 系统　　D. 搜索

二、判断题

1. Adobe Reader 可以解压缩文件。(　　)

2. Adobe Reader 可以阅读的文件格式是 dbf。(　　)

3. 单击 Adobe Reader 工具栏中的 eBook 按钮在其下拉菜单中选择在线获取 eBook 命令可以直接打开浏览器连到网络当中。(　　)

4. 电子图书通常以 CD-ROM/互联网站等形式存储,针对不同介质,传统纸质方式也可能出现。(　　)

5. CAJViewer 只能在线阅读,不可以下载到本地硬盘进行阅读。(　　)

第5章

语言翻译工具软件

本章说明

本章介绍两款非常具有代表性的语言翻译类工具：金山快译和金山词霸。作为全文翻译软件，金山快译采用全新的界面和高效的中日英翻译引擎，支持网页、TXT文档、Word文档、WPS文档和PDF文档等多种文档的全文翻译。而作为词典软件，金山词霸收录147本专业版权词典，采用三十余万纯正真人语音，结合17个场景2000组常用对话，同时支持中文与英语、法语、韩语、日语、西班牙语、德语6种语言互译。本章从实用的角度出发，阐述了这两款软件的获取、安装和使用，对其中常用的功能更是进行了细致入微的介绍。

本章主要内容

- 相关背景知识
- 金山快译的使用
- 金山词霸的使用

随着中国对外交流的不断深入，作为跨国交流桥梁的语言作用日渐明显。如何准确、高效地实现不同语言间的互译成为一个新的课题。

5.1 相关背景知识

本节重点和难点

重点：

(1) 翻译的概念；

(2) 翻译的目标；

(3) 常用的翻译类工具软件。

难点：

(1) 翻译发展的新方向；

(2) 翻译与汉化的区别。

语言是为了适应人类社会传达感情、交代事件等事务而诞生的，为了不同语言之间的相互交流而产生了翻译工作。翻译是指在准确通顺的基础上，把一种语言信息转变成另一种语言信息的行为。翻译的目的是使异语读者能获得与原语读者一样的信息和感受。普通翻译力求要做到信、达、雅，科技翻译则在准确性、简明性和专业性上要求更高。

目前翻译工作正朝着专业化、学术化、服务化、用途多样化、实务化和科技化方向发展。像许多别的行业一样，翻译工作正在步入自动化，比较简单的、重复性的翻译工作都可以交由机器去做，由译员监督修改。在不远的将来，翻译的日常工作会继续朝着程序设计、词汇整理、预编文件、修改译文、翻译管理等方向发展，人与机器的合作会日渐紧密。

目前市场上的语言服务产品众多，国内翻译软件系统也在积极地推陈出新。作为翻译工具，当然希望能更好地帮助人们，读懂未知，但理想很丰满、现实很骨感。在使用传统的翻译产品时，用户最常有的感受就是“虽然能翻译一些简单的词，但长句根本语序不通，翻译过来的要么看不懂要么不敢用”。造成这种感受的直接原因，是传统翻译产品在使用语言数据库结合自然语义学习，对于机器来说，很难以人类的思考方式来进行语言转换。随着技术的不断完善，这种情况正在改观。致力于将翻译记忆和机器翻译技术进行融合、以达到高效率和高质量翻译的智能翻译技术，正在成为新的发展方向。

目前市场上比较成熟的语言互译类工具软件有 Trados、SDLX、Wordfast、Transmate 等，最为人耳熟能详的产品莫过于金山快译和有道翻译。相比之下，词典类工具软件更多，比较受欢迎的有金山词霸、有道词典、灵格斯词典以及欧路词典等。

值得一提的是，很多人把汉化概念与翻译概念混为一谈。机器的自动翻译不等同于软件的汉化。机器翻译工作大多针对的是用户之间的交流或者文档语种类型之间的转换；汉化侧重的是计算机软件的翻译，修改的是非中文程序软件的外观和界面，为的是软件能够为中国用户使用或者在中国推广，这些工作一般由生产厂商或热心的技术用户来完成。汉化通常采用修改源程序或外挂汉化补丁来实现，后者应用更为广泛。

5.2 金山快译

重点：

(1) 金山快译的安装、启动和设置；

(2) 金山快译的快速翻译功能；

(3) 金山快译的批量翻译功能；

(4) 金山快译的中文摘要功能。

难点：

(1) 金山快译的插件翻译和插件管理功能；

(2) 金山快译的高级翻译功能。

5.2.1 金山快译简介

金山快译个人版是金山软件出品的一款强大的中日英翻译软件。通过对专业词库进行全新增补修订，目前金山快译收录了多领域专业词库的百万专业词条，实现了对英汉、汉英翻译的特别优化，使中英日专业翻译更加高效准确。使用金山快译，可以智能高效地进行全文翻译。它还可以配合 QQ、RTX、MSN 等聊天软件进行多语言的全文翻译聊天，以实现无障碍的沟通。使用金山快译，可以即时翻译英文、日文网站，翻译后版式不变，提供智能型词性判断，可以根据翻译的前后文给予适当的解释，并支持原文对照查看。金山快译还支持以插件的方式嵌入到 Microsoft Office 和 WPS 等办公软件中。

5.2.2 金山快译的安装

用户可以在金山快译官网(http://ky.iciba.com/)上，下载金山快译的安装程序。下载完成后双击安装程序，进入如图 5-1 所示的安装界面。

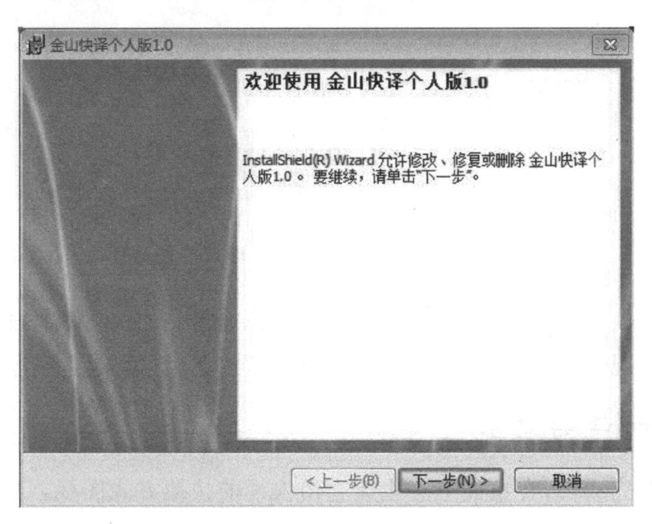

图 5-1　金山快译的安装界面

单击“下一步”按钮，弹出如图5-2所示的对话框。

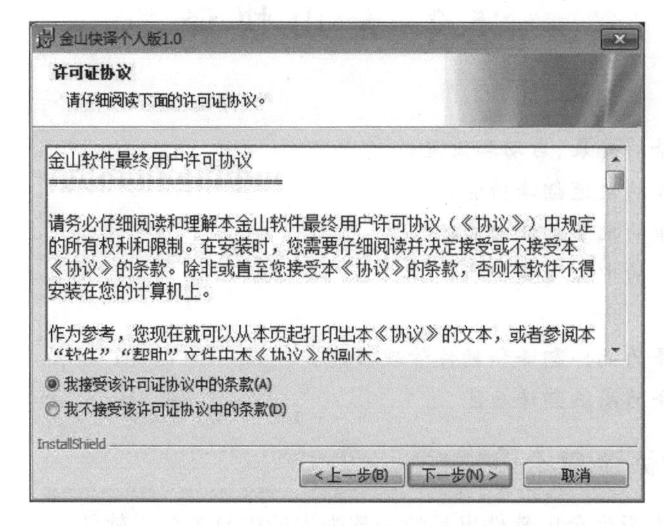

图5-2　金山快译的安装——接受许可协议

选择“我接受该许可证协议中的条款”，单击“下一步”按钮，弹出如图5-3所示的对话框。

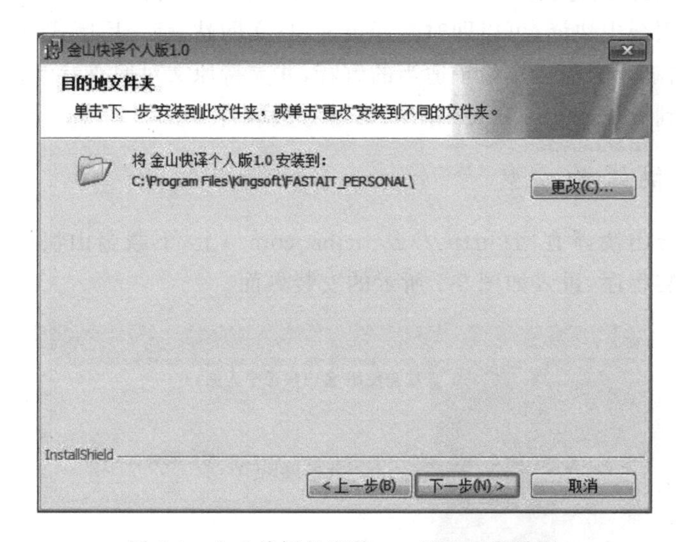

图5-3　金山快译的安装——设置安装路径

金山快译的默认安装路径为“C:\Program Files\Kingsoft\FASTAIT_PERSONAL”，用户可根据实际情况修改路径，确定后单击“下一步”按钮，继续安装直至完成。

5.2.3　金山快译的启动

金山快译安装完成后，在桌面上会生成金山快译的快捷方式图标，双击后就可以运行金山快译。

金山快译的运行界面非常小巧，所有的功能都被整合到了一个工具栏上，如图5-4所示。

各命令按钮的功能如下。

(1) 快译工具栏标题：双击后可切换至浮动界面。

(2) 快速翻译：由六向翻译引擎、“翻译”按钮以及翻译后的“还原”按钮组成，共同实现快速翻译功能。

(3) 高级翻译：单击后将会打开高级翻译窗口。

(4) 综合设置：单击后将会打开综合设置菜单。

快译工具栏标题　高级翻译　综合设置

英→中　翻译　高级

快速翻译

图 5-4　金山快译的主界面

5.2.4　金山快译的系统设置

启动金山快译后，单击工具栏上的“综合设置”按钮，在弹出的菜单中选择“系统设置”命令，将会打开“系统设置”对话框，如图 5-5 所示。

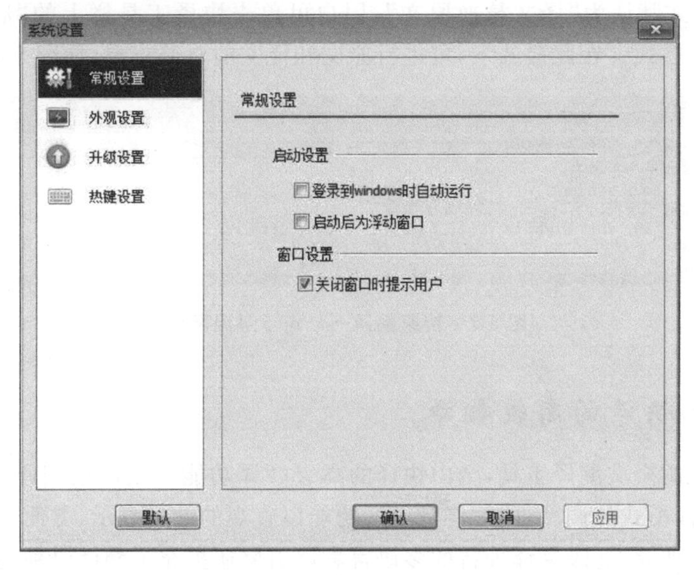

图 5-5　“系统设置”对话框

“系统设置”对话框由 4 个选项卡组成：在“常规设置”选项卡中，用户可以设置登录到 Windows 是否自启动以及启动后的外观；在“外观设置”选项卡中，用户可以设置是否有界面音效和浮动窗口半透明效果；在“升级设置”选项卡中，用户可以设置软件是否自动更新；在“热键设置”选项卡中，用户可以重新调整各种功能的热键设置。

5.2.5　金山快译的快速翻译

金山快译工具栏上的六向翻译引擎、“翻译”按钮及“还原”按钮组成了快速翻译的主界面。选择六向翻译引擎后，单击“翻译”按钮，可对记事本、WPS、Microsoft Word、Microsoft Excel、Microsoft PowerPoint、Microsoft Outlook 及 Internet Explorer 中的文稿进行全文翻译。“翻译”按钮在使用后会变为“还原”按钮，单击后可将译文还原为原文。需要注意的是，

Internet Explorer 不支持对译文的还原。

【案例 5-1】 使用金山快译快速翻译功能，将记事本的文字全部译为英文。

案例实现

(1) 打开记事本，输入“我是一个学生。对我而言，学习是一件很快乐的事。”。

(2) 启动金山快译，选择翻译引擎语言为“中->英”，单击“翻译”按钮，将原稿翻译为英文，如图 5-6 所示。

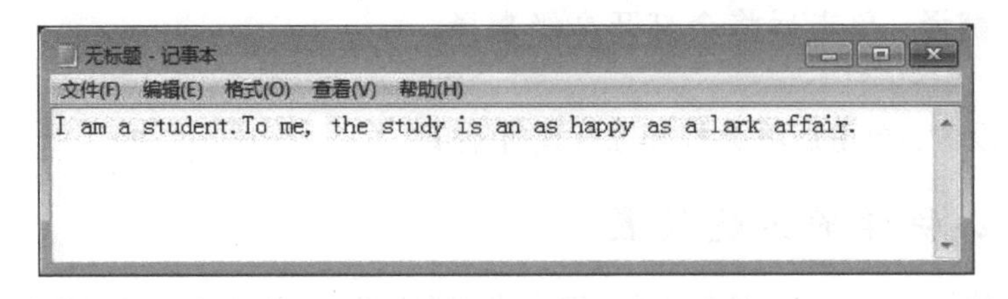

图 5-6 快速翻译——译文替换原文

(3) 翻译模式默认为“译文替换原文”，用户可单击快译工具栏上的“展开”按钮，选择“句子对照翻译”模式。在此模式下，可进行原文和译文的对照查看，如图 5-7 所示。

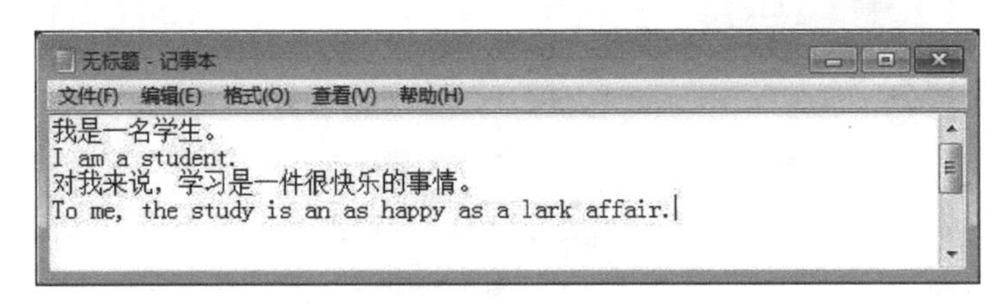

图 5-7 快速翻译——句子对照翻译

5.2.6 金山快译的高级翻译

作为专业化的全文翻译工具，金山快译的高级翻译功能一改以往翻译界面的固定化模式，提供多种界面模式的调整，同时将常用的功能以直观的效果显示，方便了用户，提高了操作的效率。不仅如此，高级翻译独特的多语言翻译引擎还扩充了翻译语种的范围，可以实现简体中文、繁体中文与英文、日文间的翻译，同时支持专业词典和用户词典的使用，让翻译变得更加准确。它还提供了贴心的翻译筛选功能，可为同一句子提供多种翻译结果，由用户自由地做出选择。高级翻译功能同时还支持用户的手工校准翻译，有效地改善了翻译的质量；利用中文摘要功能，高级翻译可以直接对中文原文进行内容提要的提取，并将其翻译成英文。

1. 高级翻译窗口的打开

单击金山快译工具栏上的“高级”按钮，可以打开“高级翻译”窗口，窗口布局如图 5-8 所示。

“高级翻译”窗口由菜单栏、工具栏、内容输入区、翻译结果区、Tab 栏和状态栏组成。

1) 菜单栏

菜单栏用于显示菜单，包括“文件”“编辑”“视图”“翻译”“窗口”和“帮助”6 个菜单：“文件”菜单用于翻译文档的新建、打开、保存、打印和关闭，支持的文档格式有 TXT 文档、Word

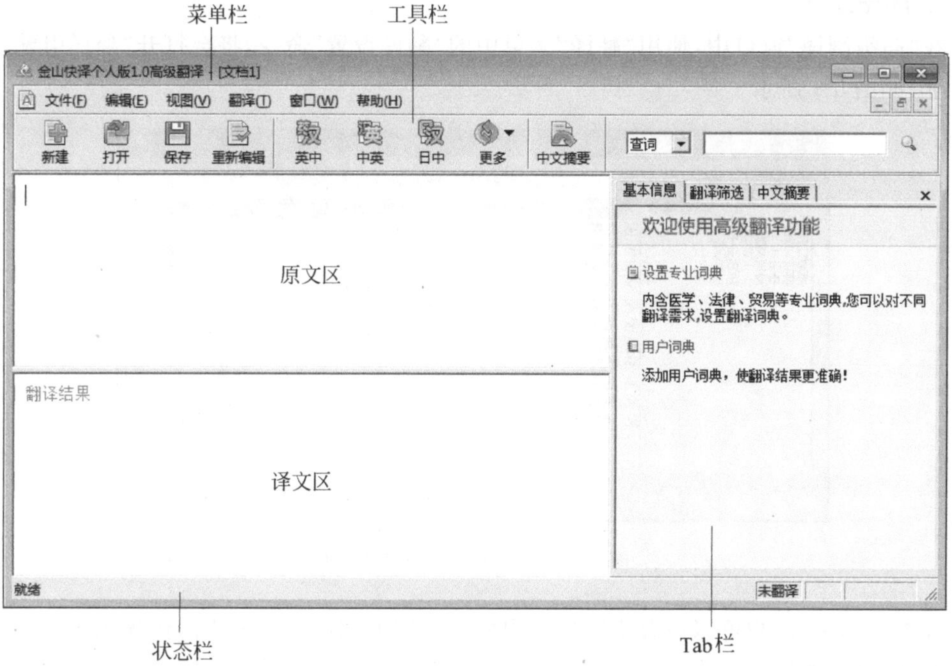

图 5-8 “高级翻译”窗口

文档和 WPS 文档，支持原文、译文的单独保存和对照保存；“编辑”菜单用于对原文和译文进行编辑处理。除常规的撤销、剪切、复制、粘贴、全选、查找和替换等命令外，当文档进行翻译后，需要对文档进行重新操作时可单击“重新编辑”命令；“视图”菜单用于工具栏、状态栏、Tab 栏的显示和隐藏，此外还可以切换视图和调整文字的大小；“翻译”菜单用于文档的翻译，也可以进行专业词典和用户词典的管理，还可以实现批量翻译和中文摘要功能；“窗口”菜单用于文档窗口的新建和排列；“帮助”菜单用于查看软件的版权说明与帮助信息。

2）工具栏

工具栏上的按钮实为常用菜单功能的快捷操作方式，可实现新建、打开、保存、重新编辑、中文摘要、6 种翻译引擎以及查词查句等功能。

3）原文区

原文区用于新建文档或者打开文档内容（原文）的显示和编辑。

4）译文区

译文区用于翻译结果（译文）的显示和编辑。

5）Tab 栏

Tab 栏由“基本信息”“翻译筛选”和“中文摘要”3 个选项卡组成：“基本信息”用于专业词典和用户词典的管理；“翻译筛选”用于提供针对文档同一内容的不同翻译以供用户选择；“中文摘要”用于显示中文文档摘要并对其进行英文翻译。

6）状态栏

用于显示翻译进度和目前的翻译状态。

2. 翻译设置

在“高级翻译”窗口中，使用“翻译”菜单中的“翻译设置”命令，将会打开“翻译引擎设置”对话框，如图 5-9 所示。

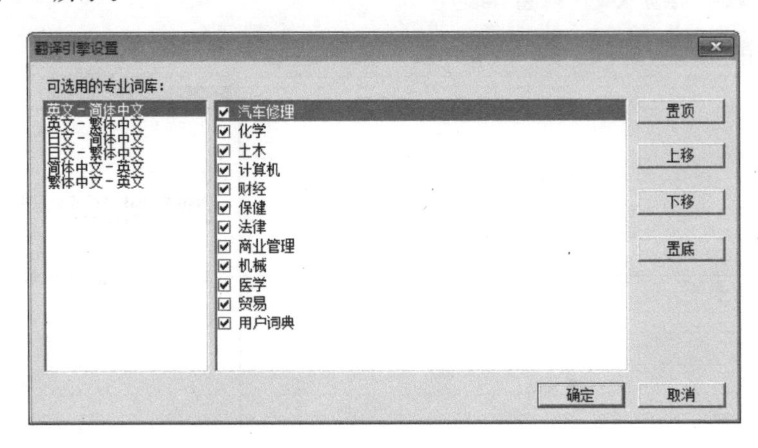

图 5-9 “翻译引擎设置”对话框

在对话框中，用户可以设置不同翻译引擎所采用的词库以及词库的优先顺序。

3. 用户词典管理

高级翻译不但可以对专业词典进行管理，而且也支持用户词典的创建和维护。单击“翻译”菜单中的“用户词典”命令，将会打开“用户词典”对话框，如图 5-10 所示。

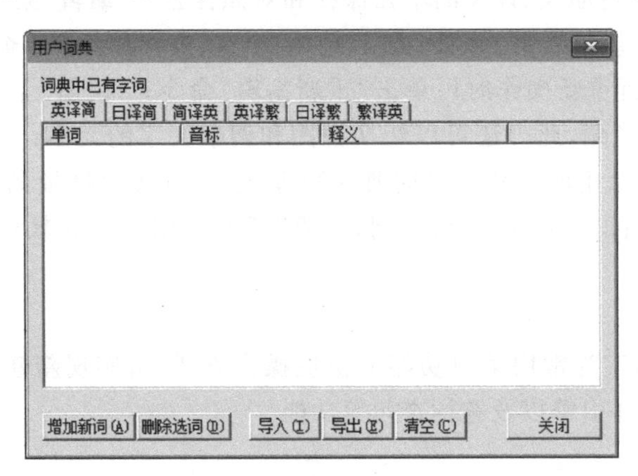

图 5-10 “用户词典”对话框

在这个对话框中，用户可以为 6 个不同翻译方向的词库添加用户词典。用户只要选择相应的翻译方向，单击“增加新词”按钮，就可以为现有词库添加新的词条；新词条也可以导入，但导入操作会导致现有的用户词库丢失；用户也可以使用“删除选词”按钮删除现有词库选定的词条，“清空”按钮可以删除现有词库的全部词条。

4. 高级翻译的使用

高级翻译的过程大致如下。

(1) 启动高级翻译。

(2) 根据需要，使用“翻译”菜单中的“翻译设置”命令设置使用的词典。

(3) 载入原文。原文即要翻译的内容,可以直接在原文区录入,也可以使用工具栏上的“打开”按钮或者“文件”菜单中的“打开”命令打开对应的文档,打开文档的类型可以是 TXT 文档、Word 文档或 WPS 文档。

(4) 翻译。单击工具栏上的六向翻译按钮或者使用“翻译”菜单中相应的翻译命令进行翻译。

(5) 翻译筛选。同一内容可能有不同的翻译结果。用户可以针对全文的语境,选择最适合的译文。在对内容进行翻译后,如果某句有多种翻译结果,鼠标指向此句时字体颜色会变为蓝色;单击此句,在 Tab 栏中就会显示多种翻译结果;单击最适合的译文,原有的译文内容会被替换。

(6) 人工校准。单击工具栏上的“重新编辑”按钮或者使用“编辑”菜单中的“重新编辑”命令,在译文区中可定位插入点,修改译文,以完成校正。

(7) 保存。使用工具栏上的“保存”按钮或者“文件”菜单中的“保存”命令进行原文、译文的单独保存或者对照保存,可供选择的文件类型有 TXT 文档、Word 文档和 WPS 文档。

【案例 5-2】 使用金山快译高级翻译功能。在原文区输入文本并译为英文,最后将原文和译文对照保存在文本文件中。

案例实现

(1) 使用金山快译工具栏上的“高级”按钮,打开高级翻译窗口。

(2) 在高级翻译的原文区输入文本。

(3) 单击工具栏上的“中英”按钮进行原文的翻译。

(4) 鼠标指向原文区中的每一句,当字体颜色变为蓝色时,表示此句会有多种译法,在 Tab 栏中进行翻译筛选,如图 5-11 所示。

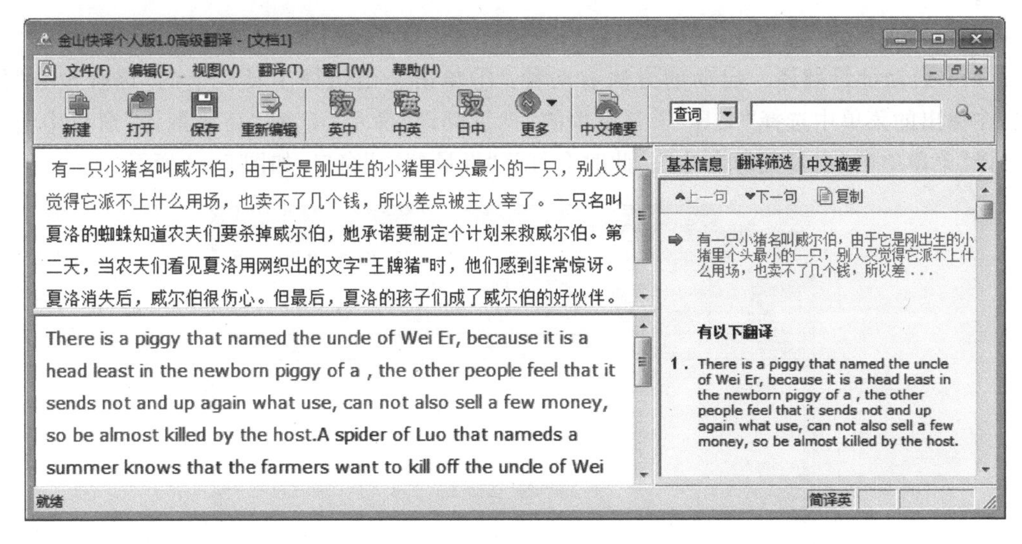

图 5-11　高级翻译与翻译筛选

(5) 使用“文件”菜单中的“保存”命令,将会弹出如图 5-12 所示的“另存为”对话框。

选择保存路径为桌面,设置文件名为“夏洛的网”,保存类型为 TEXT FILES(*. TXT),存储选项为“原文、译文对照存储”,单击“保存”按钮保存。

图 5-12 “另存为”对话框

5. 批量翻译功能

使用金山快译的批量翻译功能,可将具有相同翻译要求的多个文档一次性完成翻译。

【案例 5-3】 使用金山快译批量翻译功能,将任意几篇中文 Word 文档一次性译为英文。

案例实现

(1) 启动批量翻译。启动的方法有两种:①单击金山快译工具栏上的“综合设置”按钮,在弹出的菜单中选择“工具”子菜单中的“批量翻译”命令;②在“高级翻译”窗口中使用“翻译”菜单中的“批量翻译命令”。此时会打开“批量翻译”窗口,如图 5-13 所示。

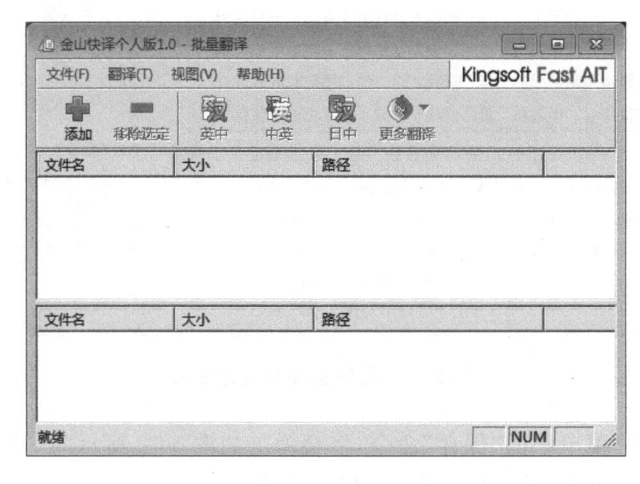

图 5-13 “批量翻译”窗口

(2) 单击工具栏上的“添加”按钮，在弹出的“打开”对话框中，指定文件路径，设置文件类型为 Word Wps Files (*.doc; *.docx; *.wps)，选择多个文档，添加到源文档列表框中。

(3) 单击工具栏上的“中英”按钮，在如图 5-14 所示的对话框，设置译文文档的保存路径、编码方式、存档方式等，单击“进行翻译”所示开始翻译。

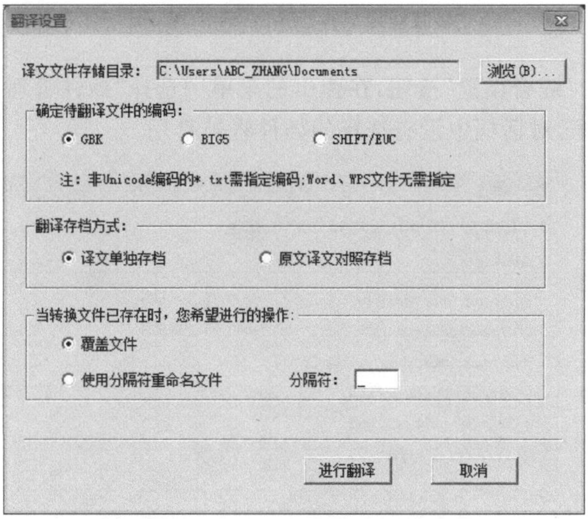

图 5-14 “翻译设置”对话框

(4) 翻译完成后，在译文列表框中将会显示全部的翻译文档，双击后可进行查看。

6. 中文摘要功能

高级翻译的中文摘要功能是专门针对中文文档提取内容提要并进行翻译的功能。

使用中文摘要的基本方法如下。

(1) 在高级翻译窗口中载入原文，可直接输入也可打开文档；

(2) 单击工具栏上的“中文摘要”按钮功能，对中文文章进行摘要的提取并进行翻译，结果将显示在 Tab 栏上；

(3) 单击 Tab 栏上的“复制”按钮复制摘要和译文；

(4) 粘贴到其他的字处理软件中进行进一步的处理。

5.2.7 金山快译的插件管理

金山快译安装完成后，会自动在 Microsoft Word、Microsoft Excel、Microsoft PowerPoint、Microsoft Outlook、WPS、Adobe Reader、Internet Explorer 等软件中形成插件加载。在这些软件中，用户可以直接使用快译插件进行文章的全文翻译，而不必启动金山快译。以 Microsoft Word 为例，加载的快译插件如图 5-15 所示，使用的基本方法为：选择“加载项”选项卡；单击“设置”按钮设置翻译方式，“简单翻译”表示翻译后译文直接替换原文，“句子对照”表示原文与译文对照显示；单击“选择翻译引擎”右侧的下拉箭头，选择翻译引擎并立即开始全文翻译；如果要撤销翻译，可单击“还原”按钮返回翻译之前的状态。

金山快译还提供了插件管理器，方便灵活地控制软件中插件的开启和关闭状态。使用

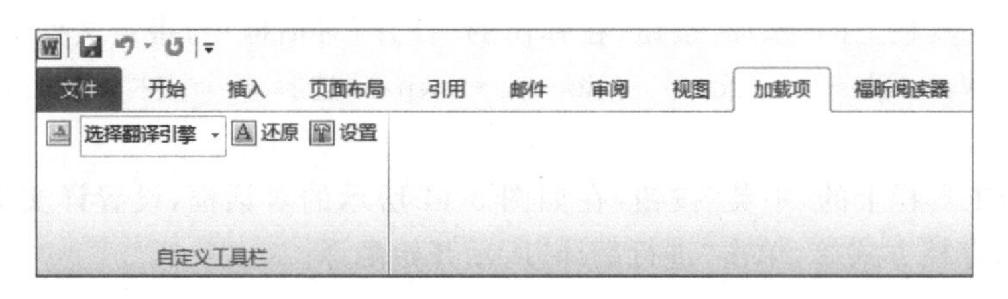

图 5-15　加载快译插件后 Microsoft Word 的工具栏

金山快译工具栏上的“综合设置”按钮，在弹出的菜单中选择“插件管理器”命令，就会弹出如图 5-16 所示的对话框，对话框中没有选择的插件将被禁用。

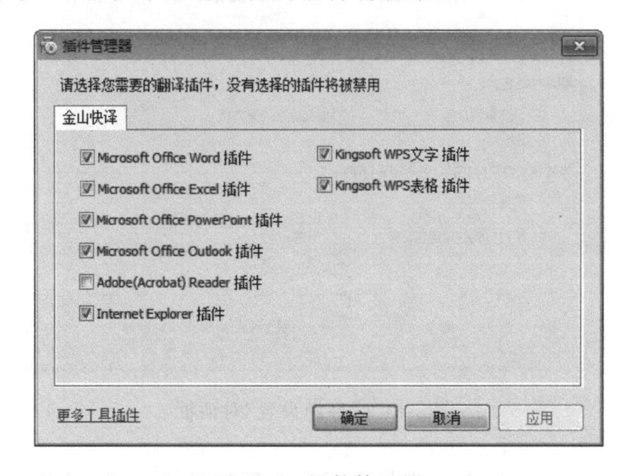

图 5-16　插件管理器

5.2.8　金山快译的其他功能

除上述常用的功能外，金山快译还提供了内码转换、拼写助手和聊天翻译助手等工具，在“综合设置”菜单的“工具”子菜单中可以找到这些工具。

1. 拼写助手

拼写助手是一个帮助用户书写英语的小工具，可在任何字处理软件中使用。在快译安装时，拼写助手会自动安装在输入法工具栏中，它可以脱离快译运行。启动和切换拼写助手，与其他输入法操作方法一样，随时可以调用。开启拼写助手后，输入一个单词的前面几个字符，会自动弹出与拼写相似的单词和词组列表，用户可以根据需要直接在列表中选择。

2. 聊天翻译助手

金山快译支持 QQ、RTX、MSN、雅虎通中 6 种语言的翻译功能。在开启聊天翻译助手后，在这些聊天软件的输入栏中输入内容并且选中后，就会出现“翻译”按钮，单击选择翻译类型后就会弹出翻译结果，用户可以单击翻译结果直接复制粘贴，然后选择发送。

3. 内码转换

内码转换器是用于转换文件编码的工具，可以进行简体编码与繁体编码文件之间的转码工作。它不仅拥有强大的转换功能，还具有很强的易用性，方便对转换文件的管理、查看等。

5.3 金山词霸

重点：

(1) 金山词霸的安装和设置；

(2) 金山词霸的词典查询功能；

(3) 金山词霸的翻译功能；

(4) 金山词霸的背单词功能。

难点：

(1) 金山词霸的取词划译功能；

(2) 金山词霸的生词本功能。

金山词霸是由金山公司推出的一款面向个人用户的免费词典软件。从1997年推出第一个版本，历经18年，金山公司一直致力于打造专业权威的电子词典。如今金山词霸已是上亿用户的必备选择，成为用户在英文阅读、写作、邮件、口语和学习方面不可或缺的得力助手。

5.3.1 金山词霸简介

金山词霸整合收录了柯林斯COBUILD高阶英汉双解学习词典、现代英汉综合大辞典、七国语言大辞典、同义词辨析、美国口语词典等147本专业版权词典，并与中国国际广播电台合力打造了三十余万纯正真人语音，共有17个场景2000组常用对话，同时支持中文与英语、法语、韩语、日语、西班牙语、德语6种语言互译。

与其他词典软件相比，金山词霸具有以下突出的特点。

(1) 采用更年轻、时尚的UI设计风格，界面简洁清新。

(2) 体积小巧，内涵无限，内容海量权威，除全面收录基于43亿大语料库海量内容的旗舰版《柯林斯词典》外，在专注提升查词体验的同时，金山还斥巨资购买了牛津词典，并耗时数月进行数据的解析，目前部分词典内容已上线。

(3) 采用真人英式/美式纯正发音，方便用户准确纠正发音错误，产品还集成中文普通话与英文TTS计算机合成发音，无论是单词还是句子都可以保证顺畅朗读。

(4) 翻译快速、准确，支持生词本同步，支持悬浮窗查词，支持离线查词。

(5) 一键支持整章中英翻译。产品内置的在线翻译引擎，可以全面支持文章整段或整篇的中英翻译，只需单击“翻译”按钮便可轻松搞定。

(6) 升级后的屏幕取词功能，除了支持主流浏览器屏幕取词，还可以截取邮件、英文网页、办公文档内的词汇。此外，新内置的OCR光学字符识别技术可以轻松截取PDF文档内的词汇。同时产品新增的译中译取词功能，可以方便用户在取词窗口中二次取词，真正实现取词无忧。

(7) 除此之外，金山词霸也在竭力打造学习型社区，在英语的听说读写方面不断为用户提供新的服务，如悦读、听力、精品课等功能的推出深受用户欢迎。

(8) 多版本支持。除PC个人版和企业版外，金山词霸也支持移动用户，支持在iOS或Android操作系统下的使用。

5.3.2 金山词霸的安装和运行

金山词霸共有 4 个版本：PC 个人版、iOS 版、Android 版和 PC 企业版。用户可以根据自己的需要，在爱词霸官网(http://www.iciba.com/)上下载对应版本的安装程序，这里选择"PC 个人版"。下载完成后，双击运行安装程序，就会出现如图 5-17 所示的安装界面。

图 5-17 金山词霸的安装

用户可以选择"一键安装"，以推荐方式进行安装；也可以选择"自定义安装"，在安装的同时进行一些个性化的设置。

安装完成后，桌面上会出现金山词霸的快捷方式图标。双击这个图标，可以运行金山词霸，金山词霸运行后的主界面如图 5-18 所示。

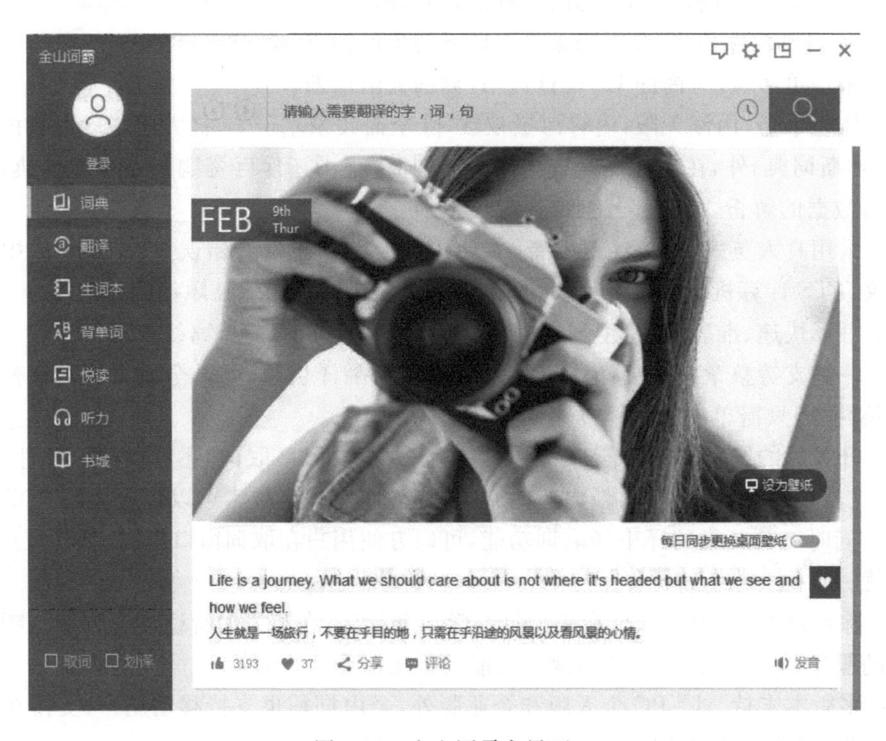

图 5-18 金山词霸主界面

5.3.3 金山词霸的设置

金山词霸启动后，单击窗口右上角的⚙按钮，将会打开“设置”对话框，如图 5-19 所示。

图 5-19 金山词霸的“设置”对话框

“设置”对话框由 7 个选项卡组成。

(1)“基本设置”选项卡：用于设置开机时是否自动启动词霸，关闭主窗口时是结束词霸运行还是程序以隐藏在任务栏的方式继续运行，以及皮肤设置。

(2)“功能设置”选项卡：用于设置金山词霸在运行时，是否主窗口始终在前，查词时是否自动发音，查词时是否自动将单词添加到生词本，以及查词结果页的字体大小。

(3)“离线词典”选项卡：用于离线词典的下载和管理，这样即便不连接网络，也可完成常规的操作。

(4)“热键设置”选项卡：用于常见功能的热键设置和管理。

(5)“取词划译”选项卡：用于设置是否开启取词和划译功能，取词是否支持中文取词等。

(6)“网络设置”选项卡：用于设置是否有代理。

(7)“关于软件”选项卡：用于介绍金山词霸以及查看版本。

5.3.4 金山词霸的词典查询

词典查询是金山词霸的核心功能。单击金山词霸主界面左边栏的“词典”选项，右侧窗格将切换至“词典查询”界面，在文本框中输入要查询的词、词组或者句子，单击🔍(查找)按钮，下部窗格就会显示相应的释义，如图 5-20 所示。

在“释义”窗格中，用户可以在基础释义和各种词典释义间切换；单击⊞(加入生词本)按钮，可以将当前单词添加到指定的生词本；指向或者单击🔊(发音)按钮，可以以真人原声朗读单词和例句；由于释义窗格中的内容较为庞杂，金山词霸还在窗格的右下角提供了一个☰(目录)按钮，单击此按钮，用户可以在基础释义、双语例句、词根词典、网络释义、同

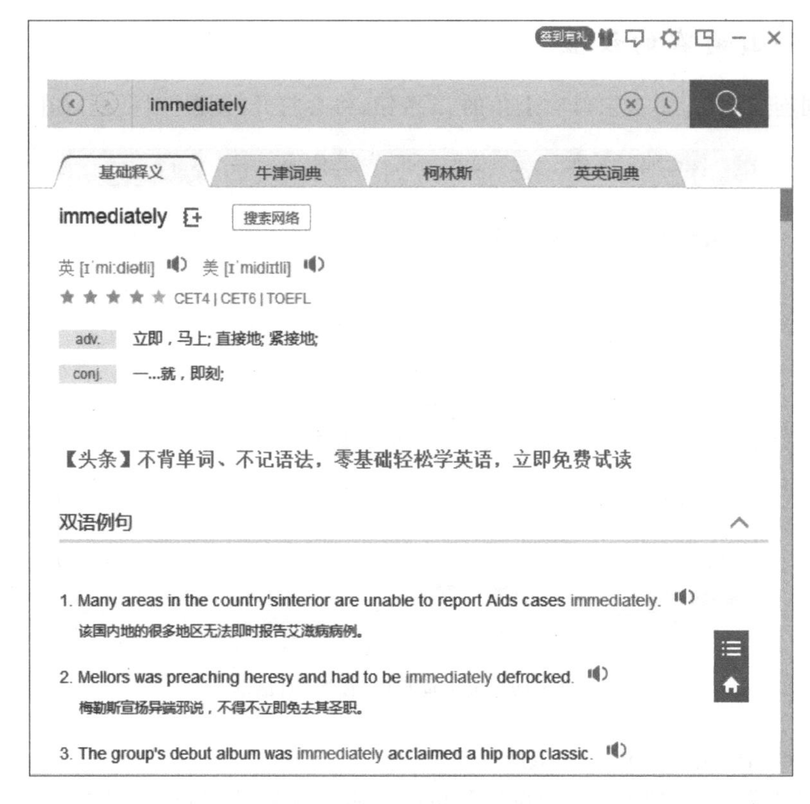

图 5-20　金山词霸的查词界面

义词或同义词辨析各项内容间快速切换。

5.3.5　金山词霸的互译功能

互译功能支持中文与英语、法语、韩语、日语、西班牙语、德语 6 种语言互译。在金山词霸主界面的左边栏上，单击"翻译"选项，右侧窗格切换至翻译页面，如图 5-21 所示。

在"原文"文本框中输入要翻译的内容，单击"自动检测"按钮选择互译类型(默认中-英互译)，单击"翻译"按钮，在"译文"文本框中就会显示译文，译文可以通过单击"复制"按钮复制到剪贴板，以方便在 Word 等字处理软件中进行进一步的处理，也可以通过"逐句对照"按钮进行译文进一步的学习和校正。

5.3.6　屏幕取词和划译

取词和划译是对词典和翻译功能的进一步完善，目的是为了提高用户的阅读效率。使用取词功能，可以快速地翻译屏幕上任意位置的中、英文单词或者词组；使用划译功能，则可以快速翻译文中选中的句子或段落。

1. 开启取词或划译功能

在使用取词和划译功能前，必须开启相应的功能。开启时，可以使用热键，也可以在金山词霸主界面上选中"取词"或"划译"复选框。当不需要这两种功能时，可按相反的方法关闭。

图 5-21　金山词霸的互译界面

2. 取词

开启取词功能后，将鼠标指向屏幕上需要翻译的中、英文单词或词组，只要悬停片刻后，就会弹出一个"取词"窗口，金山词霸会将自动捕获的中、英文单词或词组的含义显示在"取词"窗口，如图 5-22 所示。

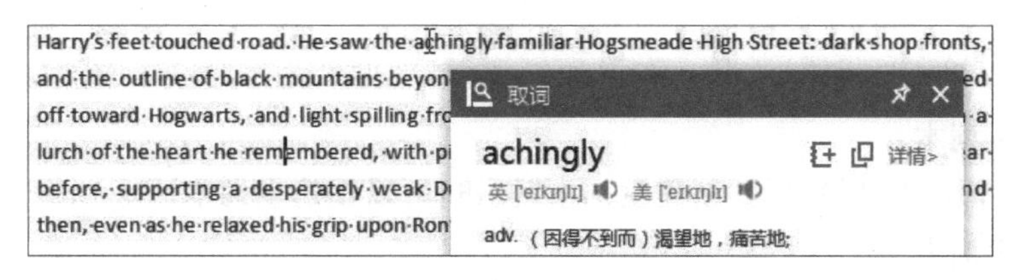

图 5-22　金山词霸的取词界面

使用右上角的口(复制)按钮，用户可以很方便地将词汇及其释义复制到剪贴板，以便粘贴到其他字处理软件中进行进一步的处理。

3. 划译

开启划译功能后，只要用户选择文本，就会在其上方出现"翻译"按钮，鼠标指向后将会弹出"划译"窗口，窗口中将显示选中内容的释义，如图 5-23 所示。

使用右上角的口(复制)按钮，可以将原文和译文形成中英文对照并复制到剪贴板，以便粘贴到其他字处理软件中进行下一步的处理。

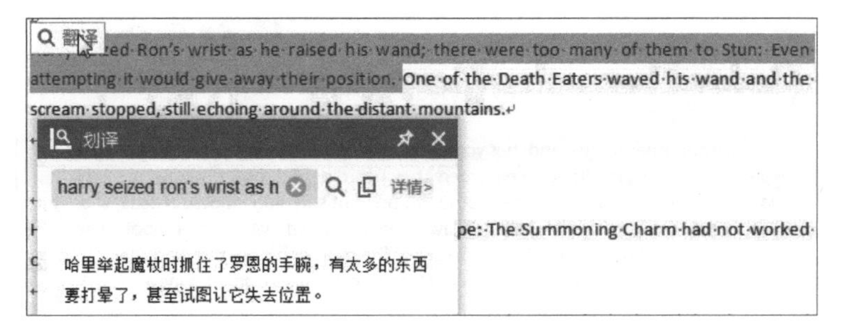

图 5-23　金山词霸的划译界面

5.3.7　生词本

生词本是金山词霸提供的一种附加学习功能。单击金山词霸主界面左边栏上的“生词本”选项，右侧窗格将切换至生词本界面，如图 5-24 所示。

图 5-24　金山词霸的生词本界面

1. 创建生词本

单击“生词本”工具栏上的“新建生词本”按钮，可以创建生词本。

2. 导入生词本

单击“生词本”工具栏上的“导入生词本”按钮，可以用导入的方法来创建生词本，导入文件的类型可以是 TXT 文件或 XML 文件。

3. 添加生词

在指定的生词本中添加生词的方法有以下两种。

1）自动添加

在金山词霸主界面上单击“设置”按钮，打开“设置”对话框，切换至“功能设置”选项卡，选中“自动添加到生词本”复选框，并在右侧的下拉列表中选择相应的生词本。此后在词典查询时，词霸会自动将所查的单词或词组添加到指定的生词本。

2）指定添加

在词典查询或取词窗口中，利用 ⊞（加入生词本）按钮，可以将当前单词添加到指定的生词本。

4. 生词本的管理

在“生词本”界面中，右击要操作的生词本，将会弹出快捷菜单。使用快捷菜单中的各项命令，可以很方便地实现删除生词本、清空生词本、重命名生词本、设置此生词本为默认生词本以及导出生词本的操作。

【案例 5-4】 在金山词霸中，创建一个名为“新生词”的生词本，随意查询 10 个英文单词，并将每一个查询的单词都加入到这个生词本中，然后以卡片方式导出此生词本。

案例实现

(1) 启动金山词霸。

(2) 新建生词本：单击金山词霸主界面左边栏上的“生词本”选项，切换至“生词本”界面；单击“新建生词本”按钮，在弹出的“新建生词本”对话框中，输入新生词本的名称，单击“确定”按钮，完成生词本的创建。

(3) 查词并加入生词本：单击金山词霸主界面左边栏上的“词典”选项，切换至“词典查询”界面；输入要查询的单词，单击“查找”按钮，就会在下部窗格中显示释义；在“释义”窗格中，单击“加入生词本”按钮将对应的单词加入到“新生词”生词本中。

(4) 导出生词本：当把全部的单词加入生词本后，就可以导出生词本。单击金山词霸主界面左边栏上的“生词本”选项，切换至“生词本”界面，单击工具栏上的“导出生词本”按钮，生词本的导出界面如图 5-25 所示。

图 5-25 生词本导出界面

选择导出生词本的“文件格式”，可以是 TXT 格式或 PDF 格式。TXT 格式主要用于词霸客户端导入导出，不推荐打印；PDF 格式则适用于导出和打印，不适合导入。这里选择

PDF 格式。

选择文件中单词的“排序方式”，可以按字母顺序排列或按加入生词本的时序排列，这里选择按字母顺序升序排列。

如果导出文件的格式为 PDF 格式，还可以指定“导出样式”，可以是列表样式或卡片样式，这里选择“卡片”样式。

设置完成后，单击“导出”按钮，在弹出的对话框中设置文件的保存路径和文件名，单击“保存”按钮，就可以完成生词本的导出操作。

结果如图 5-26 所示。

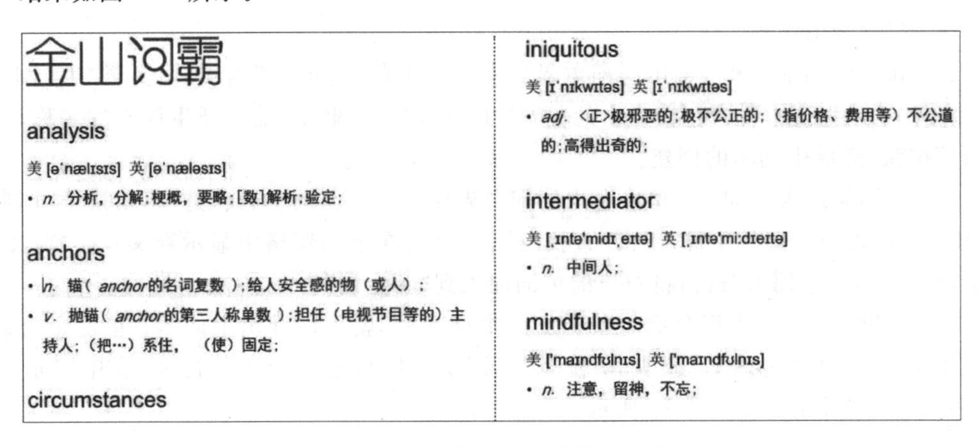

图 5-26　卡片样式导出结果示意图

5. 使用生词本

在“生词本”界面中，直接单击某个生词本，可打开此生词本的使用界面，如图 5-27 所示。

图 5-27　生词本的使用界面

用户可以使用“编辑”按钮，对生词本上选定的词汇进行管理，如删除、复制或移动到其他的生词本。

单击“播放”按钮，可以以慢、中、快三种速度并支持自动发音的方式逐词进行复习。

5.3.8 背单词

背单词是英语学习中不可缺失的一个环节，金山词霸中整合了背单词的功能。单击金山词霸主界面左边栏上的“背单词”选项，右侧窗格将切换至背单词界面，如图 5-28 所示。

图 5-28 背单词界面

金山词霸对单词进行了合理的分类。按照教育层次的不同，单词被分为小学、初中、高中和大学，按照需求的不同，单词被分为能力提升、行业词表和优质生活。根据自身的需要，用户可以选择其中的某种词表进行练习。

【案例 5-5】 在金山词霸中，背诵大学英语四级必备词汇，计划在 2017 年 5 月 31 日完成背诵，并试背诵第一课，完成后测试。

案例实现

(1) 在背单词界面中指向“大学英语四级”，在弹出的列表中选择“四级必备词汇”，打开如图 5-29 所示的窗口。

(2) 在“开始学习界面”中，单击“修改计划”超链接，在弹出的对话框中，将“计划背完事件”设置为“2017-05-31”，单击“提交”按钮，计划开始实施；选择要背诵的课次，只有在完成前面课程的学习后才可开始后面课程的学习，这里选择“第 1 课”，单击“开始学习”按钮，进入第 1 课的学习，如图 5-30 所示。

图 5-29　背单词开始学习界面

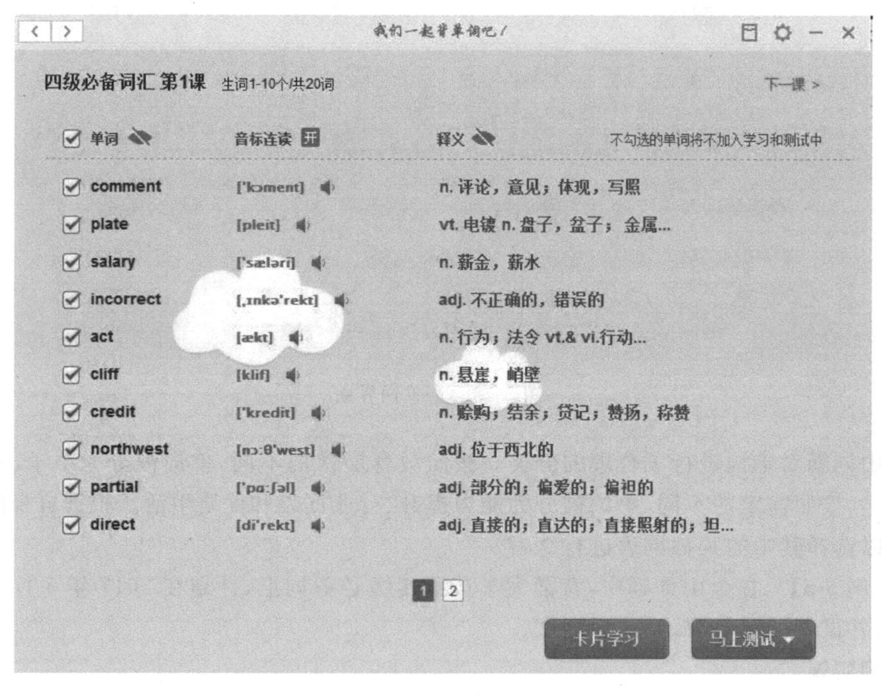

图 5-30　背单词的学习界面

(3) 在学习界面中，单词默认以列表方式显示，用户可以单击“卡片学习”按钮，将单词的显示状态切换为卡片方式；在完成所有单词的学习后，用户可以单击“马上测试”按钮，在选择测试方式后，进入本课的测试阶段。测试方式有 4 种：中英连连看、英文回想、听写电台和单词挑战。如图 5-31 所示是选择中英连连看后的界面效果。

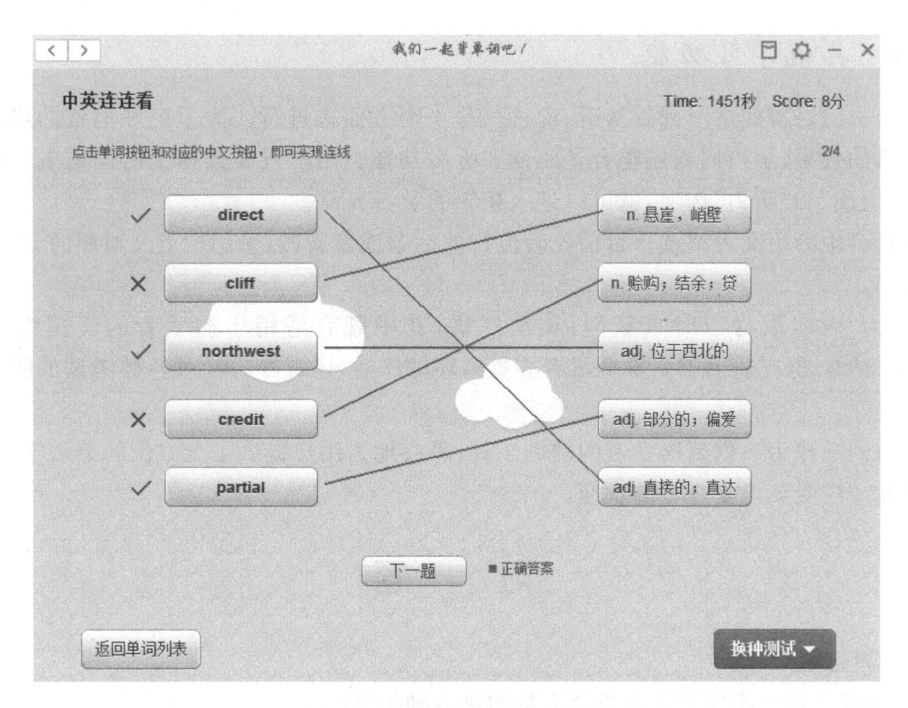

图 5-31　中英连连看测试界面

(4) 测试完成后，单击“查看结果”按钮，将会打开如图 5-32 所示的窗口，以显示对本次测试的评价以及列出未完全掌握的词汇。单击“换种测试”按钮可以对本课的单词进行其他方式的测试，单击“学习下一课”按钮进入下一课的学习。

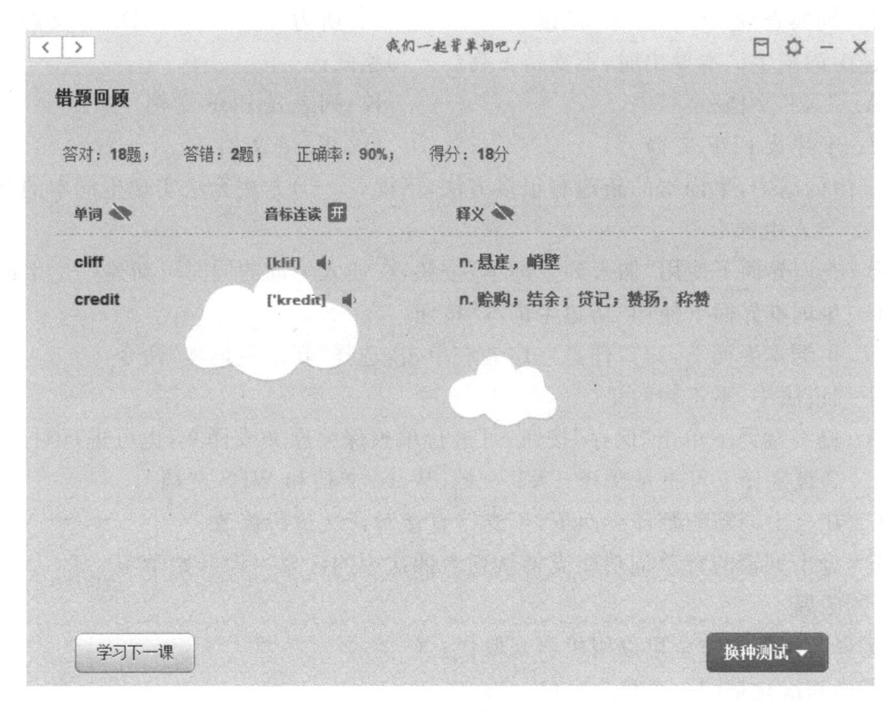

图 5-32　测试结果界面

5.3.9 其他学习功能

任何一门语言的学习都要从听、说、读、写4个方面来进行。为了更好地帮助用户提升学习英语的效果，金山词霸还整合了阅读和听力功能。用户只要选择金山词霸主界面左边栏上的“悦读”和“听力”选项，就可以进入相应的学习界面。

“悦读”中的短文大都选自目前比较流行的话题或者新闻，采用中英文对照的方式，供学习者使用。

“听力”内容取材于时事新闻、英文广播，其中既有适用于初学者的美国慢速英语(VOA)、双语，也有适用于高阶学习者的英语环球广播，还有专门针对各种考试的听力真题训练。

金山词霸作为一款英语学习的辅助工具，悉心地为用户提供了全方位的英语学习服务，正因如此才广受英语爱好者的欢迎。

习 题

一、单选题

1. 下列语言中不属于金山快译支持的语言种类是(　　)。
   A. 中文　　B. 英文　　C. 日文　　D. 韩文
2. 下列的(　　)不是金山快译的功能。
   A. 全文翻译　　B. 中文摘要　　C. 内码转换　　D. 背单词
3. 金山词霸不具备下面(　　)功能。
   A. 词典查询　　B. 悦读　　C. 听力　　D. 全文翻译
4. 金山词霸生词本导出时，不支持下列(　　)格式。
   A. TXT 文档　　B. 列表式 PDF 文档
   C. 卡片式 PDF 文档　　D. Word 文档
5. 金山词霸中，生词本的新建有很多方法，下面(　　)方法无法实现生词本的新建。
   A. 导入生词本
   B. 查词界面下使用“加入到生词本”按钮，在加入生词的同时可新建一个生词本
   C. 生词本界面下使用“新建生词本”按钮
   D. 生词本界面下，窗口任意空白处右单击，选择“新建生词本”命令
6. 下列说法中，不正确的是(　　)。
   A. 高级翻译下单击“保存”按钮，可进行单独保存原文或译文，也可进行对照保存
   B. 高级翻译下可批量翻译 TXT 文档、Word 文档和 WPS 文档
   C. 在金山词霸的翻译界面下，不支持直接对译文进行修改
   D. 金山词霸的背单词功能支持从列表课次中的任意一课开始学习

二、判断题

1. 翻译工作目前完全可以用机器来取代。(　　)
2. 翻译和汉化是同一个概念。(　　)
3. 金山快译的高级翻译功能不支持翻译筛选。(　　)

4. 在金山快译的“高级翻译”窗口中支持对译文的修改。(　　)

5. 在启动 Windows 的同时可以同时启动金山词霸。(　　)

6. 金山词霸开启取词功能后,鼠标指向要查询的单词,就会出现“翻译”按钮。(　　)

7. 金山词霸不支持离线词典。(　　)

8. 金山词霸的取词划译功能只有在开启之后才能使用。(　　)

第6章

图像处理工具软件

本章说明

图像处理软件是用于处理图像信息的各种应用软件的总称，本章对图像格式、像素、分辨率、图像压缩和色彩等图像相关的背景知识进行了介绍，在此基础上，学习图像浏览和处理工具 ACDSee、屏幕抓图工具 SnagIt、图像压缩工具 Image Optimizer 这三个软件的功能和用法。

本章主要内容

- 图像相关背景知识
- 图像浏览和处理工具——ACDSee
- 屏幕抓图工具——SnagIt
- 图像压缩工具——Image Optimizer

6.1 相关背景知识

本节重点和难点

重点：

(1) 图像的常见格式；

(2) 什么是像素和分辨率；

(3) 什么是图像压缩；

(4) 图像的色彩。

难点：

(1) 理解图像的像素和分辨率；

(2) 压缩图像。

6.1.1 图像的常见格式

图像格式即图像文件存放在卡上的格式，通常有JPEG、GIF、SVG、TIFF、RAW、PNG等。由于数码相机拍下的图像文件很大，储存容量却有限，因此图像通常都会经过压缩再储存。

1. JPEG格式

JPEG(Joint Photographic Expert Group)或者JPG，是目前网络上最流行的图像格式，文件后缀名为“.jpg”或“.jpeg”，是最常用的图像文件格式之一。

JPEG是一种很灵活的格式，具有调节图像质量的功能，允许用不同的压缩比例对文件进行压缩，支持多种压缩级别，可以用最少的磁盘空间得到较好的图像品质。然而JPEG是一种有损压缩格式，能够将图像压缩在很小的储存空间，图像中重复或不重要的资料会丢失，因此容易造成图像数据的损伤；而且JPEG图像不支持透明和动画效果。

2. GIF格式

GIF(Graphics Interchange Format)是一种图形交换格式。GIF是一种无损压缩格式，压缩比高，产生的文件较小，有利于在网络上传输；而且GIF图像文件的数据是经过压缩的，最多支持256种色彩的图像。GIF的另一个特点是其在一个GIF文件中可以存多幅彩色图像，如果把存于一个文件中的多幅图像数据逐幅读出并显示到屏幕上，就可构成一种最简单的动画。这是和JPEG格式相比的优点所在。

3. PNG格式

PNG(Portable Network Graphics)是便携式网络图形格式。PNG格式采用无损压缩图像技术，尽量不失真，能够表现品质比较高的图像，下载速度快，支持透明。它的缺点是不支持动画效果。

4. PSD格式

PSD是Photoshop图像处理软件的专用文件格式，文件扩展名是.psd，可以支持图层、通道、蒙版和不同色彩模式的各种图像特征，是一种非压缩的原始文件保存格式。扫描仪不能直接生成该种格式的文件。PSD文件有时容量会很大，但由于可以保留所有原始信息，在图像处理中对于尚未制作完成的图像，选用PSD格式保存是最佳的选择。

5. RAW 格式

RAW(RAW Image Format)是未经处理也未经压缩的格式。因此,RAW 图像就是原始数据。

6. TIFF 格式

TIFF(Tag Image File Format)是通用的标签图像文件的格式,它是一种灵活的位图格式,主要用来存储包括照片和艺术图在内的图像。这种文件压缩损失很少,当不需要图层或者高品质无损保存图片时,这种格式是首选。

7. BMP 格式

BMP(Bitmap)是 Windows 操作系统中的标准图像文件格式,它不采用任何压缩,因此,BMP 文件所占用的空间很大;由于 BMP 文件格式是 Windows 环境中交换与图有关的数据的一种标准,因此在 Windows 环境中运行的图形图像软件都支持 BMP 图像格式。

6.1.2 像素和分辨率的概念

像素的中文全称为图像元素,是指在由一个数字序列表示的图像中的一个最小单位,像素是衡量分辨率高低的尺寸单位。通常以每英寸的像素数即 PPI(Pixels Per Inch)为单位来表示分辨率的大小。

例如 600×600PPI 分辨率,即表示水平方向与垂直方向上每英寸长度上的像素数都是 600。像素数越高,其拥有的色板也就越丰富,也就越能表达颜色的真实感。

分辨率可以分为显示分辨率与图像分辨率。显示分辨率也叫屏幕分辨率,是设备非常重要的性能指标。它是指显示器所能显示的像素有多少,表示屏幕图像的精密度。由于屏幕上的点、线和面都是由像素组成的,显示器可显示的像素越多,画面就越精细,同样的屏幕区域内能显示的信息也越多;显示分辨率一定的情况下,显示屏越小图像越清晰,反之,显示屏大小固定时,显示分辨率越高图像越清晰。图像分辨率则是单位英寸中所包含的像素点数,这种说法更接近于分辨率的定义。

6.1.3 图像压缩

信息时代数据量急剧增加,无论是传输数据还是存储数据,都有必要对数据进行有效的压缩。

1. 压缩的概念

图像压缩是指以较少的比特有损或无损地表示原来的像素矩阵的技术,也称图像编码,或者简单地说,就是减少表示数字图像时需要的数据量。

2. 压缩的原理

数据压缩的目的就是通过去除数据冗余来减少表示数据所需的比特数。也就是说,图像数据能被压缩,是因为图像数据中存在着冗余。图像压缩便是将数据压缩技术应用在图像上,从而实现减少图像数据中的冗余信息,用更加高效的格式存储和传输数据的目的。

3. 压缩的方法

图像压缩的基本方法有两种:有损压缩和无损压缩。

如果要减少图像占用内存的容量,就必须使用有损压缩方法。有损压缩可以有较大的压缩比,使得压缩的文件大幅度减小,节省空间和下载的时间。

而相比有损压缩，无损压缩的优点是能够比较好地保存图像的质量，但是相对来说这种方法的压缩率比较低。无损压缩的方法可以删除一些重复数据，减少图像尺寸。但是，无损压缩的方法并不能减少图像的内存占用量，因为当从磁盘上读取图像时，软件又会把丢失的像素用适当的颜色信息填充进来。

一般来说，有损和无损压缩的图像，人们是感知不明显或者感知不到的。

6.1.4 图像色彩

颜色的模式有很多，但最基本的是 RGB 颜色模式。自然界中所有的颜色都可以用红、绿、蓝(RGB)这三种颜色波长的不同强度组合而来，这就是三基色原理，这三种光常被称为三基色或三原色。

真彩色由三基色混合而成，将图像中的每个像素值都分成 R、G、B 三个基色分量，每个基色分量直接决定其基色的强度，这样产生的色彩称为真彩色。

计算机表示颜色也是用二进制。16 位色可以表示的颜色总数是 65 536 色，也就是 2 的 16 次方；24 位色被称为真彩色，它可以达到人眼分辨的极限，颜色数是 1677 万多色，也就是 2 的 24 次方。但 32 位色就并非是 2 的 32 次方的发色数，它其实也是 1677 万多色，不过它增加了 256 阶颜色的灰度，为了方便称呼，就规定它为 32 位色。但其实自然界的色彩是不能用任何数字归纳的，这些只是相对于人眼的识别能力，这样得到的色彩可以相对人眼基本反映原图的真实色彩，故称真彩色。

6.2 图像浏览和处理工具——ACDSee

本节重点和难点

重点：

(1) 熟悉 ACDSee 的功能；

(2) 使用 ACDSee 浏览图片；

(3) 批量处理图片；

(4) 对图片进行编辑。

难点：

(1) 批量处理图片；

(2) 图片编辑。

6.2.1 ACDSee 简介

ACDSee 是目前流行的看图软件之一，界面简单友好。

1. ACDSee 的版本

ACDSee 共分为两个版本：普通版和专业版。普通版面向一般客户，能够满足一般人的相片和图像查看编辑要求，目前普通版有官方免费版 ACDSee Free 和简体中文版 ACDSee 18；而专业版则是面向摄影师的，在功能上各方面都有很大增强，专业版目前最新的是简体中文版 ACDSee Pro 8。ACDSee 每次推出新版本时，程序上都会新增加一些小功能。本教程中选用的是官方免费版 ACDSee Free。

2. ACDSee的特点

ACDSee和大多数同类软件相比,有如下几个特点。

一是功能强大,支持性强,它能打开包括ICO、PNG、XBM在内的二十余种图像格式,并且能够高品质地显示它们。

二是打开图像的速度快,与其他软件相比,ACDSee打开图像的速度相对来说要快一些。

三是版本较多,能够满足不同人的需求。当然,不同版本对系统的要求也是不一样的。ACDSee的运行环境是Windows 8/Windows 7/Windows Vista/Windows XP/Windows 2000/Windows NT/Windows 9X,而不同版本对计算机硬件和软件也有不同的要求。

3. ACDSee的功能

ACDSee具有如下功能。

文件管理:对文件进行移动、复制、重命名、更改文件日期;设置文件关联;给图片添加注释等。

图片浏览:可以选择用全屏幕或固定比例浏览图片。

图像处理:美化图像;制作屏幕保护程序、桌面墙纸和相册、文件清单、缩印图片、解压图片等。

转换图片格式:转换ICO文件为图片文件、转换动态光标文件为标准的AVI文件、转换图形文件的位置等。

播放文件:播放幻灯片、动画文件、声音文件;快速查找文件等。

6.2.2 使用ACDSee浏览图片

在"管理"状态下可以选择不同的查看方式浏览图片;在"查看"状态下浏览图片可以选择三种方式:全屏幕浏览、固定比例浏览和自动播放图片浏览。

1. 选择不同的查看(视图)方式进行浏览

在"管理"状态下,单击菜单"视图"|"文件夹",打开文件夹窗格,选择要浏览的文件夹;单击文件列表工具栏中的"查看"按钮,可以选择图片的不同查看方式,如图6-1所示为选择了"胶片"方式的查看效果。

2. 全屏幕浏览图片

在全屏幕状态下,查看窗口的边框、菜单栏、工具条、状态栏等均被隐藏起来以便有更大的空间显示图片。使用ACDSee实现全屏幕查看图片的方法是,先将图片置于"查看"状态,而后按Shift+Ctrl+F组合键或F键,便进入到全屏幕查看图片状态;再按一次Shift+Ctrl+F或F键组合键,即可恢复到正常显示状态。

在全屏幕浏览状态下,可以用删除方向键切换图片浏览。退出全屏幕浏览状态还可以直接按下Esc键。

3. 用固定比例浏览图片

当图片太大或太小时,就必须使用到ACDSee的放大和缩小显示图片的功能进行图片的浏览。方法是:正常"查看"(非全屏幕)或"编辑"状态下,拖动右下角的滑块或单击滑块右侧的下拉按钮,选择相应的比例,如图6-2所示。

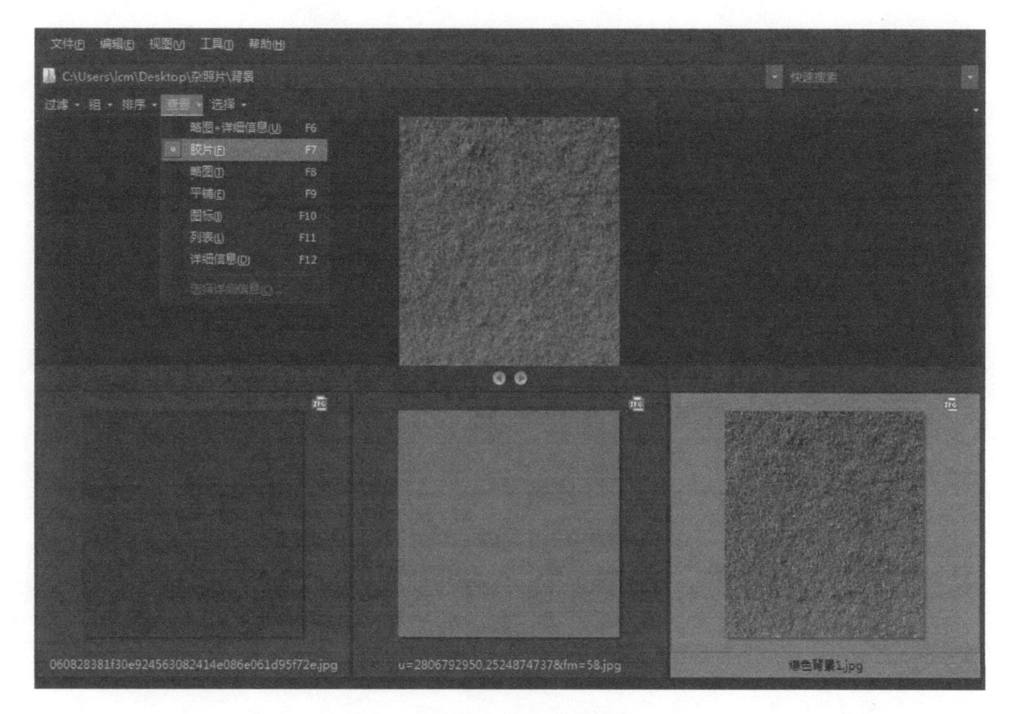

图 6-1　以“胶片”方式查看图片文件

图 6-2　按比例浏览图片

4. 图片自动显示(幻灯片浏览)

在正常“查看”状态下，单击菜单“视图”|“自动播放”，可以对图片进行自动浏览，如图 6-3 所示。

图 6-3　自动浏览图片

单击菜单“视图”|“自动播放”|“选项”，打开“自动播放”对话框，如图 6-4 所示，可以设置自动播放的顺序和延迟的时间等。

图 6-4　“自动播放”对话框

6.2.3　图片的批量处理

图片的批量处理操作包括批量转换文件格式、旋转/翻转、调整大小、调整曝光度数、调整时间标签和重命名。处理的方法是，选择需要批量处理的图片：按下 Ctrl 键配合鼠标单击可以选择不连续的图片；鼠标单击第一张图片，按下 Shift 键配合鼠标单击最后一张，可以选择第一张和最后一张之间的连续的图片文件；选定文件后，按下 Ctrl+A 组合键实现全选，单击菜单“工具”|“批量”，选择相应的命令即可。

1. 批量转换格式

选定需要批处理的图片后，单击菜单“工具”|“批量”|“批量转换格式”或者按 Ctrl+F 组合键，打开如图 6-5 所示的“批量转换文件格式”对话框。选择想要转换的格式，单击“格

式设置”和“向量设置”按钮，可以对该格式的选项和向量图像进行设置。

图 6-5 “批量转换文件格式”对话框(一)

单击“下一步”按钮，打开如图 6-6 所示对话框，设置输出选项。设置格式转换后文件放置的位置及文件选项的内容。

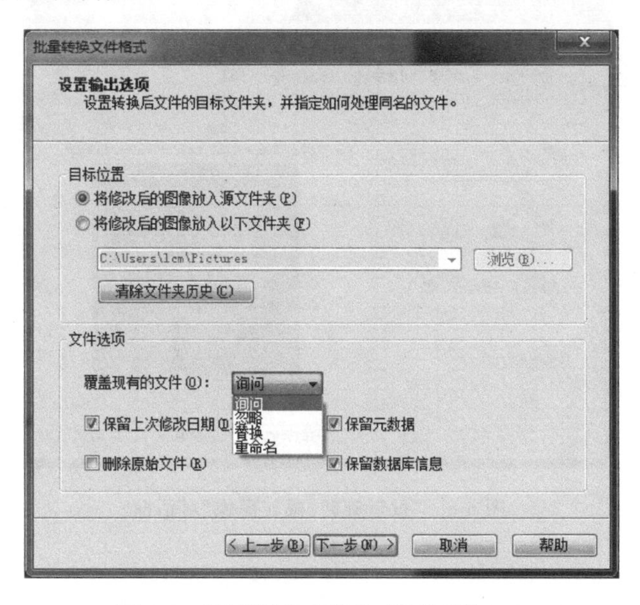

图 6-6 “批量转换文件格式”对话框(二)

设置完输出选项后，单击“下一步”按钮，打开如图 6-7 所示的对话框。在该对话框中指定多页图像的输入和输出选项。设置好后，单击“开始转换”按钮。

2. 旋转/翻转

选定需要批处理的图片后，单击菜单“工具”|“批量”|“旋转/翻转”，或者按 Ctrl+J 组

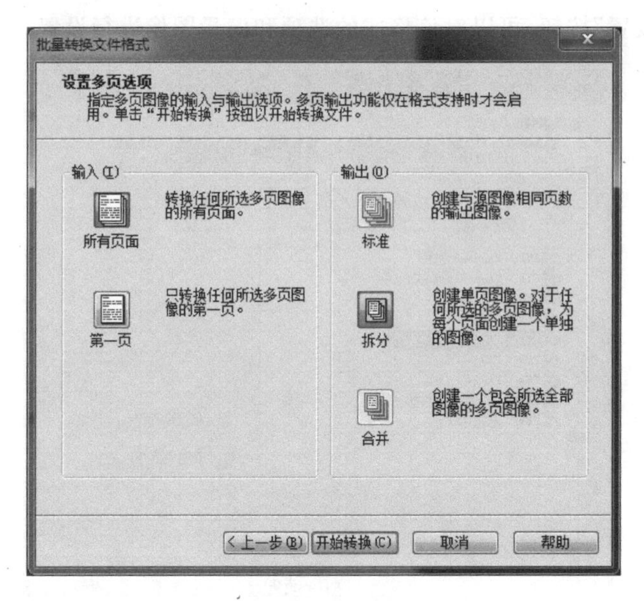

图 6-7 “批量转换文件格式”对话框(三)

合键，打开如图 6-8 所示的“批量旋转/翻转图像”对话框。选择一种旋转方式后，单击“开始旋转”按钮。

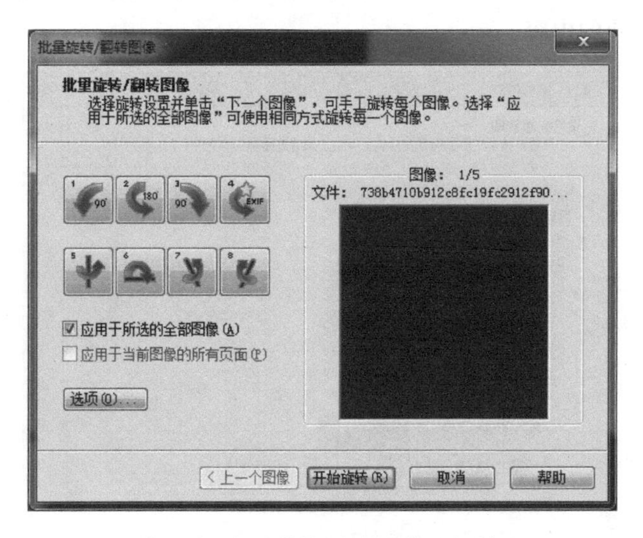

图 6-8 “批量旋转/翻转图像”对话框

3. 调整大小

选定需要批处理的图片后，单击菜单“工具”|“批量”|“调整大小”，或者按 Ctrl+R 组合键，打开如图 6-9 所示的“批量调整图像大小”对话框。在该对话框中可以选择以原图的百分比、以像素计的大小和实际/打印大小三种调整尺寸的方式；单击“选项”按钮，打开如图 6-10 所示的“选项”对话框，可以设置文件的选项。设置好之后单击“批量调整图像大小”对话框中的“开始调整大小”按钮。

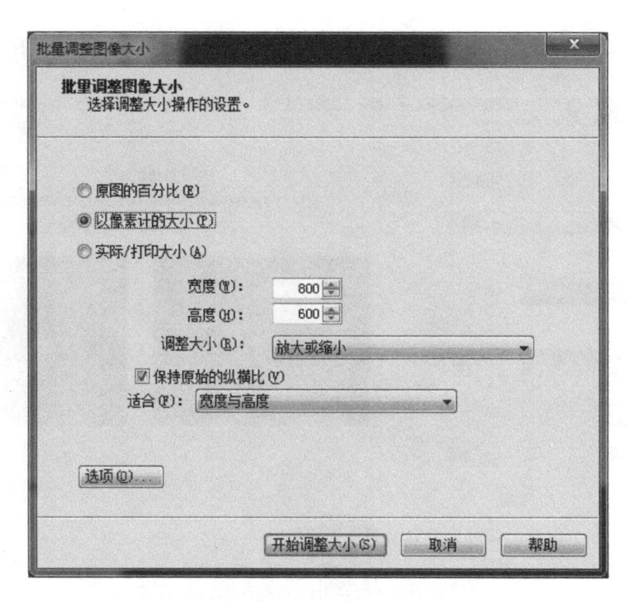

图 6-9 “批量调整图像大小”对话框

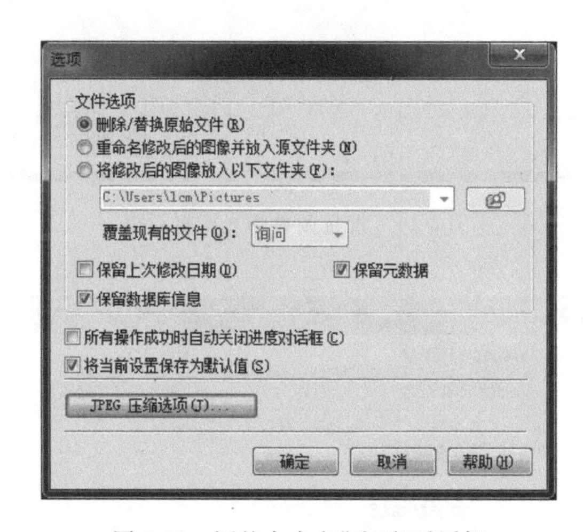

图 6-10 调整大小之“选项”对话框

4. 调整曝光度

选定需要批处理的图片后，单击菜单“工具”|“批量”|“调整曝光度”，或者按 Ctrl+L 组合键打开如图 6-11 所示的“批量调整曝光度”对话框。在该对话框中，可以调整曝光度、对比度和填充光线；勾选“将设置应用于所选的全部图像”，单击“过滤所有图像”按钮，可以按照相同方式更改每一个图像的曝光度；如果不勾选“将设置应用于所选的全部图像”复选框，则激活下面的“上一个图像”和“下一个图像”按钮，可以手工更改每个图像的曝光度。

5. 调整时间标签

选定需要批处理的图片后，单击菜单“工具”|“批量”|“调整时间标签”，或者按 Ctrl+T 组合键，打开如图 6-12 所示的“批量调整时间标签”对话框。在该对话框中，选择要更改的日期，单击“下一步”按钮，选择新的时间标签后，单击“调整时间标签”按钮。

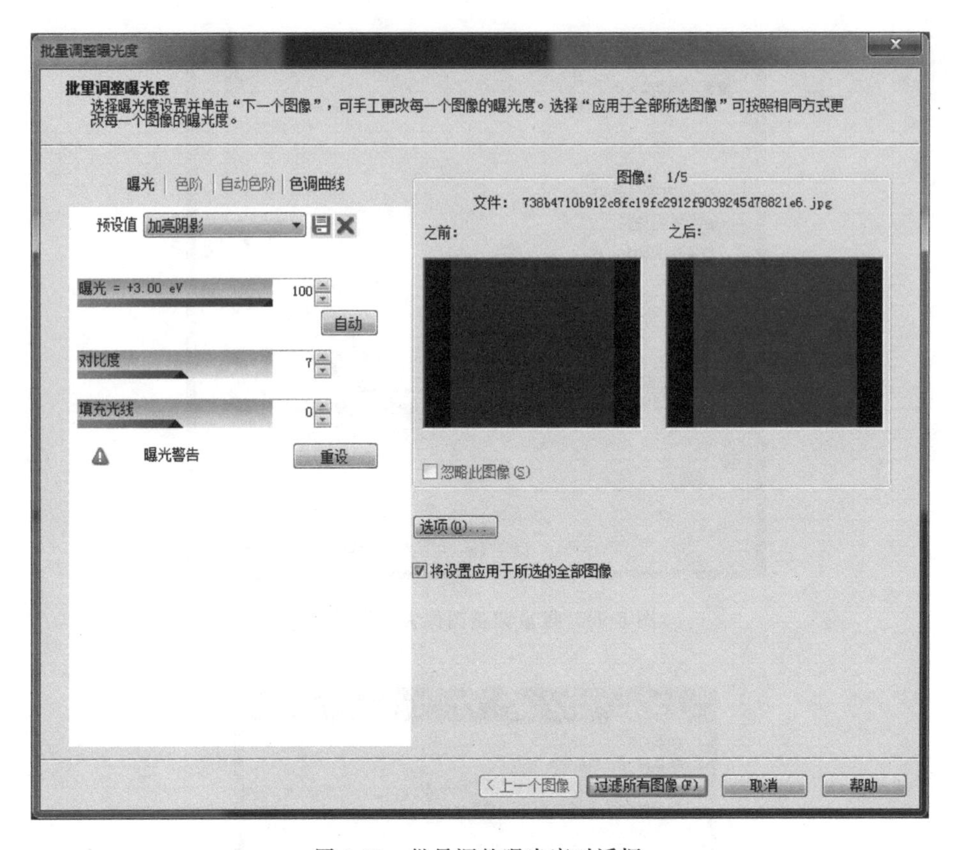

图 6-11　批量调整曝光度对话框

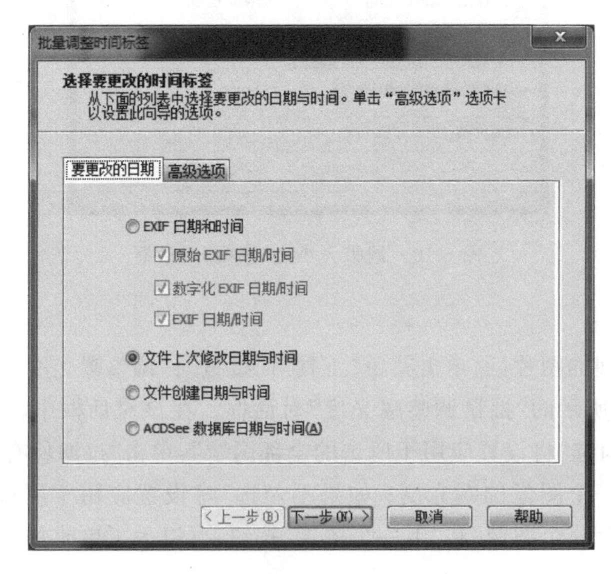

图 6-12　“批量调整时间标签”对话框

6. 批量重命名

选定需要批处理的图片后，单击菜单“工具”|“批量”|“重命名”，打开如图 6-13 所示的

"批量重命名"对话框。在该对话框"模板"标签下,勾选"使用模板重命名文件"复选框;在"模板"下面的框内,输入要批量重命名文件的前缀和扩展名,具体格式为"前缀#.扩展名",其中通配符"#"的个数由数字序号的位数决定,输入的扩展名和原始文件不同,则会改变文件的类型,而如果不想改变文件类型,则可以定义模板时不输入扩展名;选中单选钮"用数字替换#";在"开始于"框内,选中"固定值"单选钮,设置从1开始;单击"开始重命名"按钮,便可以完成对选定文件的重命名。

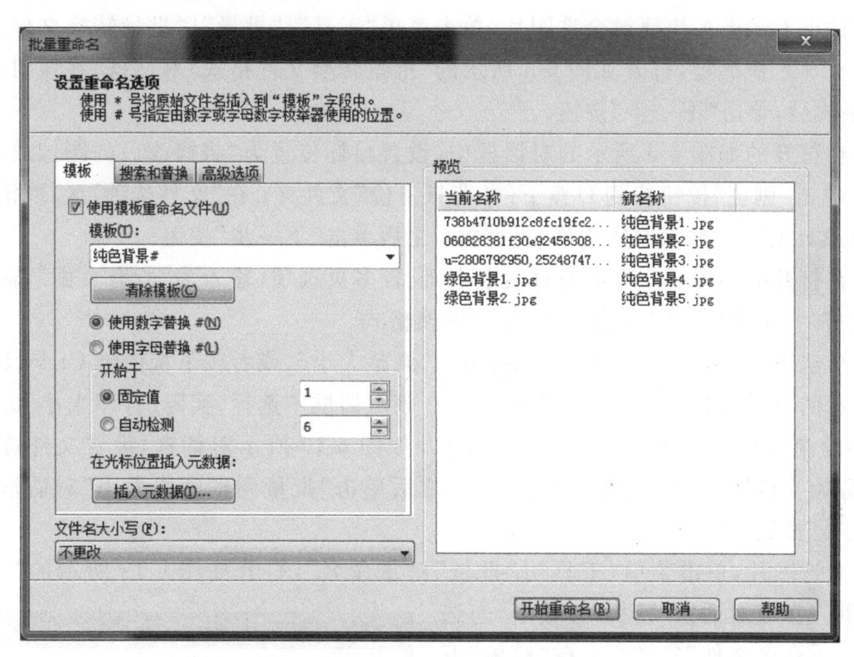

图 6-13 "批量重命名"对话框

【案例 6-1】 对D盘"背景"文件夹中的4幅图片(如图6-14所示),进行如下操作。

(1) 批量修改文件的类型为.jpg格式。修改格式的图片文件放到新文件夹"背景备份"中,不替换原始文件,不保留上次修改日期。

(2) 批量修改文件的大小为60cm×60cm。

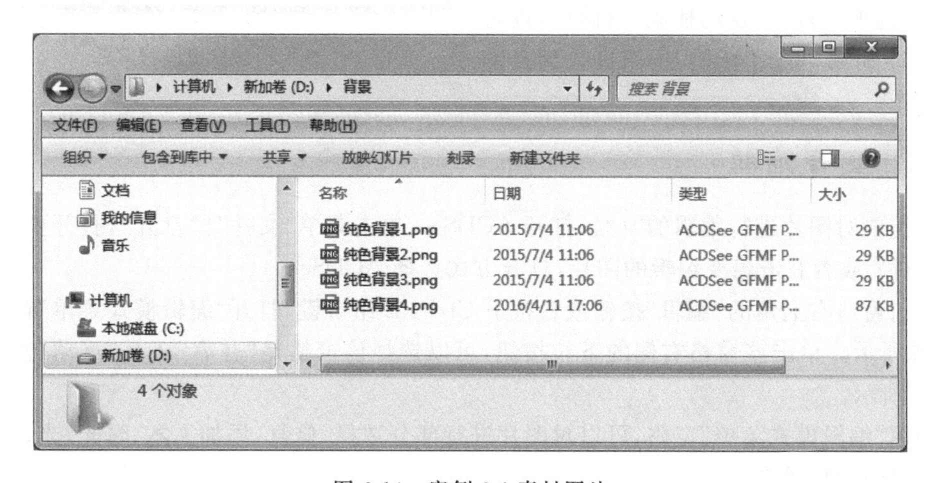

图 6-14 案例 6-1 素材图片

(3) 批量修改文件名为图片 A、图片 B、图片 C 和图片 D。

(4) 自动播放 4 幅图片,延迟时间为 1s。

案例实现

(1) 在 D 盘根下创建“背景”和“背景备份”文件夹,将素材图片放置到“背景”文件夹中。

(2) 启动 ACDSee,单击菜单“视图”|“文件夹”,或者按 Shift+Ctrl+1 组合键,打开文件夹窗格,选择 D 盘下的“背景”文件夹。

(3) 按下 Ctrl+A 快捷键全选图片,单击菜单“工具”|“批量”|“批量转换文件格式”,或者按下 Ctrl+F 快捷键,打开如图 6-5 所示的“批量转换文件格式”对话框,在该对话框中选择 JPG 格式后,单击“下一步”按钮。

(4) 在打开的如图 6-6 所示的对话框中,设置目标位置为“将修改后的图像放入以下文件夹”,并单击“浏览”按钮找到 D 盘下的“背景备份”文件夹;在“文件选项”区,取消勾选“保留上次修改日期”和“删除原始文件”复选框;之后单击“下一步”按钮。

(5) 在打开的如图 6-7 所示的对话框中,设置多页选项,输入为“所有页面”,输出为“拆分”,设置好后,单击“开始转换”按钮,开始转换格式。

(6) 全选图片,单击菜单“工具”|“批量”|“调整大小”,或者按下快捷键 Ctrl+R,打开如图 6-9 所示的“批量调整图像大小”对话框。在该对话框中选择“实际/打印大小”方式,长度和宽度都设置为 60cm;单击“选项”按钮,打开如图 6-10 所示对话框,设置文件选项为“删除/替换原始文件”后单击“确定”按钮返回;之后单击“批量调整图像大小”对话框中的“开始调整大小”按钮。

(7) 全选图片,单击菜单“工具”|“批量”|“重命名”,打开如图 6-13 所示的“批量重命名”对话框。在该对话框“模板”标签下,勾选“使用模板重命名文件”复选框;在“模板”下面的框内输入“图片 #”,选中单选钮“使用字母替换 #”;在“开始于”框内,选中“固定值”单选钮,设置从 A 开始;单击“开始重命名”按钮。

(8) 全选图片,单击菜单“视图”|“自动播放”|“选项”,打开“自动播放”对话框,设置如图 6-15 所示,单击“开始”按钮进入到自动播放状态。

图 6-15 自动播放设置

6.2.4 图像编辑

当需要对图片进行编辑的时候,打开 ACDSee,单击菜单“文件”|“打开”,打开要编辑的图片文件;或者右击想要编辑的图片,打开方式选择 ACDSee。

单击窗口右上角的“编辑”按钮或者按下 Ctrl+E 组合键,打开“编辑模式菜单”窗格,如图 6-16 所示。单击该窗格右侧的下拉按钮,可以选择该窗格是“驻靠”还是“浮动”模式,如图 6-17 所示。

利用“编辑模式菜单”窗格,可以对图片进行部分选择、修复、添加文本、曝光/光线、颜色和细节等的编辑操作。

图 6-16　编辑模式

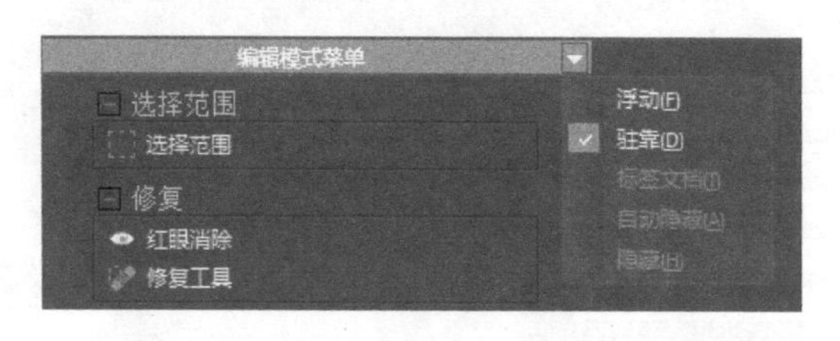

图 6-17　编辑模式的两种状态

【案例 6-2】　对一幅“企鹅”图片进行编辑，添加“可爱的企鹅们”绿色文本；设置“辐射波浪”的特殊效果。

案例实现

(1) 右击“企鹅”图片，打开方式选择 ACDSee。

(2) 单击窗口右上角的“编辑”按钮或者按下 Ctrl+E 组合键，打开“编辑模式菜单”窗格，如图 6-16 所示。

(3) 选择“编辑模式菜单”中“添加”框架下的“文本”，添加文本，设置和效果如图 6-18 所示；单击“添加文本”窗格下面的“完成”按钮。

(4) 选择“编辑模式菜单”中“添加”框架下的“特殊效果”，选择“辐射波浪”效果，设置和效果如图 6-19 所示。

图 6-18　给图片添加文本

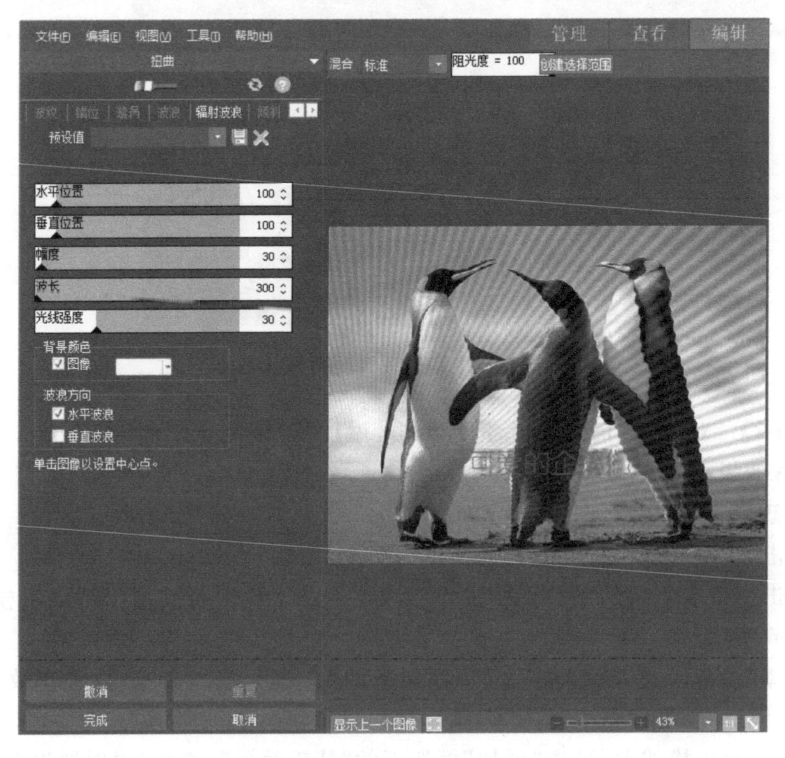

图 6-19　设置图片的特殊效果

6.3 屏幕抓图工具——SnagIt

本节重点和难点

重点：

(1) 熟悉 SnagIt 的功能；

(2) 图像捕获；

(3) 使用 SnagIt 编辑器对图像进行编辑。

难点：

(1) 如何捕获不同的对象；

(2) 对捕获的图像进行编辑。

6.3.1 SnagIt 概述

1. SnagIt 简介

SnagIt 是 Windows 应用程序，是一款屏幕、文本和视频捕获、编辑与转换的软件。它可以捕获 Windows 屏幕、DOS 屏幕、电影和游戏画面、菜单和窗口、用鼠标定义的区域等。此外，SnagIt 在保存屏幕捕获的图像之前，还可以用其自带的编辑器编辑；也可选择自动将其送至 SnagIt 虚拟打印机或 Windows 剪贴板中，或直接用 E-mail 发送。

2. SnagIt 的特点

SnagIt 是很好的捕捉图形的软件，它以生动的图标形式呈现，简单易懂。和其他捕捉屏幕软件相比，它具有以下几个特点。

(1) 捕捉的种类多：不仅可以捕捉静止的图像，而且可以获得动态的图像和声音，另外还可以在选中的范围内只获取文本。

(2) 捕捉范围极其灵活：可以选择整个屏幕，某个静止或活动窗口，也可以自己随意选择捕捉内容；自动保存所有捕获的图像，不需再为文件命名和选择路径。

(3) 输出的类型多：可以以文件的形式输出，也可以把捕捉的内容直接以 E-mail 形式发送，还可以编辑成册。

(4) 具备简单的图形处理功能：利用它的过滤功能可以将图形的颜色进行简单处理；可以制作带阴影效果的截图，增加透视效果；还可以对图形进行放大或缩小。

(5) 提供全新的菜单设计和标签功能，帮助用户更快地找到常用的功能。

(6) 可以直接将图片嵌入 Office 文档、MindManager 或 OneNote 页面，协同工作立即展开。

6.3.2 使用 SnagIt 进行图像捕获

抓图工具 SnagIt 12 启动后的主面板界面如图 6-20 所示。

单击图 6-20 中的“其他选项和帮助”按钮，打开如图 6-21 所示的界面。

单击图 6-21 中的“首选项”按钮，打开如图 6-22 所示的“首选项”对话框，在该对话框的“常规”选项卡中可以设置常规选项、捕获窗口和通知区域图标、编辑器选项和电子邮件选项；单击“热键”标签，打开如图 6-23 所示的对话框，可进行全局捕获、重复捕获等快捷键的设置。

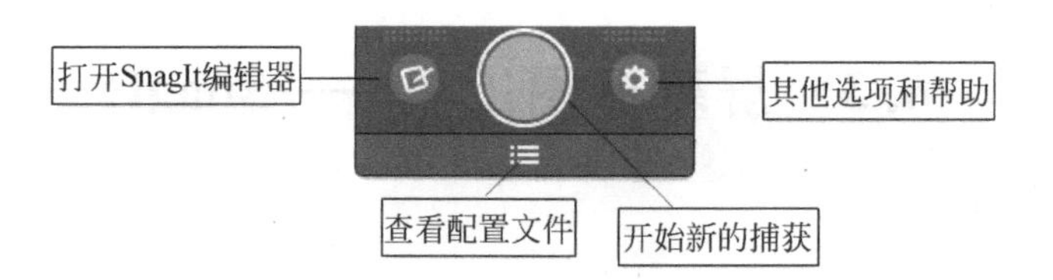

图 6-20　SnagIt 启动后的界面

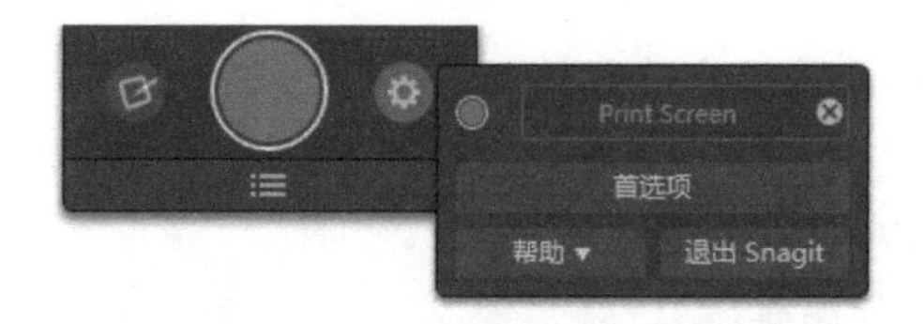

图 6-21　其他选项和帮助界面

图 6-22　“首选项”对话框(一)

单击主面板上的“查看配置文件”按钮，展开如图 6-24 所示的捕获配置界面，可以选择捕获的对象和捕获设置，添加效果或发送到特定的目标。还可以保存用户自己定义的配置以便有更多的选择。单击“管理配置文件”按钮，打开如图 6-25 所示的“管理配置文件”对话框。

在“管理配置文件”对话框“选择配置文件”下选择捕获设置为“图像”，可以在下半窗格编辑“图像”的配置文件设置：选择图像的种类(区域、窗口、菜单、全屏等)；分享的位置(发送捕获对象到打印机、剪贴板、E-mail、应用程序等)；添加效果(颜色效果、图像缩放、水印等)。单击“热键”按钮，还可以设置该类图像的截图快捷键。单击“保存”或“另存为”按钮，保存设置。

单击该窗口右上角的“新建配置文件”，可以添加用户自定义的配置。

捕获配置和选项设置好后，就可以捕获了。单击主面板上的“查看配置文件”，选择要捕获的对象和配置，单击主面板上“开始新的捕获”按钮，或者按下相应的快捷键，便进入捕获模式；捕获完成后，会弹出如图 6-26 所示的面板，单击“捕获图像”按钮(相机图标)，截取的图像进入编辑器编辑；或者单击“捕获视频”按钮(摄像机图标)，打开如图 6-27 所示的捕获视频面板，也可以一开始在“查看配置文件”下选择视频，然后单击“开始新的捕获”按钮捕获视频。

图 6-23 “首选项”对话框(二)

图 6-24 捕获配置

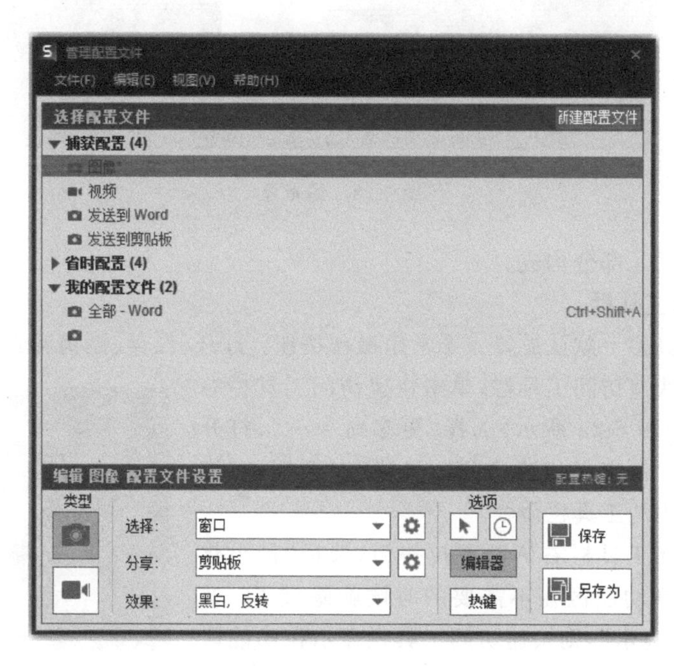

图 6-25 “管理配置文件”对话框

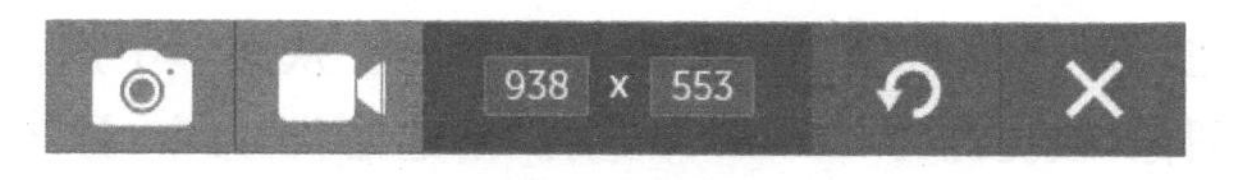

图 6-26 捕获面板

图 6-27　捕获视频面板

6.3.3　使用 SnagIt 编辑器

一般截取的图像或视频，确认后自动进入编辑器，或完成捕获发送到设置的位置，或进行编辑。

编辑器界面如图 6-28 所示。

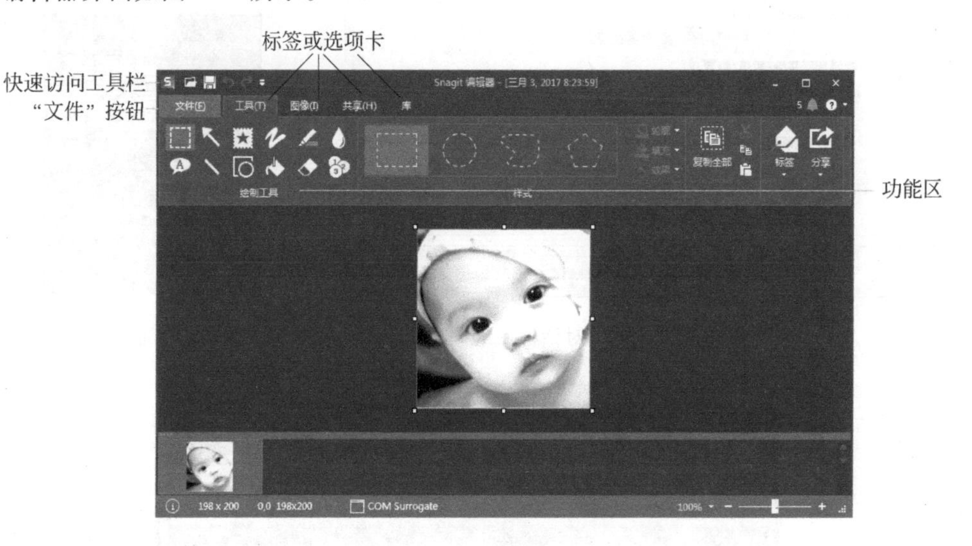

图 6-28　编辑器

编辑器由下面几部分构成。

1. 快速访问工具栏

快速访问工具栏上默认放置 4 个常用操作按钮：打开、保存、撤销和重做，如图 6-28 所示。可以自定义快速访问工具栏，单击快速访问工具栏右侧的下拉按钮，如图 6-29 所示，选择"更多命令…"，打开如图 6-30 所示的"自定义快速访问工具栏"对话框，在该对话框中添加常用的工具栏命令。

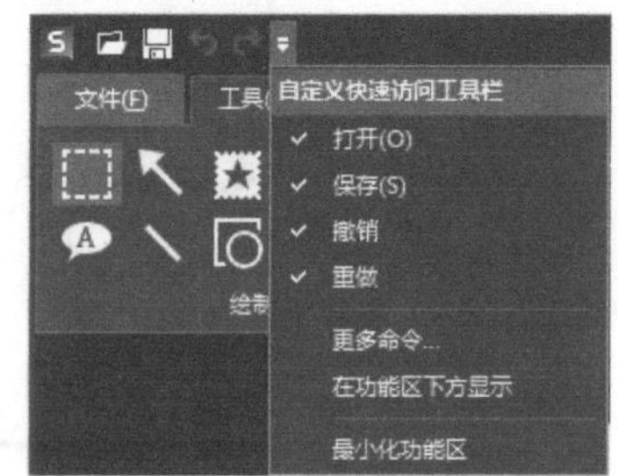

图 6-29　快速访问工具栏

单击快速访问工具栏右侧的下拉按钮，选择"最小化功能区"命令，这样功能区在不需要的时候就隐藏了；选择"在功能区下方显示"，则快速访问工具栏显示在功能区的下方。

2. "文件"按钮

单击"文件"按钮，打开"文件"菜单，如图 6-31 所示。从菜单中选择"新建图像"命令可以新建一个空白的图像，快捷键为 Ctrl＋N；选择"新建捕获"命令，打开主面板，可以选择开始新的捕获；单击"从剪贴板新建"可以把剪贴板的内容直接创建为新图像，快捷键为 Shift＋

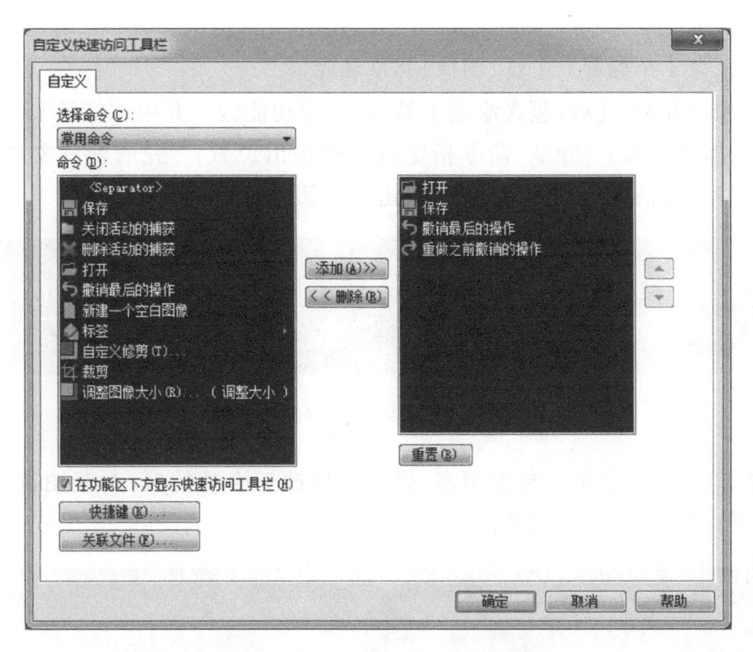

图 6-30　自定义快速访问工具栏

Ctrl+N；在“文件”菜单中还可以选择文件的打开、导入、保存和打印等操作。单击右下角的“编辑器选项”命令，可以打开“Snagit 编辑器”对话框进行选项的设置，单击“退出 Snagit 编辑器”则退出编辑器。

图 6-31　“文件”菜单

3. 功能区

编辑器中包含 4 个标签：工具、图像、共享和库。

工具标签如图 6-32 所示，包含绘制工具、样式等功能区。其中，“标签”命令用来给图像添加标签，便于搜索图像；“分享”命令指定截图的输出位置；“完成配置文件”按钮一般是在预先设置了共享的情况下截图才出现，单击该按钮直接完成共享。

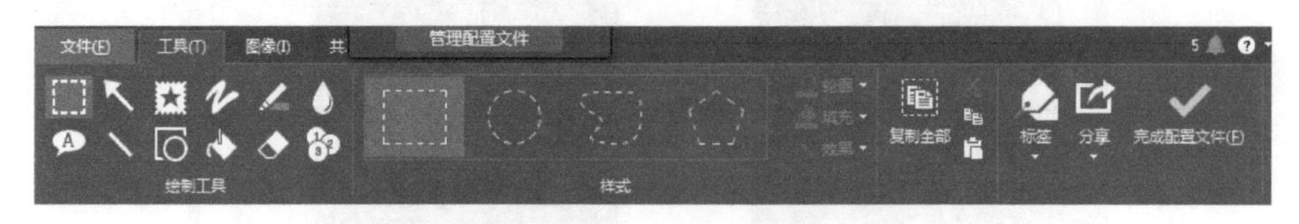

图 6-32 “工具”标签中的功能区

图像标签如图 6-33 所示。包含画布、样式和修改三个功能区，对截图进行裁切、修剪；设置边框、效果；添加水印、过滤等操作。

图 6-33 “图像”标签中的功能区

共享标签如图 6-34 所示。包含输出、输出插件等功能区，用于设置截取文件输出的位置。

图 6-34 “共享”标签中的功能区

库标签如图 6-35 所示。用于查看最近使用的捕获，也可以搜索、打开文件，还可以按照标签的名称快速搜索到捕获图像。

图 6-35 “库”标签中的功能区

【案例 6-3】 截取如图 6-28 所示的效果图。

案例实现

(1) 启动 SnagIt。

(2) 单击图 6-21 中的"首选项"按钮，打开如图 6-22 所示的"首选项"对话框，在该对话框的"常规"选项卡中取消勾选"捕获前隐藏 Snagit"复选框，单击"确定"按钮。

(3) 单击 SnagIt 主面板上的红色按钮，开始新的捕获，拖动鼠标形成捕获区域后单击，在弹出的如图 6-26 所示的面板上单击"捕获图像"按钮(相机图标)，截取的图像进入编辑器编辑。

(4) 右击编辑器编辑区空白处，选择设置背景色为白色。

(5) 利用工具标签中的"绘制工具"和"样式"功能区，添加如图 6-28 所示的线条(单击线条工具后，在目标位置按下 Shift 键时拖动鼠标)和标注。

【案例 6-4】 打开名称为"漂亮宝贝.jpg"的图片文件，用 SnagIt 编辑器添加图片边框和水印。最终效果如图 6-36 所示。编辑好的图片直接发送到 Word。

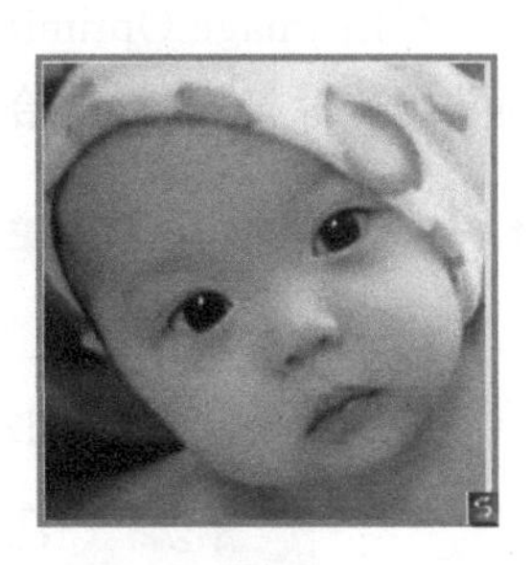

图 6-36　案例 6-4 效果图

案例实现

(1) 启动 SnagIt，单击主面板上的"打开 Snagit 编辑器"按钮，打开编辑器。

(2) 单击"文件"|"打开"，找到名称为"漂亮宝贝.jpg"的图片文件后打开。

(3) 单击图像标签，单击样式功能区的"边框"按钮，添加绿色边框，边框的宽度为 3px。

(4) 单击修改功能区的"水印"，打开"水印"对话框，设置如图 6-37 所示，单击"高级设置"，设置如图 6-38 所示，确定。

图 6-37　"水印"对话框

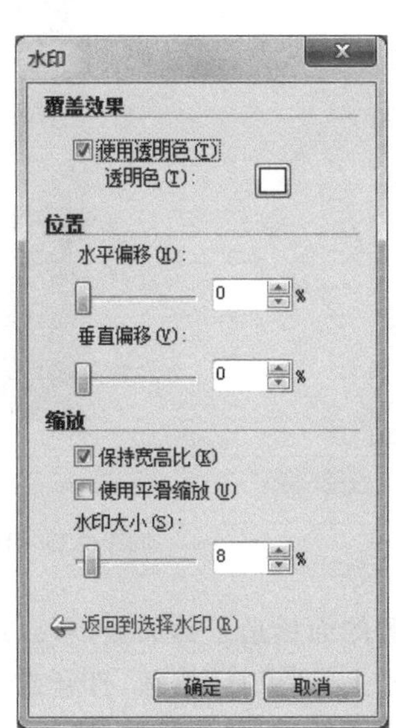

图 6-38　水印高级设置

(5) 单击工具标签下的"分享",目标选择 Word,则图像直接进入到当前 Word 文档插入点的位置;如果没有打开的 Word 文档,则自动启动 Word,创建空白文档,粘贴图片。

6.4 图像压缩工具——Image Optimizer

6.4.1 Image Optimizer 简介

Image Optimizer 是一款图像压缩工具,它界面简单,功能简单,就是将 JPG、GIF、PNG、BMP 或 TIFF 的图像文件利用 Image Optimizer 独特的压缩技术,在不影响图像品质的状况下减少图像的压缩空间,最高可减少 50%以上的文件大小,压缩操作简单,压缩率很高;而且它还有即时预览功能,可以即时预览图像压缩后的品质。

利用 Image Optimizer 还可以批量优化压缩数码照片、批量调整数码照片大小、批量转换数码照片格式、批量给数码照片添加水印,是一款效率很高的批量处理图像的工具软件。

6.4.2 使用 Image Optimizer 压缩图像

1. 压缩整个图像

启动 Image Optimizer,打开一幅图片的界面如图 6-39 所示。

图 6-39 Image Optimizer 启动界面

窗口左侧的面板是工具面板,可以通过单击菜单"查看"|"工具栏"|"工具面板"或者单击标准工具栏上的"工具"按钮,打开或关闭。

打开一幅图像后,默认是处于压缩整个图像的状态,工具面板"压缩图像"按钮(拳头图标)上方的按钮处于激活状态(压缩图像默认处理整个图片),其中有放大镜工具、裁剪工具和转换图像工具,在图像压缩之前,需要做适当的调整;单击工具面板上的"压缩图像"按钮

(拳头图标),打开“压缩图像”对话框。

选择JPG格式,如图6-40所示,魔术压缩和额外压缩用一个按钮切换;魔术压缩是一项JPEG压缩的新技术,它并不把图像的每一部分都看成是同等重要的,而是通过扫描图片,保护细节丰富的区域,对于细节较少的区域则进行较多的压缩。另一项压缩技术叫作Extra Compression(额外压缩),即在标准压缩的基础上进一步压缩。与魔术压缩不同的是,额外压缩并不理会细节丰富和细节缺乏的分别,它将图像的每一部分都进行同等压缩;因此,额外压缩可以将图像压得更小,但压缩质量却远不如魔术压缩。“全部清除”按钮全部清除魔术压缩或额外压缩。

选择JPG格式压缩,对话框上还有些复选框,“额外颜色”复选框使文件能包含一些额外的色彩信息,质量也会稍好一些,但是图像又变大了,不建议选择;“渐进”复选框可以生成一个渐进的JPEG图像,渐进是一项实用技术,在网络速度比较慢的情况下,它允许在浏览器上先生成一个质量很低的JPEG图像,然后逐渐由模糊到清晰,显示质量逐渐提高;“灰度”复选框将图像转变为灰度图像;“注释”复选框可以在输出图像中保留注释信息。

如果选择的是GIF或PNG格式,如图6-41所示,其中,“色彩数”取值范围为2~256,选择一个最恰当的平衡点;“增强调色板”按钮(HiQ)可以改善图像质量,但是会导致图像变大;“抖动”可以使整个图像颜色与颜色之间的过渡更为自然,当然也会导致图像变大;“交错”复选框会生成一个交织的GIF图像,这与JPEG的渐进功能相似,但也会使图像尺寸稍微变大。

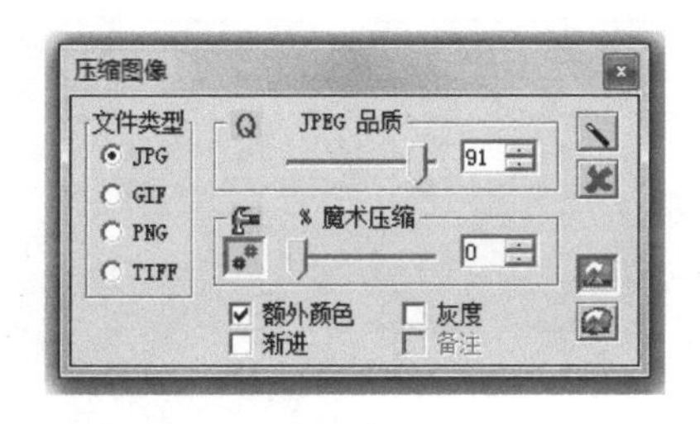

图6-40 “压缩图像”对话框(一)

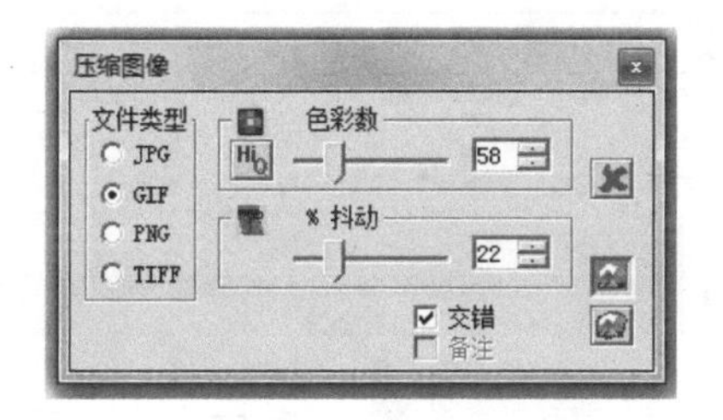

图6-41 “压缩图像”对话框(二)

无论是JPG还是GIF或PNG格式,在对话框中设置好品质,保存就可以了。

2. 区域压缩

打开一幅图像,在“压缩图像”对话框中单击“处理区域”按钮,弹出“压缩的区域”窗口,如图6-42所示。

如果是JPG图像,调节魔术压缩或额外压缩滑杆;如果是GIF或PNG图像,可以增加一些抖动效果;确定要压缩的区域,方法是:根据需要选择一个绘画工具(处理区域模式下,工具面板上“压缩图像”按钮即拳头图标下面的工具处于激活状态),如矩形、徒手画、刷子、线条工具,在区域压缩编辑模式窗口中绘出一个区域,该区域变为红色,表明该区域已根据事先设定的值被压缩;如果对这一压缩不满意,则单击工具面板上的“锁定区域”按钮锁定当前区域,当重新调节魔术压缩或额外压缩滑杆时,该区域颜色也会有深浅变化,说明该区域的压缩比在改变;若想对某些区域做平滑处理,可以在“压缩的区域”窗口单击“平滑”标签,压缩模式随即变为平滑模式,调节滑杆,取一个合适的值,如图6-43所示。

区域压缩完成后,保存文件即可。

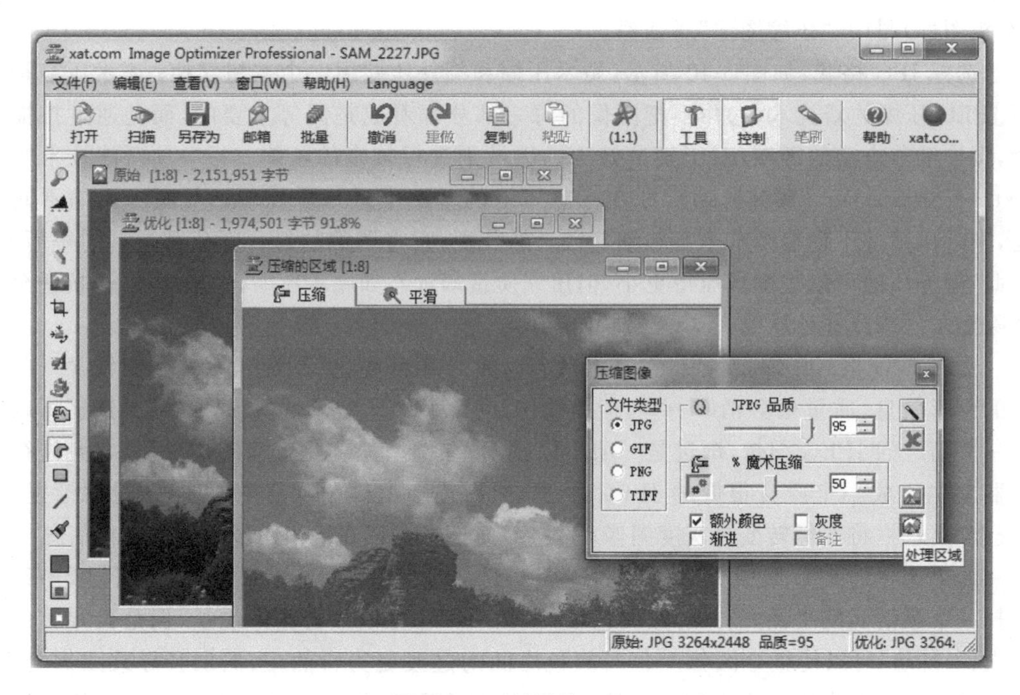

图 6-42　区域压缩(一)

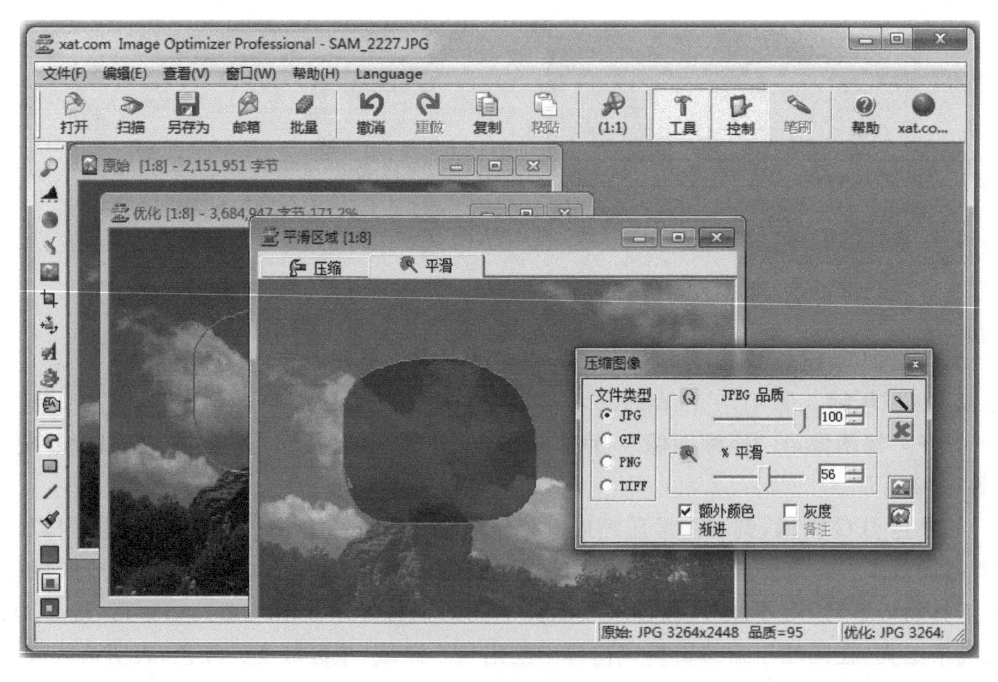

图 6-43　区域压缩(二)

6.4.3　使用 Image Optimizer 对批量图像文件进行压缩

当用户对图像的质量要求很高的时候,区域处理技术比较有用;而如果用户对图像的细节质量要求不高，更多的是要求压缩速度，那么批处理就是更为重要的一项图像压缩技术了。

单击菜单“文件”|“批量处理向导”(快捷键 Ctrl+B)或单击标准工具栏上的“批量”按钮，打开批处理向导对话框，如图 6-44 所示。

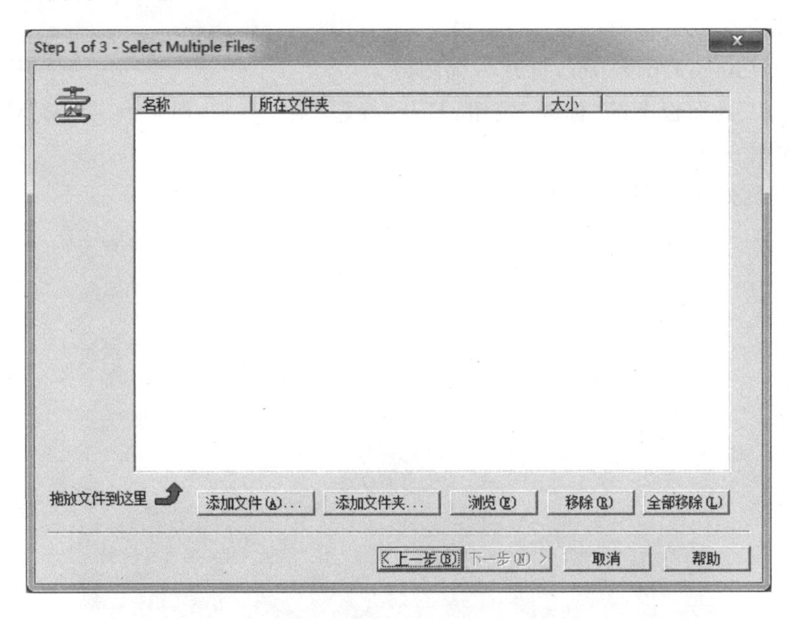

图 6-44　批处理向导之添加文件

首先添加要批处理的图像文件，单击“添加文件”按钮，可以添加若干个选定的图像文件；单击“添加文件夹”按钮，把文件夹中的图像文件都添加进来；单击“下一步”按钮，打开如图 6-45 所示的对话框。

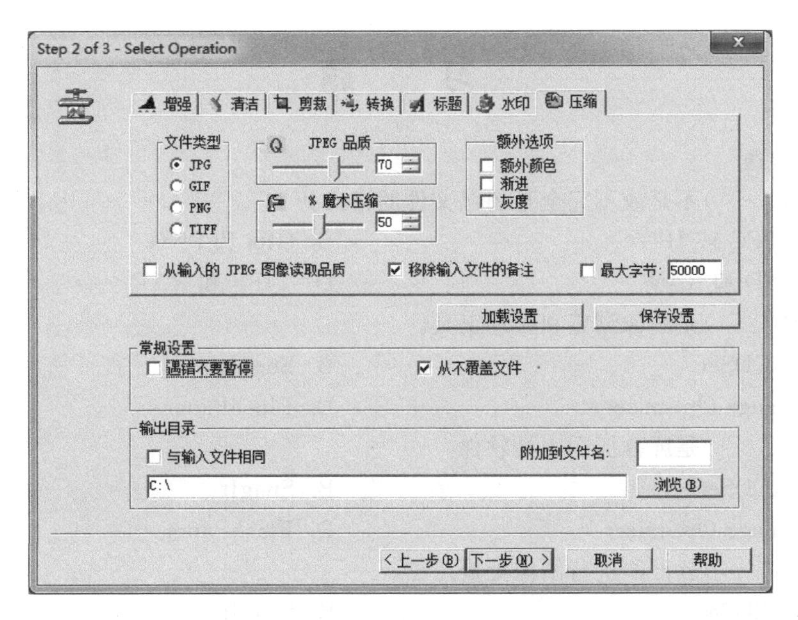

图 6-45　批处理向导之设置压缩选项

设置压缩选项,设置输出路径,完成后单击“下一步”按钮,按照向导提示等待优化或压缩完成即可。

【案例 6-5】 使用 Image Optimizer 给图像添加文本标题。

案例实现

(1) 启动 Image Optimizer,打开一幅图像。

(2) 单击工具面板上的“标题”按钮,打开“标题”对话框,设置如图 6-46 所示。

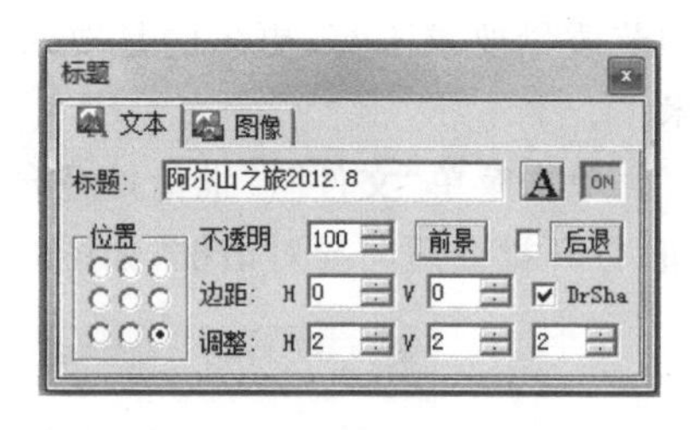

图 6-46 “标题”对话框

(3) 确定后效果如图 6-47 所示。

图 6-47 图片添加标题的效果

习　　题

一、单选题

1. 下列(　　)不是或不完全是图像文件的格式。
   A. JPEG 或 JPG　　B. GIG 和 PNG
   C. PSD 和 RAW　　D. TIFF 和 RAR
2. 下列(　　)是图像浏览和处理工具。
   A. ACDSee　　B. SnagIt
   C. Image Optimizer　　D. FlashPaper
3. 下列(　　)是屏幕抓图工具软件。
   A. ACDSee　　B. SnagIt
   C. Image Optimizer　　D. FlashPaper
4. 下列(　　)软件能进行图像批量压缩。
   A. ACDSee　　B. SnagIt
   C. Image Optimizer　　D. FlashPaper

5. ACDSee对图片进行浏览的方式有(　　)。

A. 全屏幕浏览　　B. 固定比例浏览

C. 自动播放图片浏览　　D. 以上都可以

6. 能够批量调整图片文件的大小和格式的软件是(　　)。

A. ACDSee　　B. SnagIt

C. Image Optimizer　　D. FlashPaper

7. 在ACDSee中能够打开"批量调整曝光度"的快捷键是(　　)。

A. Ctrl+F　　B. Ctrl+R　　C. Ctrl+L　　D. Ctrl+J

8. 在ACDSee中能够打开"批量转换文件格式"的快捷键是(　　)。

A. Ctrl+F　　B. Ctrl+R　　C. Ctrl+L　　D. Ctrl+J

9. 在ACDSee中能够打开"批量转换文件格式"的快捷键是(　　)。

A. Ctrl+F　　B. Ctrl+R　　C. Ctrl+L　　D. Ctrl+J

10. 在Image Optimizer中能够打开批处理向导对话框的快捷键是(　　)。

A. Ctrl+A　　B. Ctrl+B　　C. Ctrl+C　　D. Ctrl+D

11. 在网络速度比较慢的情况下,(　　)技术允许在浏览器上先生成一个质量很低的JPEG图像,然后逐渐由模糊到清晰,显示质量逐渐提高。

A. 额外颜色　　B. 注释　　C. 渐进　　D. 灰度

二、判断题

1. 图像格式即图像文件存放在卡上的格式,通常有JPEG、GIF、SVG、TIFF、RAW、PNG等。(　　)

2. 图像文件可以通过压缩来减少存储容量。(　　)

3. PSD是一种图形交换格式。GIF格式是一种无损压缩格式,压缩比高,产生的文件较小,有利于在网络上传输。(　　)

4. GIF是未经处理也未经压缩的格式。(　　)

5. JPEG图像支持透明和动画效果。(　　)

6. 通常以每英寸的像素数即PPI(Pixels Per Inch)为单位来表示分辨率的大小。(　　)

7. 显示分辨率也叫屏幕分辨率,它是指显示器所能显示的像素有多少,表示屏幕图像的精密度。(　　)

8. 数据压缩的目的就是通过去除数据冗余来减少表示数据所需的比特数。(　　)

9. 无损压缩一般比有损压缩具有更大的压缩比。(　　)

10. 自然界中所有的颜色都可以用红、绿、蓝(RGB)这三种颜色波长的不同强度组合而来。(　　)

11. 选定需要批处理的图片后,按下Ctrl+H组合键,可以打开"批量调整图像大小"对话框。(　　)

12. 按下Ctrl+T组合键,能够打开"批量调整时间标签"对话框。(　　)

13. 在SnagIt中,魔术压缩就是在标准压缩的基础上进一步压缩。(　　)

14. 额外压缩可以将图像压得更小,但压缩质量却远不如魔术压缩。(　　)

15. 当用户对图像的质量要求很高的时候,区域处理技术比较有用。(　　)

第7章

网络常用工具

本章说明

随着计算机网络的发展和广泛应用，我们通过网络进行信息资源的搜索、浏览、存储、通信和下载就成为日常工作和生活的经常性操作，由此应运而生了许多网络工具软件。这些网络工具软件为人们的工作和生活提供了极大的方便。

本章介绍几款常用的网络工具软件的功能和操作使用方法。

本章主要内容

- 网页浏览器——Internet Explorer
- 网络下载工具——迅雷
- 网络下载工具——eMule
- 网络存储工具——百度云盘
- FTP 服务端工具——Server-U
- 网络通信工具——QQ

目前流行的网络工具软件种类繁多,其功能、操作和适用范围不尽相同,包括网页浏览、邮件工具、FTP工具、BBS工具、网络聊天、网络下载、网络安全、网络服务等,基本上能够满足普通计算机用户日常工作和生活的需要。本章挑选几款比较实用的网络工具软件,对其功能和操作使用方法进行介绍。

7.1 网页浏览器——Internet Explorer

本节重点和难点

重点:

(1) 浏览器的功能;

(2) 使用IE浏览器;

(3) 收藏感兴趣的网址;

(4) 保存网页中感兴趣的内容;

(5) 搜索互联网中的信息。

难点:

(1) 保存网页中感兴趣的内容;

(2) 搜索互联网中的信息;

(3) 删除浏览历史记录。

网页浏览器是显示网页服务器或档案系统内文件,并让用户与此类文件互动的一种软件。它用来显示在万维网或局域网内的文字、影像及其他资讯,这些文字或影像,可以是连接其他网址的超链接,用户可迅速、轻易地浏览各种资讯。网页一般是HTML(超文本标记语言)的格式,而有些网页是需要使用特定的浏览器才能正确显示。

WWW服务和Gopher服务是通过客户端程序访问的,这种程序被称为网页浏览器,它允许用户使用超文本链接(HyperText Link)方式进行浏览,而不必进行有目的的查询。

7.1.1 常用浏览器

目前WWW环境中使用最多的网页浏览器主要是美国Microsoft公司的Internet Explorer。除此之外,还包括Apple、Google等公司在内的一些软件开发商发布的一些浏览器软件产品。

除了Internet Explorer之外,目前主流浏览器还有Mozilla Firefox、Opera、Google Chrome、Maxton、Safari,以及国内软件开发商推出的360安全浏览器、360极速浏览器、傲游浏览器、搜狗浏览器、猎豹浏览器、QQ浏览器、百度浏览器等。

7.1.2 浏览器的功能

不同的浏览器具有不同的功能,现在的浏览器和网页有许多功能和技术是以往没有的。由于浏览器的出现,WWW(万维网)得以迅速地扩展。

以下是人们较为熟悉的浏览器的功能。

1. 支援标准

(1) HTTP(超文本传输协议)、HTTPS(超文本传输协议安全)、XHTML(扩展超文本标记语言)；

(2) 图形档案格式(如 GIF、PNG、JPEG、SVG)；

(3) CSS(层叠样式表)；

(4) JavaScript(动态网页 DHTML)；

(5) Cookie(某些网站为了辨别用户身份而储存在用户本地终端上的数据)；

(6) 无线应用协议。

2. 基本功能

(1) 书签管理；

(2) 下载管理；

(3) 网页内容快取；

(4) 透过第三方插件(plugins)支援多媒体。

3. 附加功能

(1) 网址和表单资料自动完成；

(2) 分页浏览；

(3) 禁止弹出式广告；

(4) 广告过滤。

7.1.3 认识 IE 浏览器

IE(Internet Explorer)浏览器是美国微软公司推出的一款网页浏览器。Internet Explorer,原称 Microsoft Internet Explorer(6 版本以前)和 Windows Internet Explorer(7,8,9,10,11 版本),简称 IE。在 IE7 以前,中文直译为"网络探路者",但在 IE7 以后官方直接俗称"IE 浏览器"。从 1995 年 8 月 IE 第一个版本发布到现在为止,微软公司先后推出了十几个版本,目前最新版本是 IE 12.0。

IE 提供了最宽广的网页浏览和建立在操作系统里的一些特性,例如 Microsoft Update 的设计。它的组件对象模型(COM)技术在 IE 里的广泛使用,可允许第三方厂商通过浏览器帮助对象(BHO)添加功能,并且允许网站通过 ActiveX 提供丰富的内容。另外,IE 使用了一个基于区域的安全架构,即网站按照特写的条件组织在一起,它允许对大量的功能进行限制,也允许对指定功能进行限制。通过提供的下载监视器和安装监视器,允许用户选择是否下载和安装可执行程序,可以防止恶意软件被安装。

IE 浏览器的众多特性和使用的直观性、方便性使之成为目前比较流行的浏览器之一。

7.1.4 使用 IE 浏览器

1. 启动 IE

启动 IE 只需双击桌面上的浏览器图标。如图 7-1 所示。

2. 主窗口

IE 启动后会出现主窗口,如图 7-2 所示。它包括以下几个主要部分。

图 7-1　IE 浏览器图标

(1) 标题栏：包括控制按钮,当前浏览网页的名称,最小化按钮,最大化/还原按钮以及关闭按钮,如图 7-3 所示。

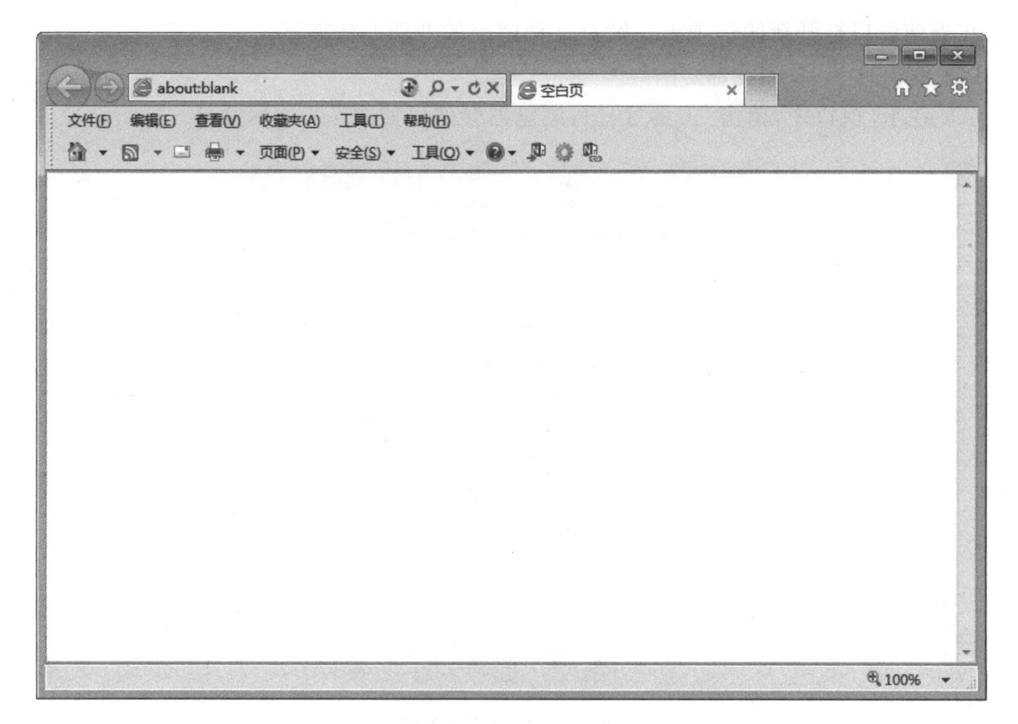

图 7-2　IE 主窗口

(2) 菜单栏：提供了 IE 所有功能的操作命令，通过打开下拉菜单进行操作，如图 7-4 所示。

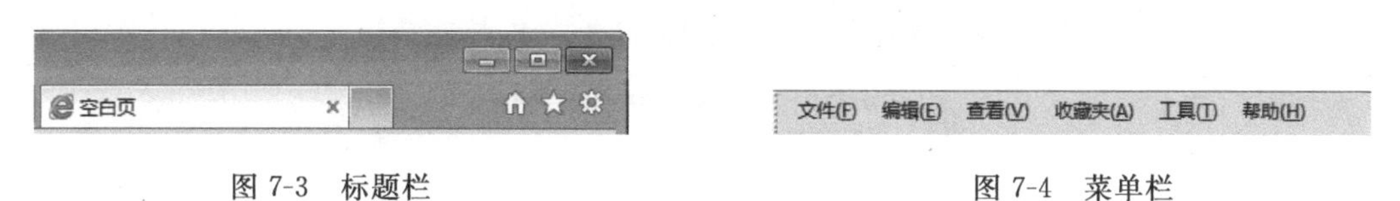

图 7-3　标题栏　　　　图 7-4　菜单栏

(3) 命令栏(即工具栏)：提供了常用命令的工具按钮，可以不用打开菜单，而是单击相应的按钮来快捷地执行命令，如图 7-5 所示。

(4) 地址栏：用于指出要访问的资源所在的统一资源定位地址 URL，可以直接输入想要访问的网页地址，如图 7-6 所示。

图 7-5　命令栏(即工具栏)　　　　图 7-6　地址栏

(5) 浏览区：窗口中最大面积的区域，位于工具栏下方，用于显示当前访问的网页内容以便用户浏览。

(6) 状态栏：位于浏览区下方，用于显示正在浏览的网页的下载状态、下载进度和区域属性等状态信息。

7.1.5　使用选项卡浏览新网页

使用 IE 浏览器时，经常会出现这种情况，就是在打开网页的时候，会新开一个窗口，而不是在当前窗口打开新的选项卡。针对这种情况的处理办法如下。

(1) 双击打开 IE 浏览器。

(2) 在 IE 窗口中,单击"工具"按钮,浏览器会弹出如图 7-7 所示菜单。

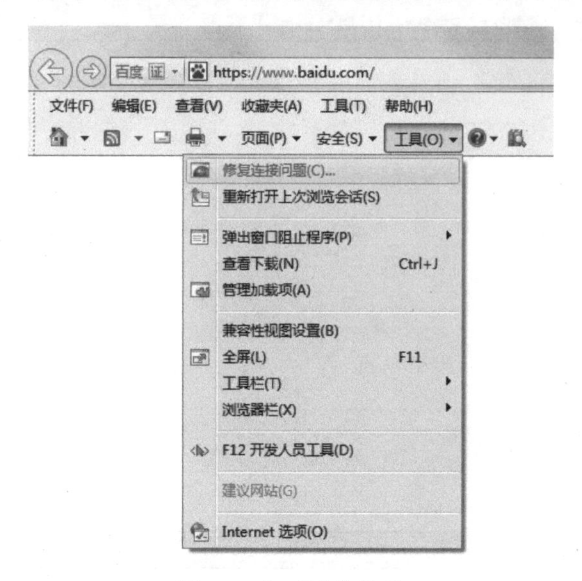

图 7-7 "工具"菜单项

(3) 再单击选择"Internet 选项",弹出对话框,如图 7-8 所示。

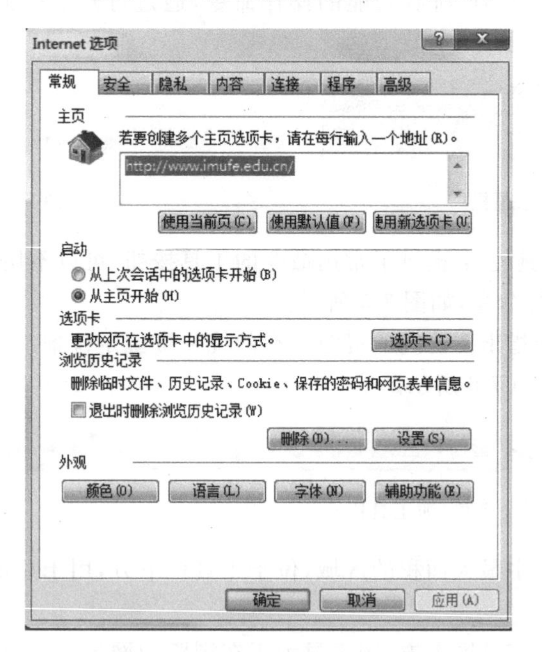

图 7-8 "Internet 选项"对话框

(4) 在"选项卡"部分单击"选项卡"按钮,弹出对话框,如图 7-9 所示。

(5) 其中,"在打开新选项卡后,打开"选项默认设置是"空白页",选择设置为"新选项卡页",如图 7-10 所示。

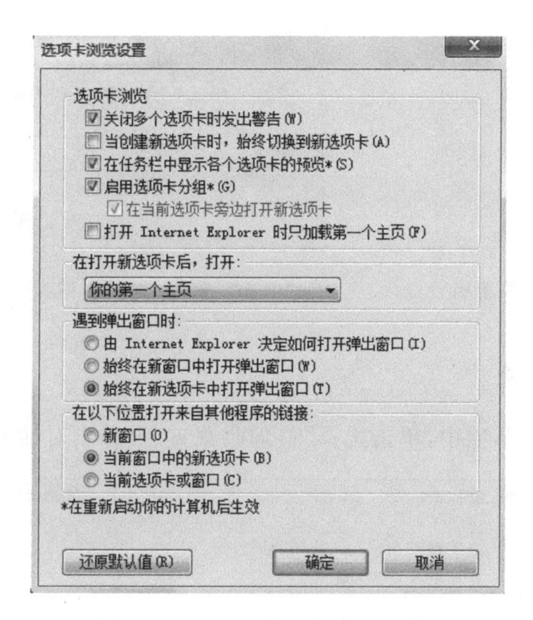

图 7-9 “选项卡浏览设置”对话框

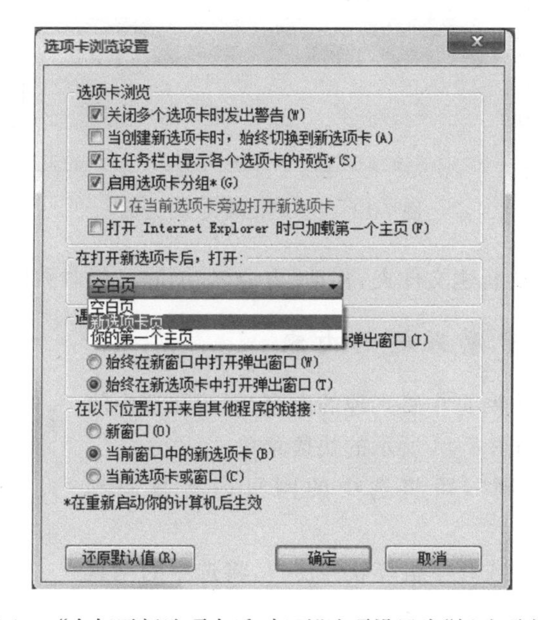

图 7-10 “在打开新选项卡后，打开”选项设置为“新选项卡页”

(6) 然后单击“确定”按钮，设置完成。关闭 IE 浏览器后重新启动浏览器，立即生效。

7.1.6 收藏感兴趣的网址

(1) 双击打开 IE 浏览器并打开需要收藏网址的网页。

(2) 在 IE 主窗口的菜单栏中，单击“收藏夹”，浏览器会弹出菜单，如图 7-11 所示。

(3) 然后单击选择“添加到收藏夹”，会弹出对话框，如图 7-12 所示。

(4) 然后单击“添加”按钮，即可将网址收藏到收藏夹里。

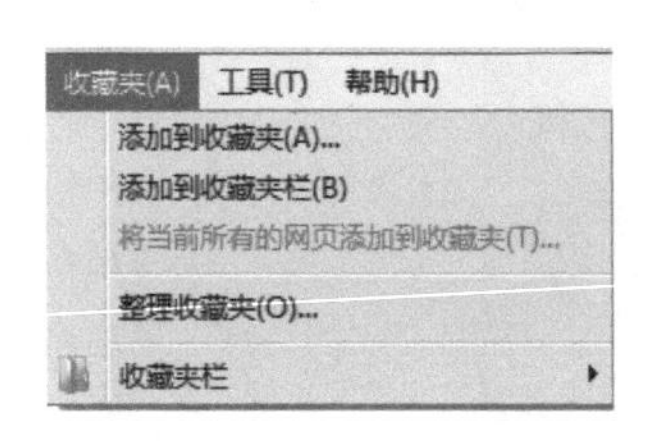

图 7-11 “收藏夹”菜单项

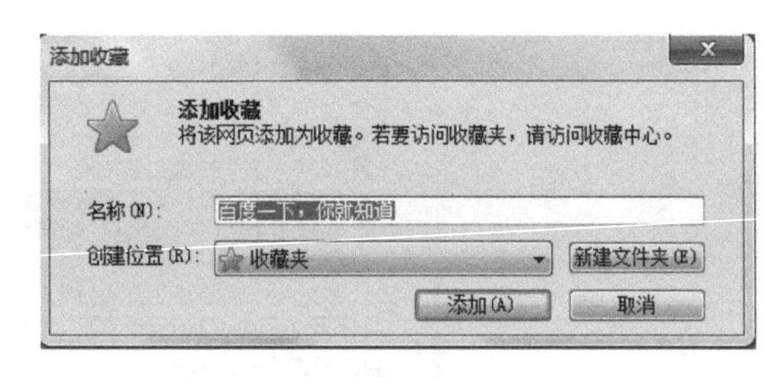

图 7-12 “添加收藏”对话框

7.1.7 整理收藏夹

(1) 在图 7-11 的菜单项中，单击选择“整理收藏夹”会弹出对话框，如图 7-13 所示。

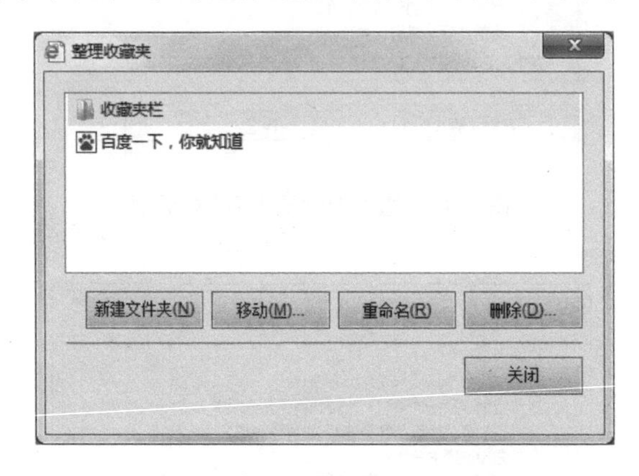

图 7-13 “整理收藏夹”对话框

(2) 整理收藏夹包括新建文件夹，移动、重命名、删除已经收藏的网址等操作。

7.1.8 保存网页中感兴趣的内容

(1) 先通过鼠标选中网页中感兴趣的内容，然后在选中的内容上鼠标右击，弹出如图 7-14 所示的快捷菜单。

(2) 单击选择“复制”，可将选中的网页内容复制到 Windows 的剪贴板中。

(3) 可以打开 Word 或写字板等软件窗口，将选中的网页内容粘贴到文档中。

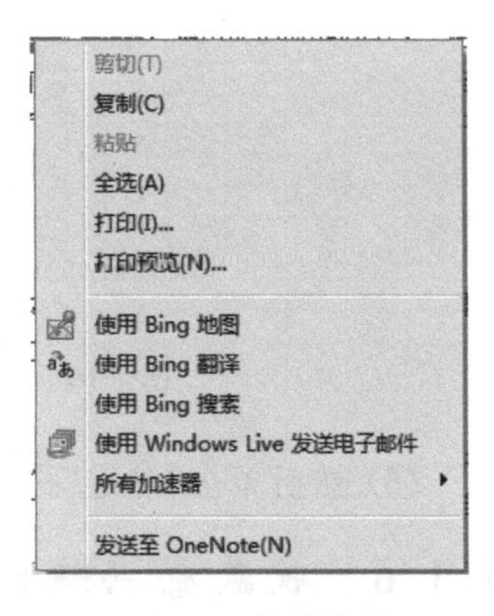

图 7-14 快捷菜单

7.1.9 保存网页中的图片

(1) 将鼠标移到要保存的网页图片上鼠标右击，弹出如图 7-15 所示的快捷菜单。

(2) 单击选择“图片另存为”，会弹出“保存图片”对话框，如图 7-16 所示。

(3) 选择要将图片保存的文件夹位置，然后输入“文件名”及选择“保存类型”，再单击“保存”命令按钮即可。

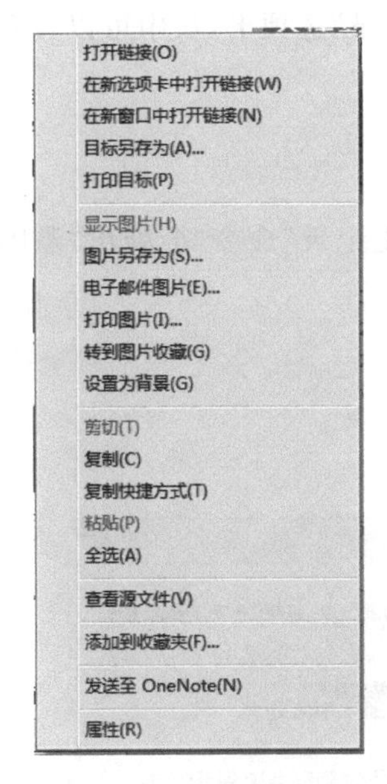

图 7-15　快捷菜单

图 7-16　“保存图片”对话框

7.1.10　保存整个网页

(1) 双击打开 IE 浏览器并打开想要保存的网页。

(2) 在浏览器菜单栏中单击“文件”菜单，选择“另存为”命令，会弹出“保存网页”对话框(类似于“保存图片”对话框)。

(3) 选择要将网页保存的文件夹位置，然后输入“文件名”及选择“保存类型”，再单击“保存”命令按钮即可。

7.1.11　查看浏览历史记录

(1) 在浏览器菜单栏中单击“查看”菜单，鼠标指针指向“浏览器栏”菜单项，如图 7-17 所示。

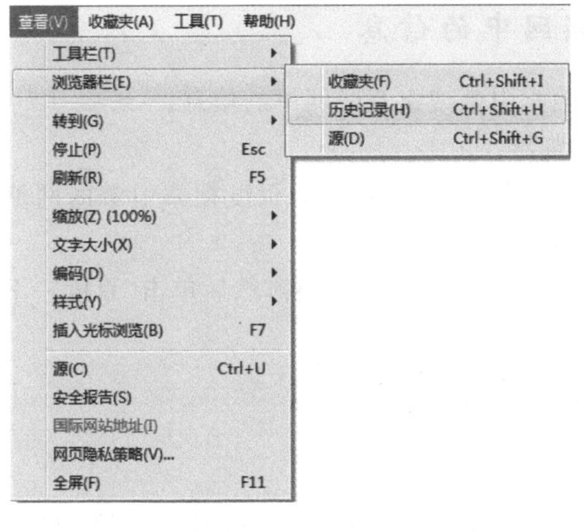

图 7-17　“查看”菜单

(2) 然后单击“历史记录”命令，就会在页面左端显示“历史记录”选项卡，从中可以查看浏览过的网页历史记录，如图 7-18 所示。

7.1.12 删除浏览历史记录

(1) 在浏览器菜单栏中单击“工具”菜单，选择“删除浏览历史记录”命令，会弹出“删除浏览历史记录”对话框，如图 7-19 所示。

图 7-18 “历史记录”选项卡

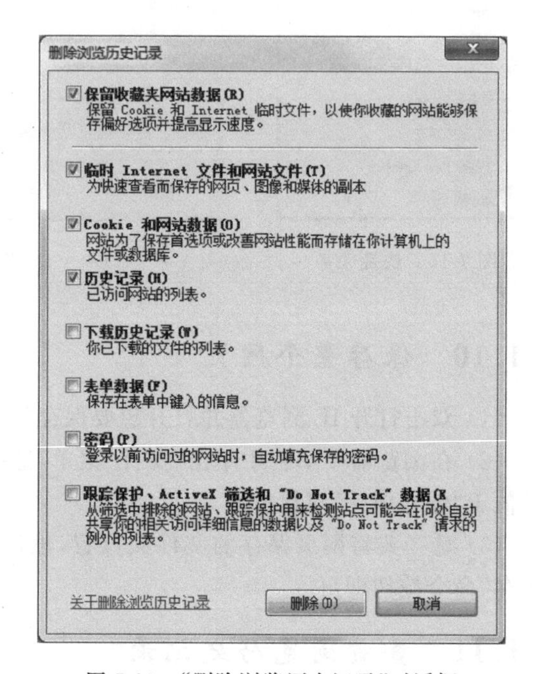

图 7-19 “删除浏览历史记录”对话框

(2) 选中“历史记录”选项，然后单击“删除”命令按钮即可。

7.1.13 搜索互联网中的信息

可以通过选择一种搜索引擎搜索互联网中的信息。

(1) 双击打开 IE 浏览器。

(2) 在地址栏中输入搜索引擎的网址，如百度搜索引擎的网址 www. baidu. com，然后回车，打开搜索引擎页面，如图 7-20 所示。

(3) 在搜索信息框中输入想要搜索的内容，然后单击“百度一下”按钮，会显示出搜索到的词条内容，进一步选择相关内容即可。

7.1.14 使用百度高级搜索

(1) 双击打开 IE 浏览器。

(2) 在地址栏中输入“www. baidu. com”，然后回车，打开如图 7-20 所示的百度搜索引

图 7-20　百度搜索引擎页面

擎页面。

(3) 在百度页面右上角部分,单击选择“设置”菜单,在弹出的下拉菜单中选择“高级搜索”命令,会弹出“高级搜索”页面,如图 7-21 所示。

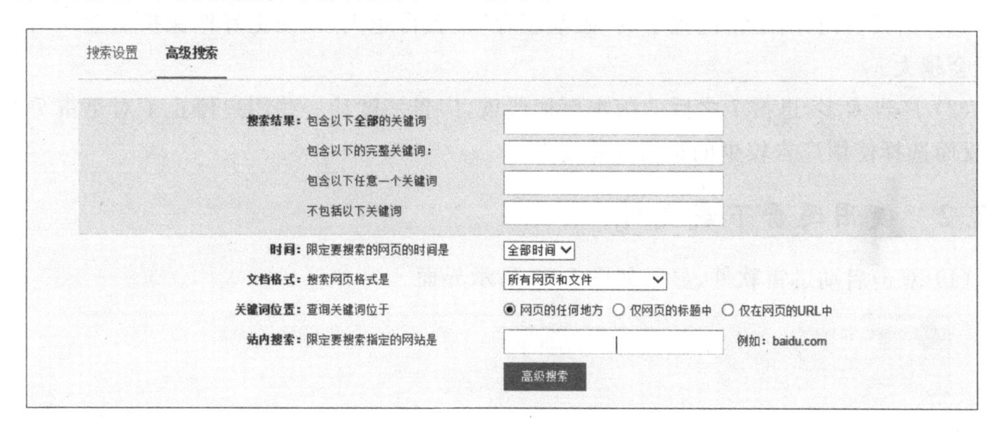

图 7-21　“高级搜索”页面

(4) “高级搜索”包括在页面中输入有关关键词,以及选定要搜索的网页的时间、搜索网页格式、关键词位置等。

7.2　网络下载工具——迅雷

本节重点和难点

重点:

(1) 使用迅雷下载文件;

(2) 下载中的设置。

难点：

(1) 使用迅雷进行批量下载；

(2) 使用迅雷下载 BT 文件。

迅雷是迅雷公司开发的互联网下载工具软件，它是一款基于多资源超线程技术的下载软件。作为“宽带时期的下载工具”，迅雷针对宽带用户做了优化，并同时推出了“智能下载”的服务。

7.2.1 迅雷简介

迅雷是网络下载工具软件，本身不支持上传资源，只提供下载和自主上传。使用迅雷下载过的相关资源，都能有所记录。

迅雷的多资源超线程技术基于网格原理，能够将网络上存在的服务器和计算机资源进行整合，构成了迅雷网络，使得各种数据文件能够互相传递。

多资源超线程技术还具有互联网下载负载均衡功能，在不降低用户体验的前提下，迅雷网络可以对服务器资源进行均衡。

迅雷软件进行注册后，通过 ID 登录可享受到更快的下载速度，拥有非会员特权(例如高速通道流量的多少，宽带大小等)，迅雷还拥有 P2P 下载等特殊下载模式。

迅雷软件也有其不足之处。

(1) 比较占内存，迅雷配置中的“磁盘缓存”设置得越大(以便更好地保护磁盘)，占的内存就会越大。

(2) 广告太多，迅雷 7 之后的版本更加严重，广告一度让一些用户停止了对迅雷 7 的使用，反而选择使用广告较少的迅雷 5 稳定版。

7.2.2 使用迅雷下载文件

(1) 双击启动迅雷软件，显示如图 7-22 所示界面。

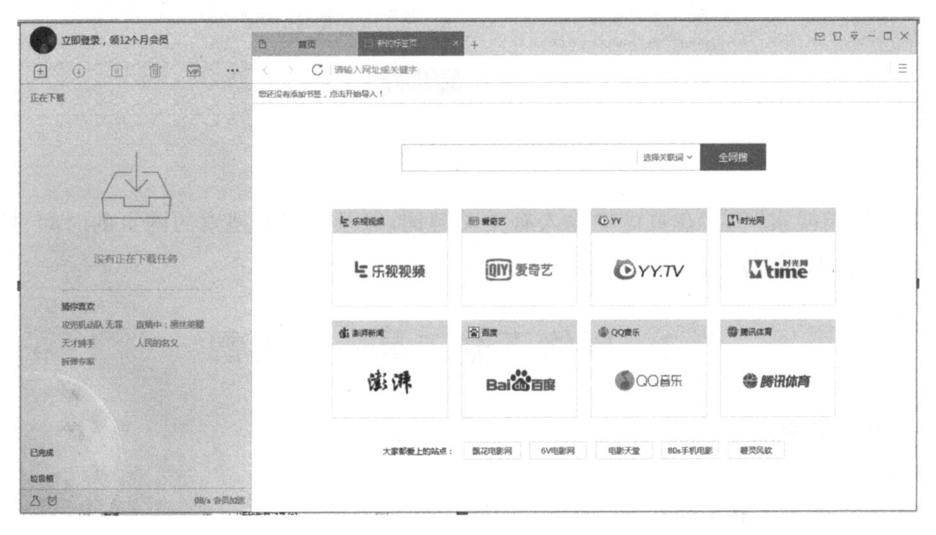

图 7-22 迅雷软件界面

（2）单击迅雷软件窗口左上角“新建任务”按钮，弹出“新建任务”窗口，在窗口中输入需要下载资源的链接，然后单击“立即下载”按钮，即可将需要的资源下载下来，如图7-23所示。

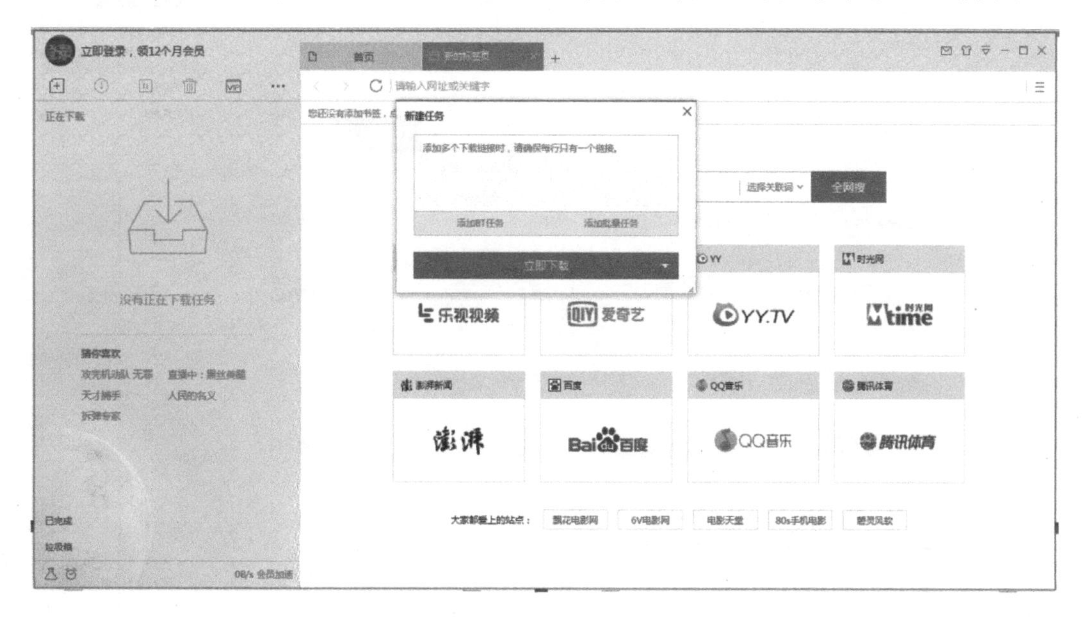

图7-23 “新建任务”窗口

（3）如果用户不知道下载的资源网址，可在“搜索”信息框中输入想要下载资源的关键词去查找内容（选择“迅雷下载”），进而下载资源，如图7-24所示。

图7-24 “搜索”界面

7.2.3 下载中的设置

用户在使用迅雷软件下载资源时，可根据个人需要不同进行设置，方法如下。

（1）双击启动迅雷软件。

（2）在迅雷软件主界面右上角，单击“功能”按钮，弹出如图7-25所示菜单。

（3）单击选择“设置中心”，弹出如图7-26所示界面窗口。

（4）“设置中心”窗口包括“基本设置”和“高级设置”项，用户可以根据自己的需要不同来设置适合自己“个性化”的内容。

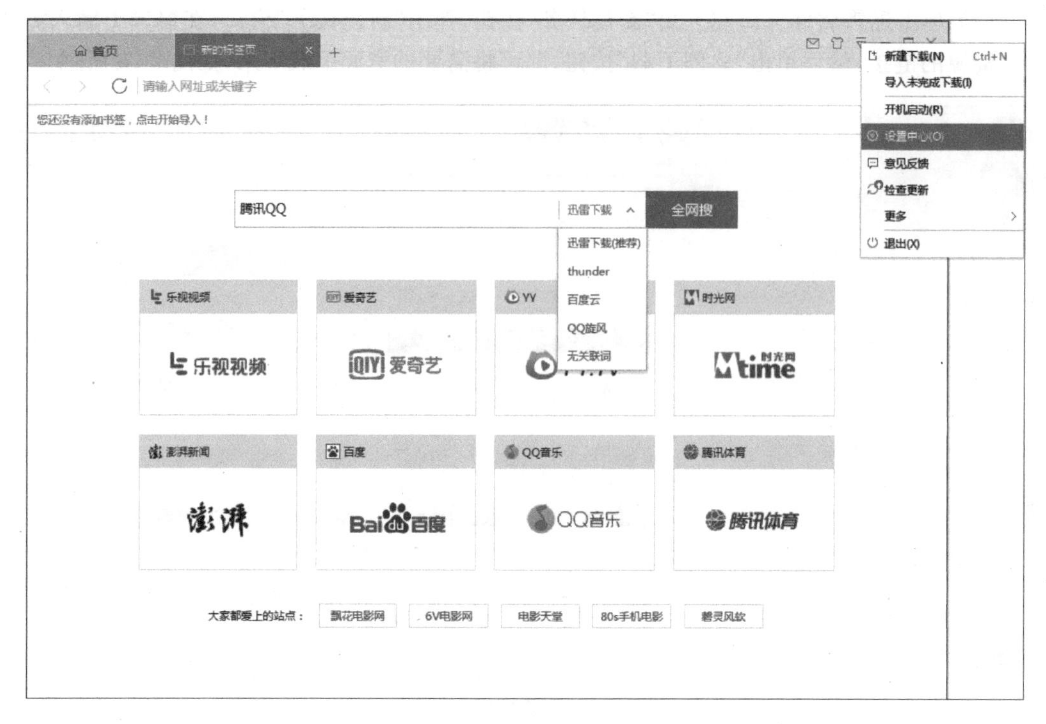

图 7-25 “功能”按钮菜单

图 7-26 “设置中心”窗口

【案例 7-1】 使用迅雷批量下载文件。

案例实现

方法一：

(1) 首先要有可供下载的 BT 文件或者链接，鼠标右击 BT 文件弹出快捷菜单，如图 7-27 所示。

(2) 单击选择“使用迅雷下载该 BT 文件”菜单项，弹出“新建 BT 任务”窗口，如图 7-28 所示。

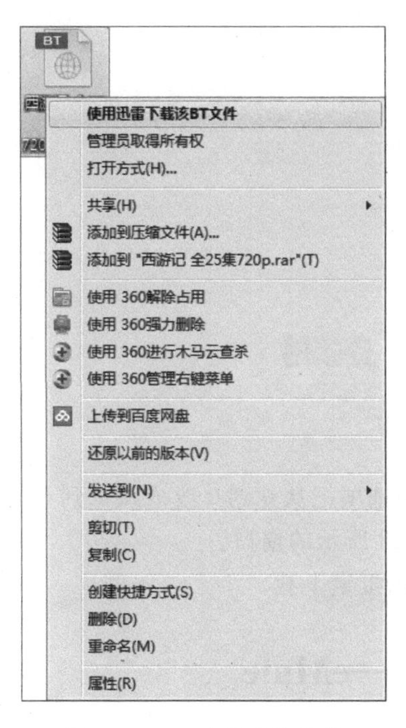

图 7-27 BT 文件快捷菜单

图 7-28 “新建 BT 任务”窗口。

(3) 选择下载目录后，单击“立刻下载”按钮即可开始批量下载。

方法二：

(1) 在没有 BT 文件时，先在网站中找到资源，按规则批量下载，如图 7-29 所示。

图 7-29 资源下载地址

(2) 找到要下载的地址(如图 7-29 所示箭头所指的部分),先复制第一个网址。

(3) 打开迅雷软件,单击选择"新建任务",弹出如图 7-23 所示的界面。

(4) 单击选择"添加批量任务",弹出"新建任务"对话框,如图 7-30 所示。

图 7-30 "新建任务"对话框

(5) 将链接粘贴到"通过 URL 过滤"文本框中,其中选项把从 0 到 0 改成从 1 到 n,n 代表批量下载数量。然后单击"确定"按钮,会弹出如图 7-28 所示的窗口。

(6) 选择好下载目录,单击"立即下载"按钮即可开始批量下载。

7.3 网络下载工具——eMule

本节重点和难点

重点:

(1) 使用 eMule 下载文件;

(2) eMule 的设置。

难点:

(1) 使用 eMule 下载文件;

(2) eMule 的设置。

7.3.1 eMule 简介

电驴(eMule)也称为电骡,是一款完全免费且源代码开放的 P2P 资源下载和分享软件,基于 eDonkey2000 的 eDonkey 网络,遵循 GNU 通用公共许可证协议发布,运行于 Windows 下。利用电驴可以将全世界所有的计算机和服务器整合成一个巨大的资源分享网络。用户既可以在这个电驴网络中搜索到海量的优秀资源,又可以从网络中的多点同时下载需要的文件,以达到最佳的下载速度。用户也可使用电驴快速上传分享文件,达到最优的上传速度和资源发布效率。

eDonkey 网络(eDonkey Network,也称 eDonkey2000 Network 或 eD2k、eD2k 网络),由美国 MetaMachine 公司开发,创始人 Jed. McCaleb 和 Sam. Yagan 在 2000 年创立,是一种文件分享网络,最初用于共享音乐、电影和软件。与多数文件共享网络一样,它是分布式的;文件基于点对点原理传输,而不是由中枢服务器提供。客户端程序通过连接到 eD2k 网络来共享文件。而 eD2k 服务器作为一个通信中心,帮助用户在 eD2k 网络内查找文件。它的客户端和服务端可以工作于 Windows、Mac OS、Linux、UNIX 等操作系统。

7.3.2 使用 eMule 下载文件

运行 eMule 后,连接服务器(也可以在选项中选择以后开启 eMule 后自动连接服务器)。连接成功之后,单击浏览器中的 eD2k 链接,eMule 就可自动下载该链接的资源;也可以把链接复制到 eMule 中下载。

文件名:用于搜索。

文件大小:主要用来区别视频资源的清晰度,通常值越大越好。

文件 ID:又称 hash,是 eD2k 链接里面的关键。很多文件即使它们的文件名不一样,但是只要文件 ID 一致,电驴服务器就将其视为同一个文件。如果想知道下载的文件是否以前已经下载过了,唯一的操作方法就是将每次下载文件的 ID 记载在文本文件里面(当然保存 eD2k 链接更简便),然后下载之前查找一下要下载文件的文件 ID(不可查找 eD2k 链接)是否在该文件中即可判定。

下载文件的同时也在提供其他用户下载。下载完之后,如果还想帮助其他用户下载,可以将文件更名,但不要在下载目录或者共享目录中删除,这样可以保证下载速度越来越快。电驴的宗旨是“我为人人、人人为我”,同一个文件共享、下载的人越多,速度就越快。这一点和 PUB、FTP 有本质区别。

电驴支持多文件下载,一般以同时下载 20 个左右为宜。下载文件的大小建议都选择 600MB 以上的,文件太小影响画质,而且文件共享的人少,下载速度反而不快。

7.3.3 eMule 的设置

eMule 的设置分为两部分,即初始化设置和基本设置。

1. 初始化设置

(1) 双击 eMule 文件夹内的 eMule.exe 打开软件,一般第一次运行都会自动弹出“设置向导”窗口,如果未弹出,可以通过单击“工具”按钮,选择菜单中的“eMule 首次运行向导”命令,如图 7-31 所示。

(2) 打开向导后,单击“下一步”按钮继续,如图 7-32 所示。

(3) 在“请输入你的用户名”框中输入用户名,不建议使用默认文件名。特别提醒新用户,用户名前缀不要使用“CHN”或“VeryCD”,否则可能会遭到其他国外用户的屏蔽,甚至是无法估量的不利影响。然后再选中第二个“推荐”项,单击“下一步”按钮继续,如图 7-33 所示。

(4) 进行“端口和连接”设置,端口会随机生成,可能与图中不同,无须刻意修改。如果使用路由器,单击“启用 UPnP 端口映射”(需要路由器开启 UPnP 选项),映射成功后,单击“下一步”按钮继续,如图 7-34 所示。

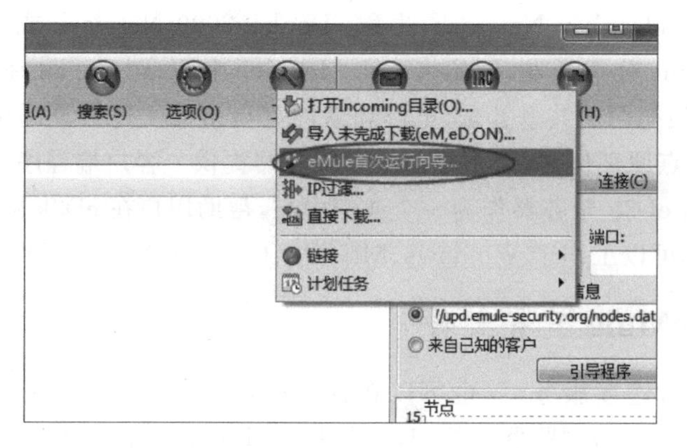

图 7-31 “工具”菜单

图 7-32 “eMule 首次运行向导”对话框

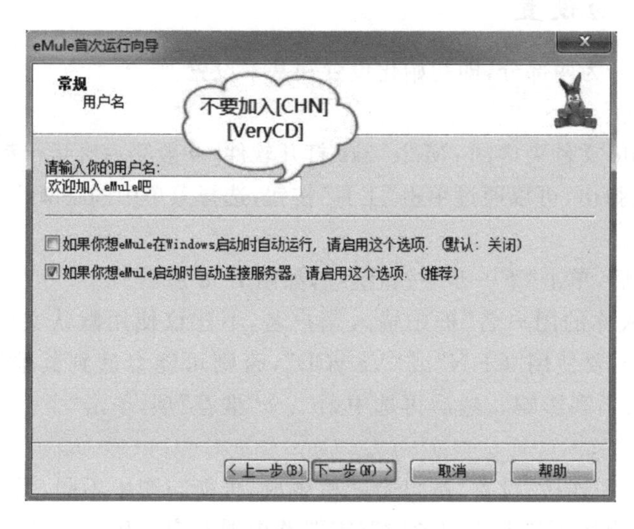

图 7-33 “常规”设置

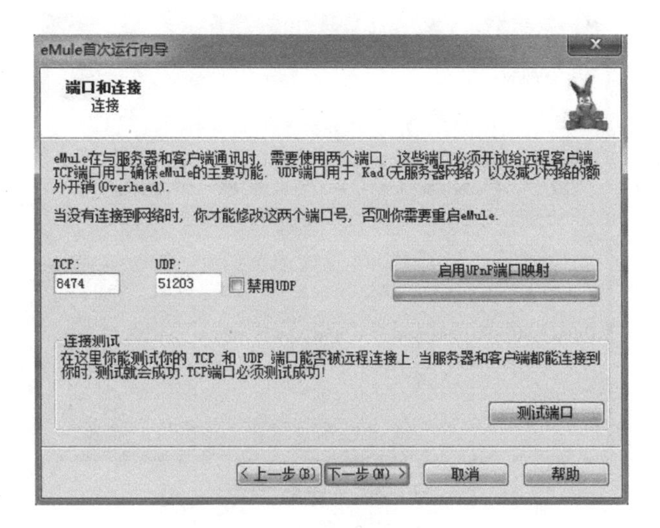

图 7-34 “端口和连接”设置

(5) 进行“下载/上传”设置，其中两项都要选中。开启后 eMule 能够智能判断文件的需求度。然后单击“下一步”按钮继续，如图 7-35 所示。

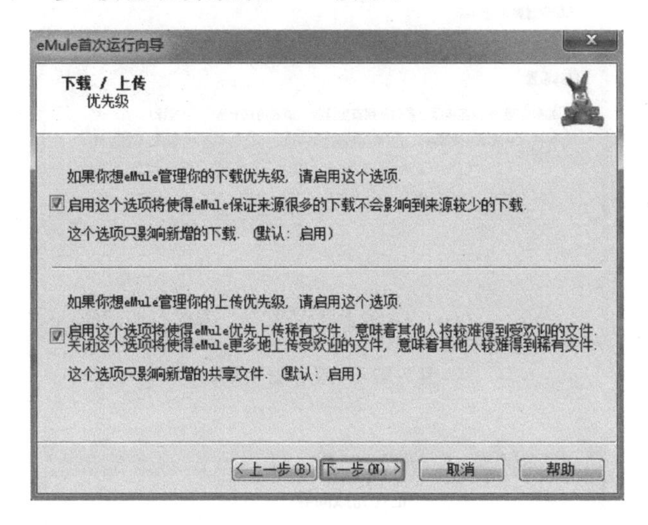

图 7-35 “下载/上传”设置

(6) 进行“安全”设置，如果想要开启迷惑协议，就要选中其中的选项。然后单击“下一步”按钮继续，如图 7-36 所示。

(7) 进行“服务器”设置，全部选项都要选中。然后单击“下一步”按钮继续，如图 7-37 所示。

(8) 之后显示“正在完成向导”提示信息，再单击“完成”按钮即可完成初始化设置，如图 7-38 所示。

2. 基本设置

通过单击如图 7-39 所示 eMule 主菜单中“选项”按钮进行设置。由于基本设置内容较多且烦琐，限于篇幅，这里不再叙述。如果需要，可参考有关使用说明。

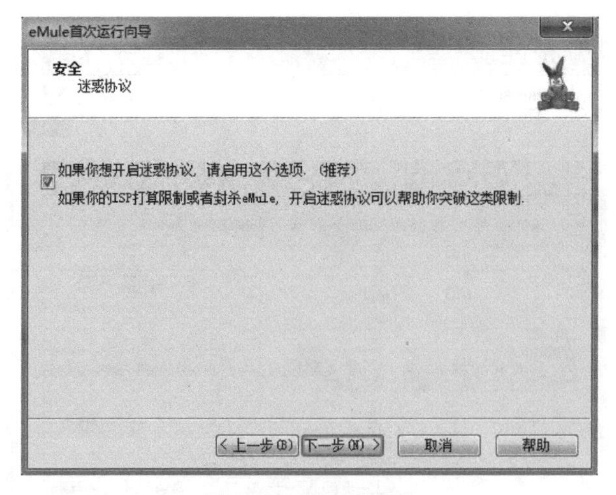

图 7-36 “安全”设置

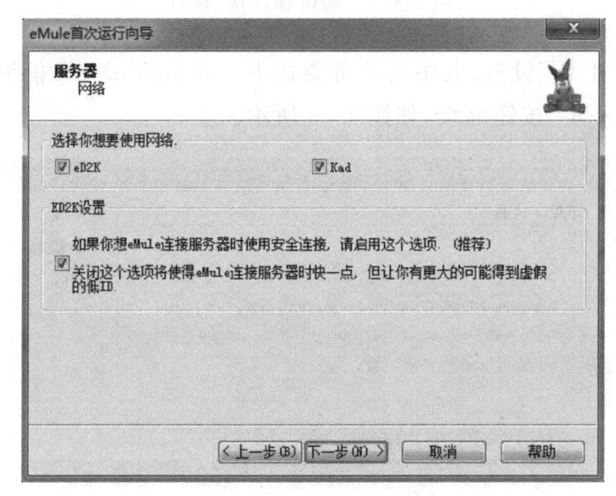

图 7-37 “服务器”设置

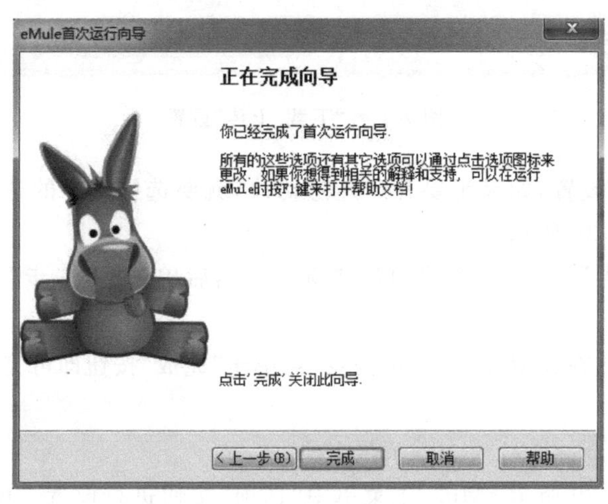

图 7-38 “正在完成向导”提示信息

图 7-39　eMule 主菜单

7.4　网络存储工具——百度云盘

本节重点和难点

重点：

(1) 使用百度云盘存储文件；

(2) 百度云盘的设置。

难点：

(1) 使用百度云盘进行文件上传与下载；

(2) 百度云盘的设置。

7.4.1　百度云盘简介

百度云盘软件是百度推出的一项云存储服务，首次注册即有机会获得 2TB 的空间，现已覆盖主流 PC 和手机操作系统，包含 Web 版、Windows 版、Mac 版、Android 版、iPhone 版和 Windows Phone 版。使用百度云盘用户将可以轻松地将自己的文件上传到网盘上，并可跨终端随时随地查看和分享。从 2016 年 10 月 11 日起，百度云盘被改名为百度网盘。

7.4.2　使用百度网盘存储文件

(1) 启动"百度网盘"软件后，会显示如图 7-40 所示界面，然后输入百度账号和密码登录个人中心(没有账号的可以使用手机号注册)。

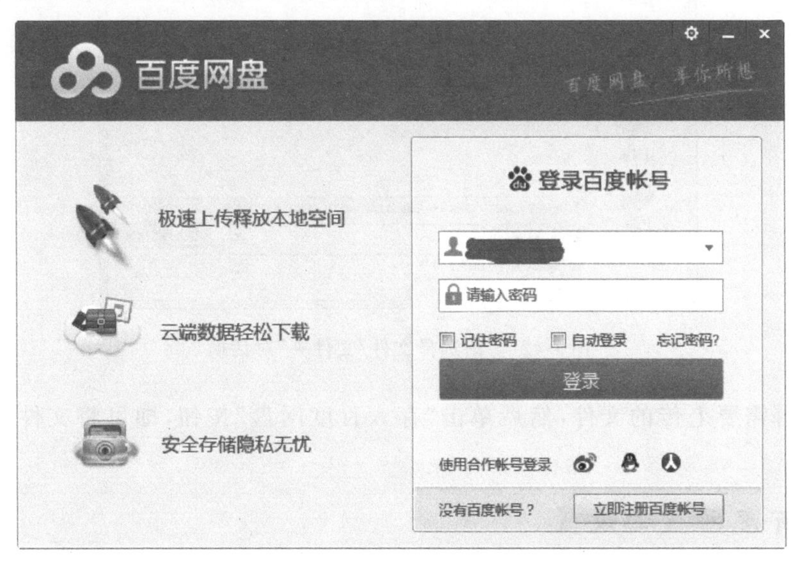

图 7-40　百度网盘登录界面

（2）登录成功后，会显示“百度网盘”软件窗口，如图7-41所示。

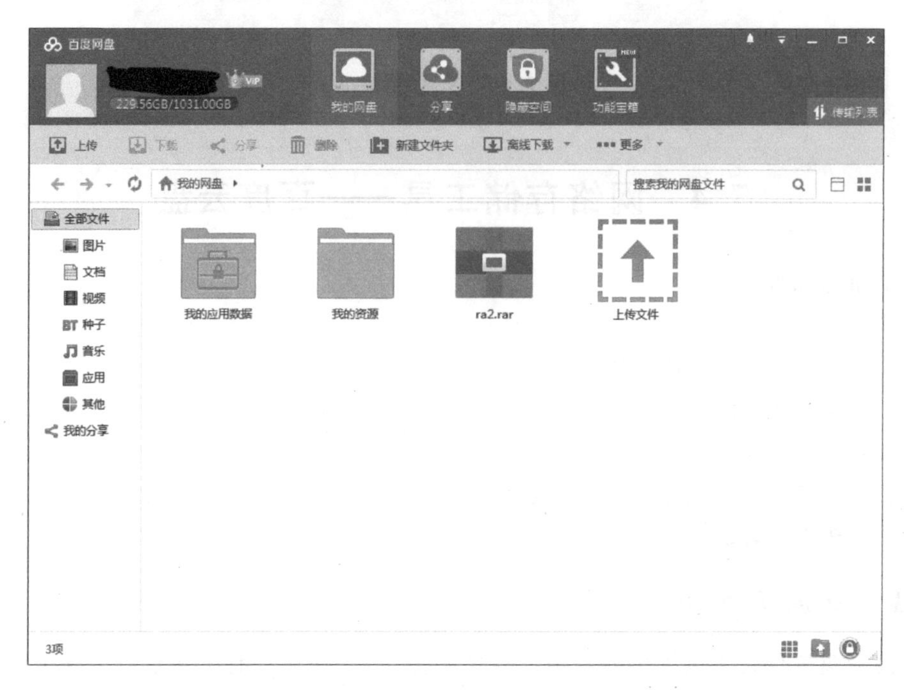

图7-41 “百度网盘”软件窗口

（3）单击“上传文件”按钮，弹出“请选择文件/文件夹”对话框，如图7-42所示。

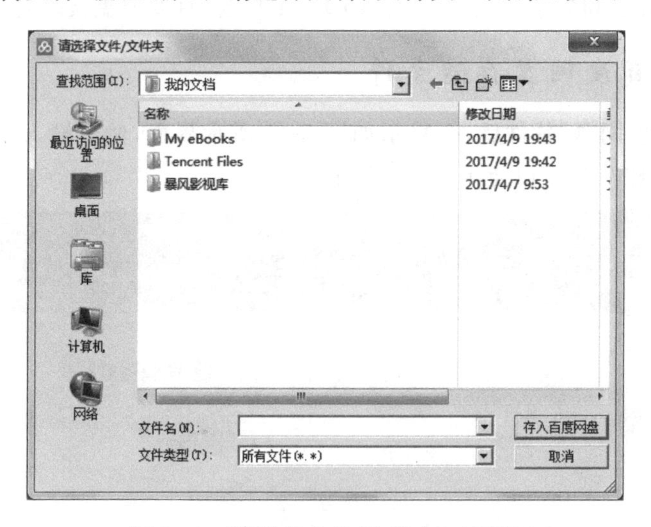

图7-42 “请选择文件/文件夹”对话框

（4）选择需要上传的文件，然后单击“存入百度网盘”按钮，即可将文件上传到百度网盘。

7.4.3 百度网盘的设置

（1）启动“百度网盘”软件，单击窗口右上角“设置中心”按钮，弹出如图7-43所示菜单。

(2) 单击选择“设置”命令，弹出“设置”对话框，如图 7-44 所示。

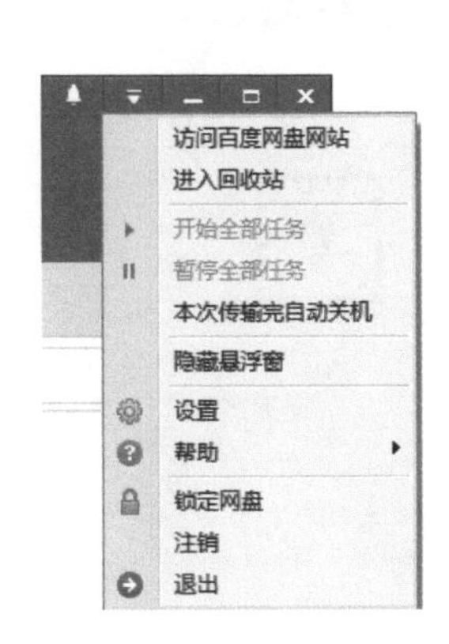

图 7-43 “设置中心”菜单

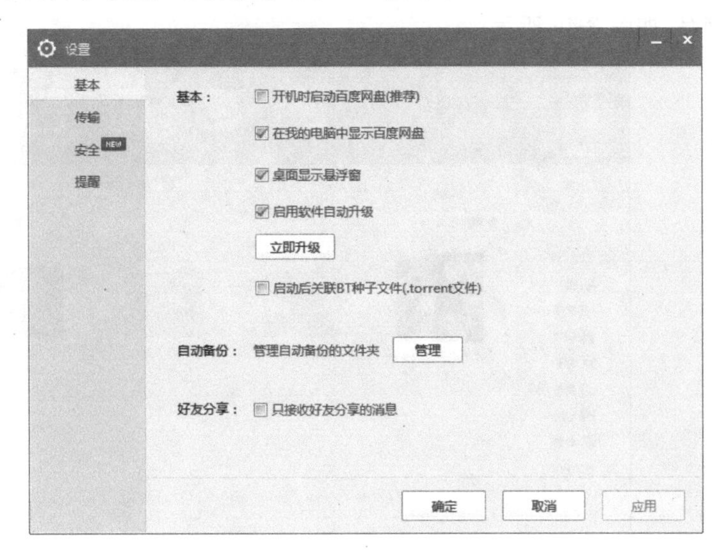

图 7-44 “设置”对话框

(3) 设置内容包括基本、传输、安全和提醒等，用户可按照个人需要进行百度网盘的设置。设置完成后，单击“确定”按钮即可。

【案例 7-2】 将一首歌曲存储到百度网盘。

案例实现

(1) 启动“百度网盘”软件，显示如图 7-40 所示界面，然后输入百度账号和密码登录个人中心(没有账号的可以使用手机号注册)。

(2) 登录成功后，显示如图 7-41 所示“百度网盘”软件窗口。

(3) 单击“上传文件”按钮，弹出如图 7-42 所示“请选择文件/文件夹”对话框。

(4) 在“查找范围”信息框中，通过使用右边的下拉按钮查找音乐文件所在的文件夹位置，然后选择要存储的音乐文件(例如选择“张宇_雨一直下”)，如图 7-45 所示。

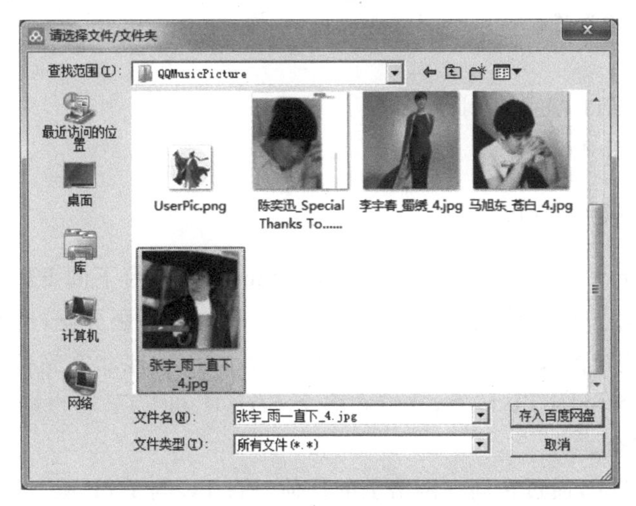

图 7-45 选择要存储的音乐文件

(5) 单击“存入百度网盘”按钮，即可将选择的音乐文件(“张宇_雨一直下”)上传到百度网盘，如图 7-46 所示。

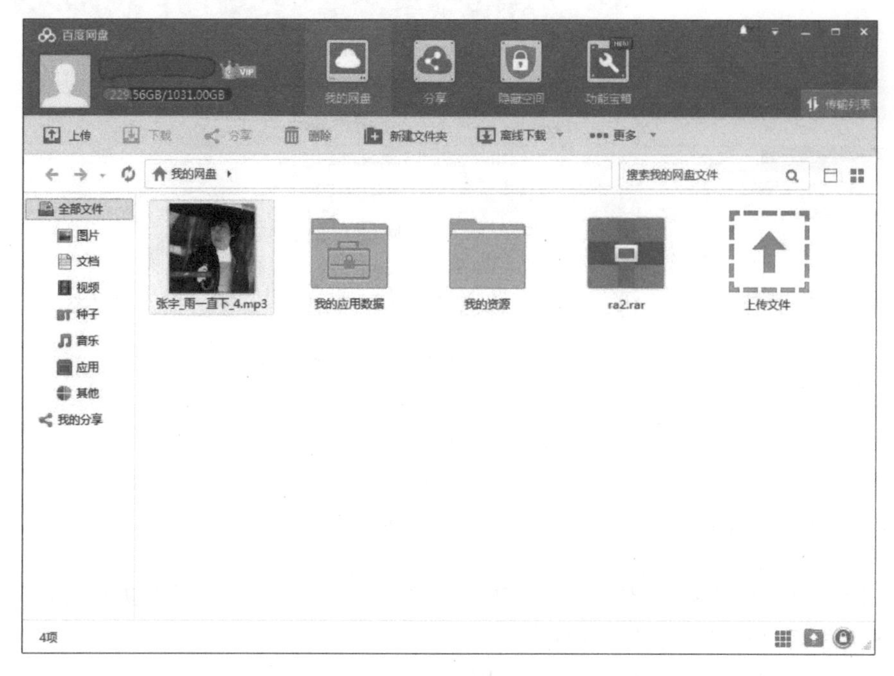

图 7-46 音乐文件(“张宇_雨一直下”)上传结果

7.5 FTP 服务端工具——Server-U

本节重点和难点

重点：

(1) Server-U FTP 服务的创建；

(2) Server-U 的设置。

难点：

(1) Server-U FTP 服务的创建；

(2) Server-U 用户设置。

7.5.1 Server-U 简介

Server-U 即 Serv-U，是一种被广泛使用的 Windows 平台下的 FTP 服务器软件之一。通过使用 Serv-U，用户能够将任何一台 PC 设置成一个 FTP 服务器，也可以设定多个 FTP 服务器、限定登录用户的权限、登录主目录及空间大小等，功能非常完备。它还具有功能较强的安全特性，支持 SSl FTP 传输，支持在多个 Serv-U 和 FTP 客户端通过 SSL 加密连接保护用户的数据安全。

Serv-U 支持 FTP，通过在同一网络上的任何一台 PC 与 FTP 服务器连接，进行文件或目录的复制、移动、创建和删除等。这里提到的 FTP 是专门用来规定计算机之间进行文件传输的标准和规则，正是因为有了像 FTP 这样的专门协议，才使得人们能够通过不同类型的计算机，使用不同类型的操作系统，对不同类型的文件进行相互传递。

7.5.2 Server-U FTP 服务的创建

在 Serv-U 安装注册之后，需要进行服务的创建。

(1) 鼠标双击桌面上如图 7-47 所示的 Serv-U 图标，软件会提示定义新域，如图 7-48 所示。

图 7-47 Serv-U 图标

(2) 单击“是”命令按钮，在新的窗口中“名称”信息框中输入分配的 FTP 的域名，然后选中“启用域”，再单击“下一步”按钮，如图 7-49 所示。

图 7-48 提示定义新域

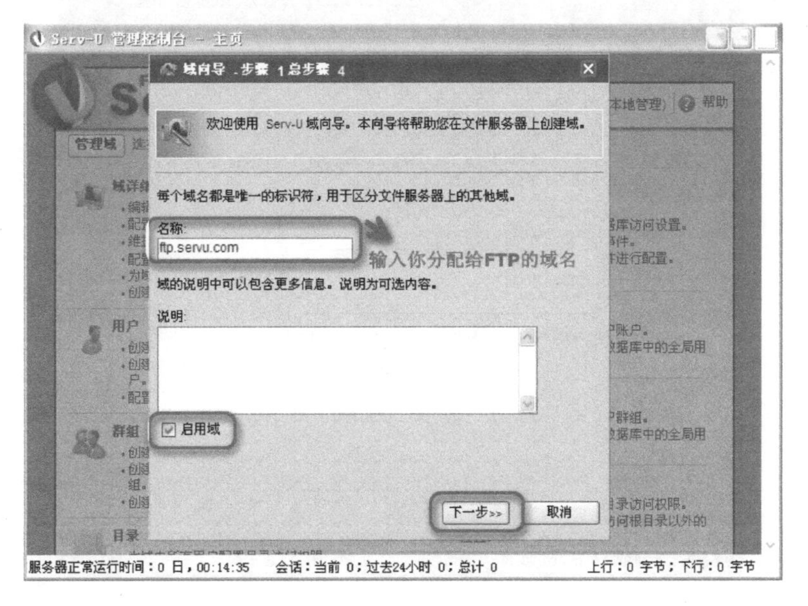

图 7-49 输入分配的 FTP 的域名

(3) 在显示的新窗口中,选择域应该使用的协议及其相应的端口,可以选第一项,然后单击“下一步”按钮,如图 7-50 所示。

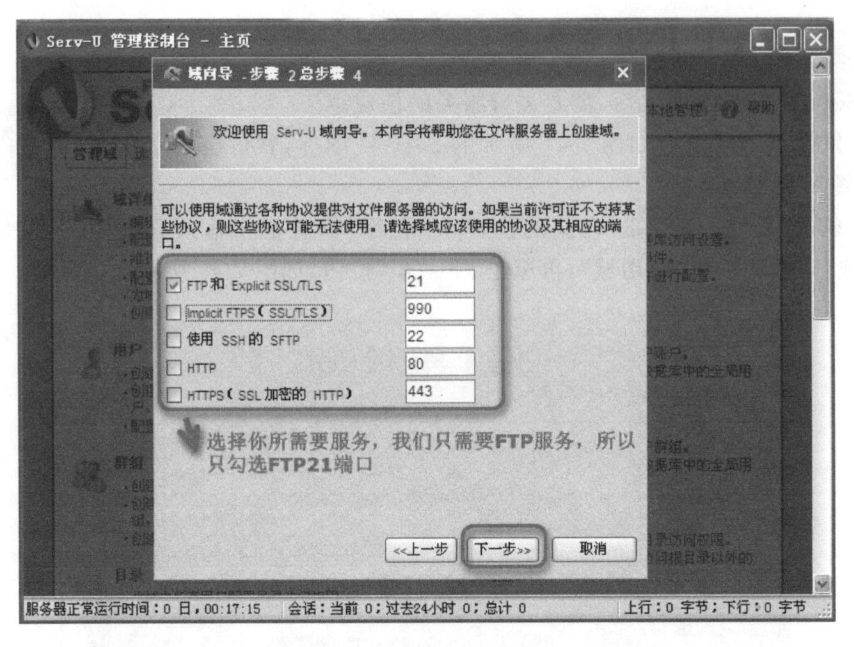

图 7-50 选择域应该使用的协议及其相应的端口

(4) 在显示的新窗口中,选择服务的 IP 地址。如果是内网使用,选择默认的“所有可用的 IPv4 地址”。如果需要外网访问,要在防火墙或者路由器中映射 21 端口。然后单击“下一步”按钮,如图 7-51 所示。

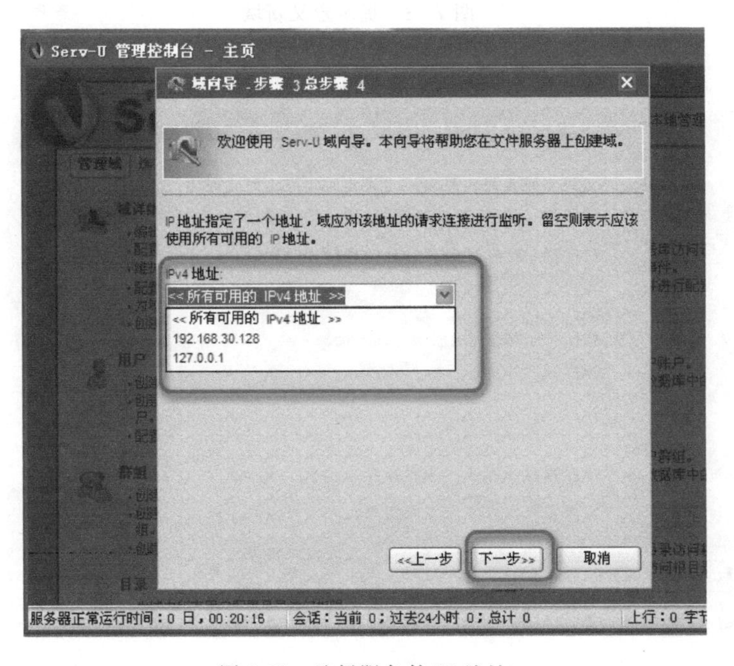

图 7-51 选择服务的 IP 地址

(5) 在显示的新窗口中，选择密码加密模式。系统默认选择“使用服务器设置(加密:单向加密)”，这是比较安全的选项。如果允许用户自己修改和恢复密码，再选中“允许用户恢复密码”。然后单击“完成”按钮即可完成 Serv-U 服务的创建，如图 7-52 所示。

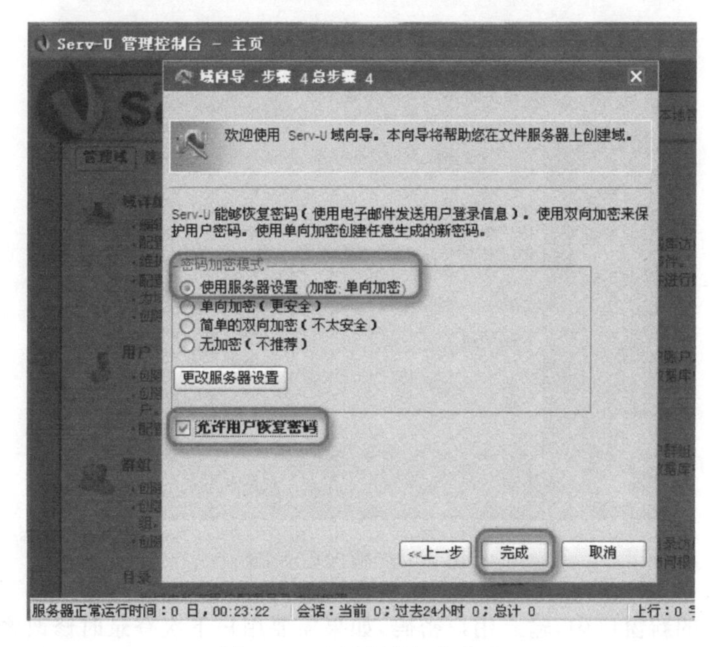

图 7-52　选择密码加密模式

单击“完成”按钮后，Serv-U 会提示没有配置 SMTP 电子邮件发送服务，直接单击“确定”按钮忽略即可。如果系统中没有创建用户，Serv-U 会再次提示进行用户的建立。

7.5.3　Server-U 的用户设置

如果系统中没有创建用户，建议使用向导进行用户的建立。

(1) 进入自己创建的域，单击“用户”，再单击“用户账户”，然后单击“向导”开始使用向导建立用户，如图 7-53 所示。

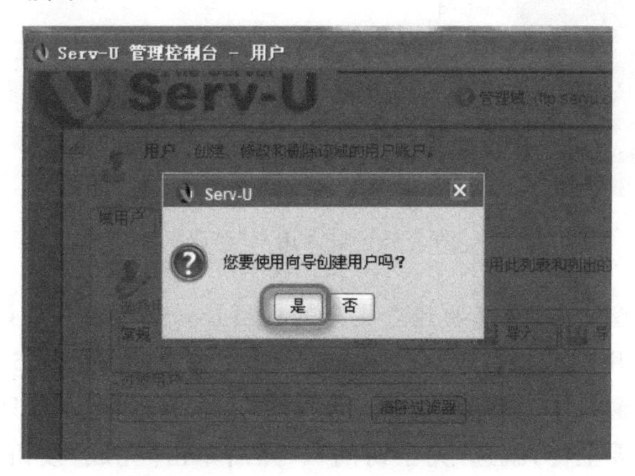

图 7-53　使用向导建立用户

(2) 单击“是”按钮开始创建用户。在显示的新窗口中输入登录 ID,而“全名”和“电子邮件地址”是可选项,如果需要也可以填写,然后单击“下一步”按钮,如图 7-54 所示。

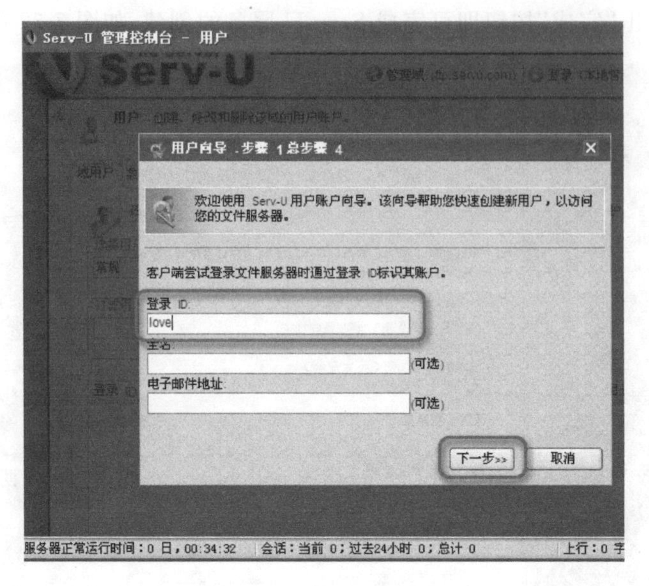

图 7-54　输入登录 ID

(3) 在显示的新窗口中,输入用户密码,如果需要用户下次登录时修改密码,就选中“用户必须在下一次登录时更改密码”项,然后单击“下一步”命令按钮,如图 7-55 所示。

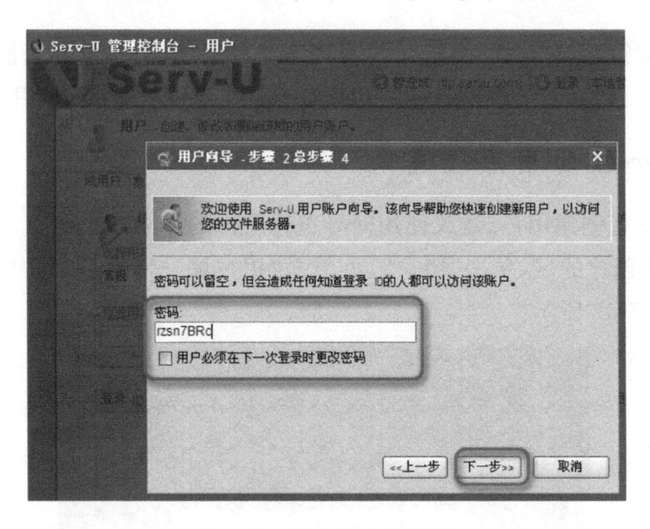

图 7-55　输入用户“密码”

(4) 在显示的新窗口中,选择要建立用户的根目录。这个目录最好是先手动建立,然后直接选择,选中“锁定用户至根目录”项,单击“下一步”按钮,如图 7-56 所示。

(5) 在显示的新窗口中,需要设置“访问权限”。如果想让用户只查看不写入,就选择“只读用户”;如果想要上传,就选“完全访问”。然后单击“完成”按钮,即可完成用户设置,如图 7-57 所示。

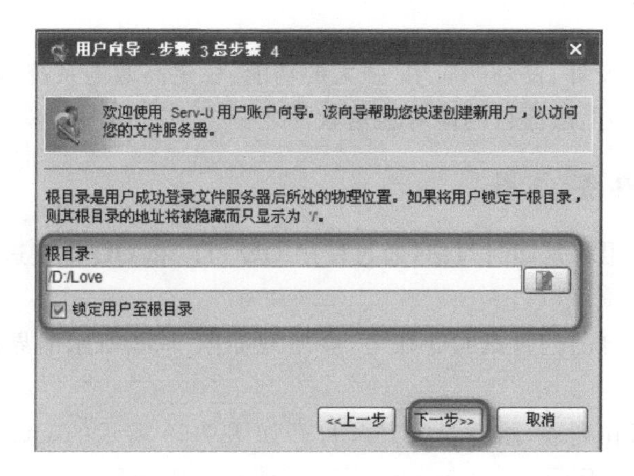

图 7-56　选择要建立用户的根目录

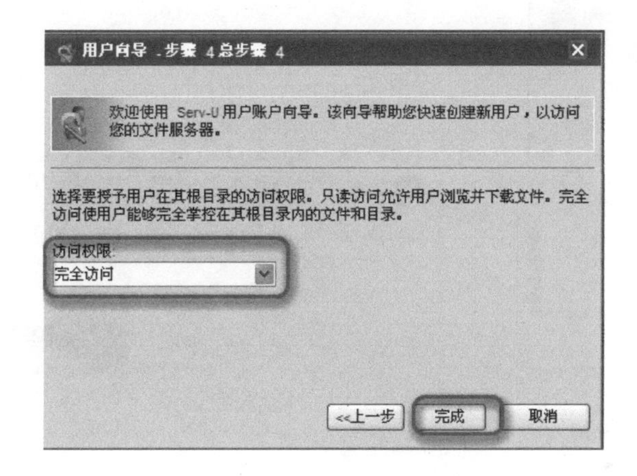

图 7-57　设置"访问权限"

7.6　网络通信工具——QQ

本节重点和难点

重点：

(1) QQ 的典型应用；

(2) QQ 的常用设置。

难点：

(1) QQ 的通信方式；

(2) QQ 的常用设置。

7.6.1　腾讯 QQ 简介

腾讯 QQ(简称 QQ,也称为 TM)是腾讯公司 1999 年 2 月自主开发的一款基于 Internet 的即时通信软件(Tencent Instant Messenger)。腾讯 QQ 支持在线聊天、视频通话、点对点断点续传文件、共享文件、网络硬盘、自定义面板、QQ 邮箱等多种功能,并可与多种通信终端相连。

腾讯 QQ 合理的设计、良好的应用、强大的功能、稳定高效的系统运行，赢得了广大用户的青睐，成为目前市场上最流行的即时通信软件之一。

7.6.2 QQ 的典型应用

QQ 最典型的应用就是即时通信，通过使用 QQ 可以和 QQ 好友进行即时通信，发出聊天请求。

(1) 启动并登录自己的腾讯 QQ 账号，会出现如图 7-58 所示的界面(没有 QQ 账号可以自行申请)。

(2) 打开好友所在列表，然后双击好友打开如图 7-59 所示的 QQ 即时通信窗口，就可以进行即时通信(即聊天)了。

图 7-58 QQ 软件界面

图 7-59 QQ 即时通信窗口

7.6.3 QQ 的常用设置

(1) 启动并登录自己的腾讯 QQ 账号。

(2) 单击如图 7-58 所示 QQ 软件界面左下角的主菜单按钮，会弹出如图 7-60 所示的 QQ 主菜单。

(3) 单击 QQ 主菜单中的“设置”命令，会弹出如图 7-61 所示的“系统设置”对话框，其中包括“基本设置”“安全设置”“权限设置”三个设置选项卡，用户可根据自己的需要进行相关参数设置。

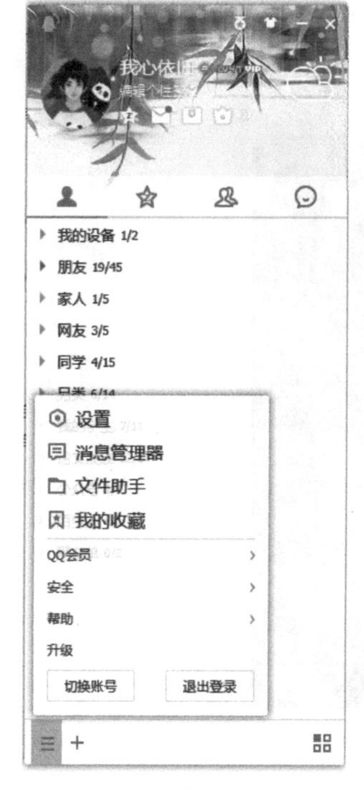

图 7-60　QQ 主菜单

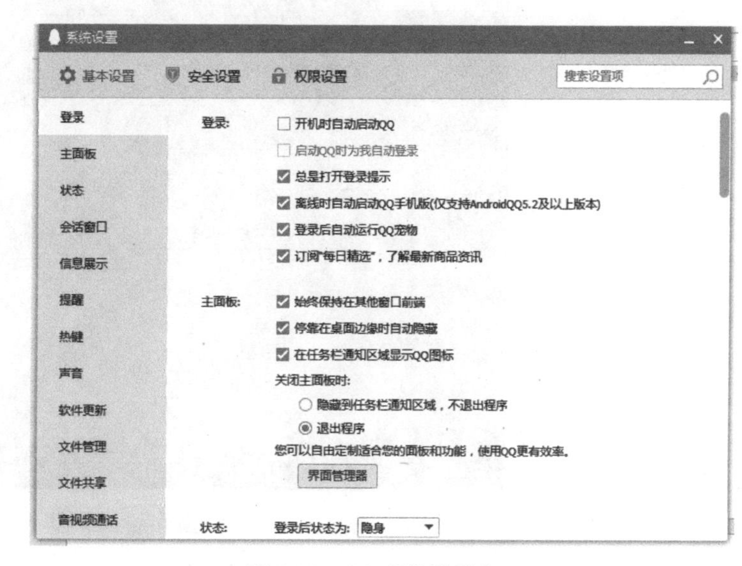

图 7-61　QQ 系统设置窗口

【案例 7-3】 使用 QQ 实现语音和视频聊天。

案例实现

(1) 启动并登录自己的腾讯 QQ 账号，会出现如图 7-58 所示的界面(没有 QQ 账号可以自行申请)。

(2) 打开好友所在列表，然后双击好友打开如图 7-59 所示的 QQ 即时通信窗口，就可以进行即时通信(即聊天)了。

(3) 单击左上角的发起语音通话按钮即可开始语音聊天，如图 7-62 所示。

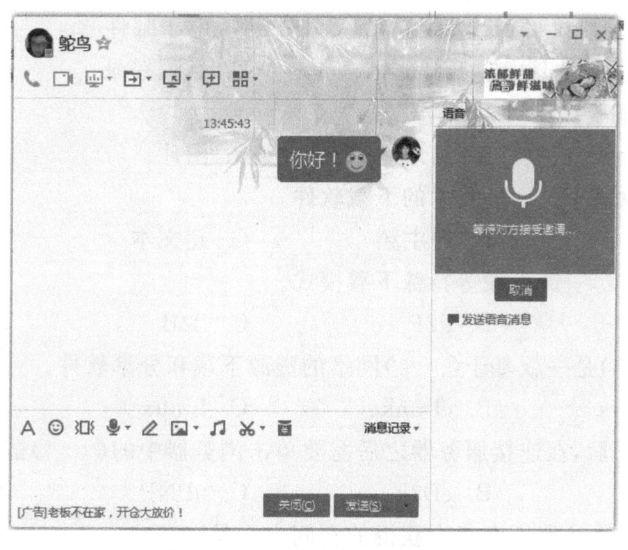

图 7-62　QQ 语音聊天窗口

(4) 单击左上角的发起视频通话按钮即可开始视频聊天，如图 7-63 所示。

图 7-63　QQ 视频聊天窗口

习　　题

一、单选题

1. Internet Explorer 是美国(　　)公司开发的浏览器软件。
   A. Microsoft　　B. Google　　C. Apple　　D. IBM
2. HTTP 的含义是(　　)。
   A. 文件传输协议　　B. 电子邮件
   C. 超文本传输协议　　D. 远程登录
3. IE 浏览器的收藏夹可以保存(　　)。
   A. 网页　　B. 网址　　C. 图片　　D. 文件
4. 迅雷是一款基于(　　)技术的下载软件。
   A. 超线程　　B. 超主频　　C. 超文本　　D. 超引擎
5. 迅雷还具有(　　)下载等特殊下载模式。
   A. P2C　　B. P2P　　C. B2B　　D. B2C
6. 电驴(eMule)是一款基于(　　)网络的资源下载和分享软件。
   A. Windows　　B. eDonkey　　C. Linux　　D. Internet
7. 运行 eMule 后，在连接服务器之后需要单击浏览器中的(　　)链接。
   A. eMule　　B. eD2k　　C. uPNP　　D. Web
8. 百度网盘首次注册即有机会获得的空间大小是(　　)。

A. 2MB　　B. 2GB　　C. 2TB　　D. 10GB

9. 原百度云是百度推出的一项(　　)服务。

A. 云存储　　B. 云计算　　C. 云处理　　D. 宏计算

10. Serv-U 是一种被广泛使用的 Windows 平台下的(　　)服务器软件之一。

A. WWW　　B. E-mail　　C. FTP　　D. HTTP

11. 下面(　　)不属于 QQ 软件的功能。

A. 在线聊天　　B. 视频通话　　C. QQ 邮箱　　D. 网上支付

12. QQ 可以通过设置进行(　　)传发送文件。

A. 秒　　B. 分　　C. 时　　D. 快

二、判断题(正确的画"√",错误的画"×")

1. WWW 服务和 Gopher 服务是通过客户端程序访问的。(　　)
2. IE 的"添加到收藏夹栏"功能,可以保存喜欢的网址。(　　)
3. 在浏览器菜单栏里单击"工具"按钮,可以删除浏览历史记录。(　　)
4. 迅雷是一款下载软件,本身不支持上传资源。(　　)
5. 使用迅雷批量下载文件时,首先要有可供下载的 BT 文件或者链接。(　　)
6. 电驴(eMule)是一款完全免费且开放源代码的资源下载软件。(　　)
7. 电驴不支持多文件下载。(　　)
8. 电驴基本设置是通过菜单中的"工具"进行的。(　　)
9. 百度网盘是百度推出的一项云计算服务。(　　)
10. 用户可以将自己的文件上传到百度网盘上,并可随时随地查看和分享。(　　)
11. 通过使用 Serv-U,用户能够将任何一台服务器设置成一个 PC。(　　)
12. 在 Serv-U 安装注册之后,需要进行服务的创建。(　　)
13. QQ 是百度公司开发的一款基于 Internet 的即时通信软件。(　　)
14. QQ 不支持点对点断点续传文件。(　　)
15. QQ 可以设置浏览器的防钓鱼功能。(　　)

第8章

影音播放软件

本章说明

计算机的功能非常强大，它既可以为用户提供工作的便利，又可以为用户提供许多娱乐的功能。而要实现娱乐功能，可使用影音播放软件。不同的影音播放软件功能虽大同小异，但都有各自的特点，用户可以根据使用习惯进行选择。本章介绍几款常用的影音播放软件，包括酷狗音乐、PPTV、暴风影音、格式工厂等。

本章主要内容

- 音频播放软件
- 电视直播软件
- 影音播放软件
- 多媒体文件格式转换工具

随着计算机技术、网络技术与多媒体技术的飞速发展，计算机已经渗入人们生活的各个领域，它不但能为我们提供强大的处理功能，还提供了新的休闲娱乐方式，让我们的生活更加丰富多彩。听音乐、看电影、在线收听音频、收看视频等也已经成为人们上网时必不可少的事情。在本章中，将介绍一些使用率高、功能强大的音频视频工具软件，如酷狗音乐、PPTV、暴风影音、格式工厂等。利用它们，人们不但可以尽情地欣赏自己喜欢的音频视频文件，还可以随心所欲地进行加工，打造自己的音频视频作品。

8.1 音频播放软件——酷狗音乐

本节重点和难点

重点：

(1) 了解音频文件类型；

(2) 掌握酷狗音乐的使用方法；

(3) 能够制作手机铃声。

难点：

(1) 不同音频文件类型的区别；

(2) 制作手机铃声。

酷狗音乐是国内一款专业的P2P音乐共享软件，主要提供在线文件交互传输服务和互联网通信，采用了P2P的构架设计研发，为用户设计了高传输效果的文件下载功能，通过它能实现P2P数据分享传输，还有支持用户聊天、播放器等完备的网络娱乐服务，好友间也可以实现任何文件的传输交流。通过酷狗音乐，用户可以方便、快捷、安全地实现音乐查找、即时通信，文件传输、文件共享等网络应用。

8.1.1 音频文件类型

音频文件是计算机存储声音的文件。在计算机及各种手持设备中，有许多种类的音频文件，承担着不同环境下存储声音信息的任务。这些音频文件大体上可以分为以下几类。

1. WAV

WAV(WAVE，波形声音)是微软公司开发的音频文件格式。早期的WAV格式并不支持压缩。随着技术的发展，微软和第三方开发了一些驱动程序，以支持多种编码技术。WAV格式的声音，音质非常优秀，缺点是占用磁盘空间最多，不适用于网络传播和各种光盘介质存储。

2. APE

APE是Monkey's Audio开发的音频无损压缩格式，其可以在保持WAV音频音质不变的情况下，将音频压缩至原大小的58%左右，同时支持直接播放。使用Monkey's Audio软件，还可以将APE音频还原为WAV音频，还原后的音频和压缩前的音频完全一样。

3. FLAC

FLAC(Free Lossless Audio Codec，免费的无损音频编码)是一种开源的免费音频无损压缩格式。相比APE，FLAC格式的音频压缩比略小，但压缩和解码速度更快，同时在压缩时也不会损失音频数据。

4. MP3

MP3(MPEG-1 Audio Layer 3,第3代基于MPEG1级别的音频)是目前网络中最流行的音频编码及有损压缩格式,也是最典型的音频编码压缩方式。其舍去了人类无法听到和很难听到的声音波段,然后再对声音进行压缩,支持用户自定义音质,压缩比甚至可以达到源音频文件的1/20,而仍然可以保持尚佳的效果。

5. WMA

WMA(Windows Media Audio,Windows媒体音频)是微软公司开发的一种数字音频压缩格式,其压缩比较MP3格式更高,且支持数字版权保护,允许音频的发布者限制音频的播放和复制的次数等,因此受到唱片发行公司的欢迎,近年来用户群增长较快。

6. RA格式

RA采用的是有损压缩技术,由于它的压缩比相当高,因此音质相对较差,但是文件也是最小的,因此在高压缩比条件下表现好。但若在中、低压缩比条件下,表现却反而不及其他同类型文件格式了。此外,RA可以根据网络带宽的不同而改变声音质量,以使用户在得到流畅声音的前提下,尽可能高地提高声音质量。由于RA格式的这些特点,因此特别适合在网络传输速度较低的互联网上使用,互联网上许多的网络电台、音乐网站的歌曲试听都在使用这种音频格式。

7. MID格式

MIDI(Musical Instrument Digital Interface)最初应用在电子乐器上,用来记录乐手的弹奏,以便以后重播。不过随着在计算机里面引入了支持MIDI合成的声音卡之后,MIDI才正式地成为一种音频格式。MID文件格式由MIDI继承而来,它并不是一段录制好的声音,而是记录声音的信息,然后再告诉声卡如何再现音乐的一组指令。MIDI文件重放的效果完全依赖声卡的档次。*.mid格式的最大用处是在计算机作曲领域。

8. OGG(Ogg Vorbis)格式

Ogg全称是OGG Vorbis,是一种较新的音频压缩格式,类似于MP3等现有的音乐格式。但有一点不同的是,它是完全免费、开放和没有专利限制的。OGG Vorbis支持多声道,文件的设计格式非常灵活,它最大的特点是在文件格式已经固定下来后还能对音质进行明显的调节和执行新算法。在压缩技术上,Ogg Vorbis的最主要特点是使用了VBR(可变比特率)和ABR(平均比特率)方式进行编码。与MP3的CBR(固定比特率)相比可以达到更好的音质。

9. AAC格式

AAC实际上是高级音频编码的缩写,苹果iPod、诺基亚手机也支持AAC格式的音频文件。AAC是由Fraunhofer IIS-A、杜比和AT&T共同开发的一种音频格式,它是MPEG-2规范的一部分。AAC所采用的运算规则与MP3的运算法则有所不同,AAC通过结合其他的功能来提高编码效率。AAC的音频算法在压缩能力上远远超过了以前的一些压缩算法(比如MP3等)。

8.1.2 搜索想听的歌曲

酷狗音乐提供了强大的歌曲搜索功能:既支持按文本搜索,也能够"听歌识曲"语音搜索;既可以按歌曲、歌手名字进行搜索,也可以按歌词进行搜索。有时候人们偶尔听到一两句哼唱的歌词,但并不知道歌曲名字,也不知道是哪个歌手唱的。以前经常使用的方法是用百度搜索歌词,查到歌曲名字后再去搜索这首歌,现在可以直接在酷狗音乐中通过语音搜索歌曲并下载了。

【案例 8-1】 搜索歌曲“我的中国心”,并进行下载和播放。

案例实现

(1) 双击图标启动酷狗音乐,在上方搜索栏中输入歌曲名“我的中国心”,如图 8-1 所示。

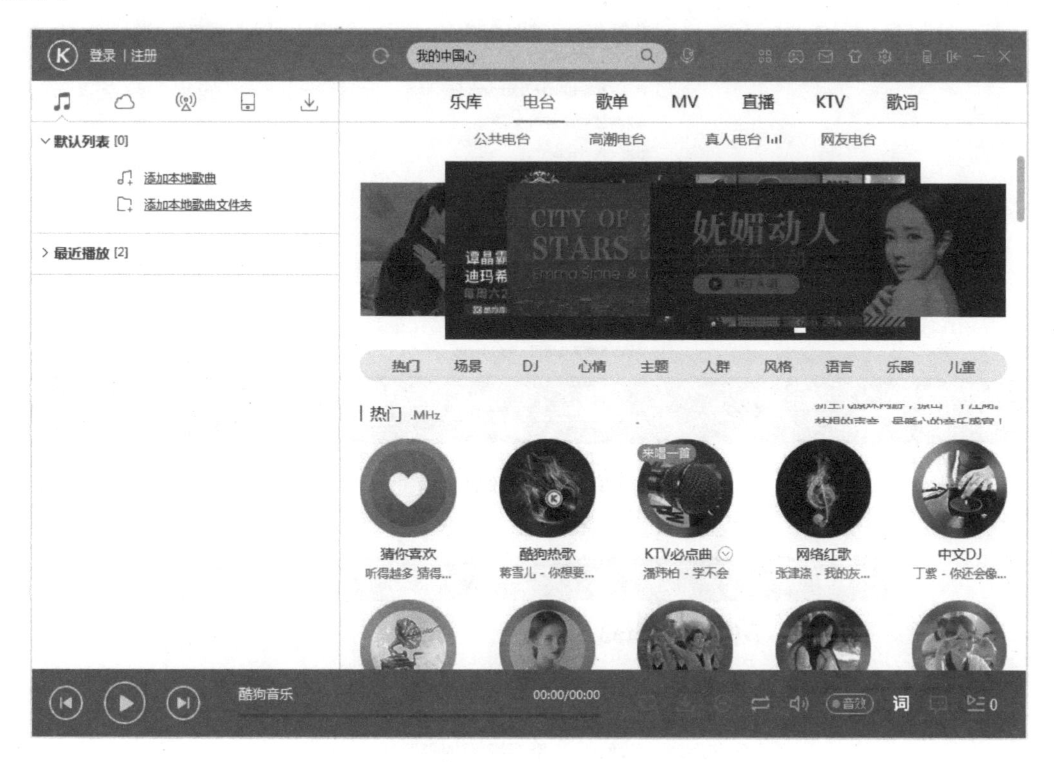

图 8-1 酷狗音乐界面

(2) 单击搜索按钮或按 Enter 键,显示如图 8-2 所示界面,在歌曲后面提供了“播放”“添加”“下载”按钮。

(3) 单击歌曲后面的“播放”按钮将播放歌曲,单击歌曲后面的“下载”按钮,打开如图 8-3 所示界面,选择歌曲音质和下载地址后,单击“立即下载”按钮可完成歌曲下载。

8.1.3 收听酷狗电台

酷狗音乐提供了多个可供用户收听的电台,涵盖了综艺、文娱和音乐等各个方面。在酷狗的主界面中单击“电台”标签,在该标签中含有 4 个分类,分别是公共电台、高潮电台、真人电台和网友电台,每个分类下面又包含多个小分类。

【案例 8-2】 添加自己喜欢的电台节目,删除某些不收听的电台。

案例实现

(1) 启动酷狗音乐,单击“电台”标签下方的“公共电台”标签,在下方电台列表中选择自

图 8-2　搜索歌曲界面

图 8-3　“下载窗口”界面

己喜欢的栏目并单击播放，该电台将自动添加到左侧“音乐电台”中，如图 8-4 所示。

（2）在左侧“音乐电台”中，单击电台节目后面的删除电台按钮，删除该电台节目，如图 8-5 所示。

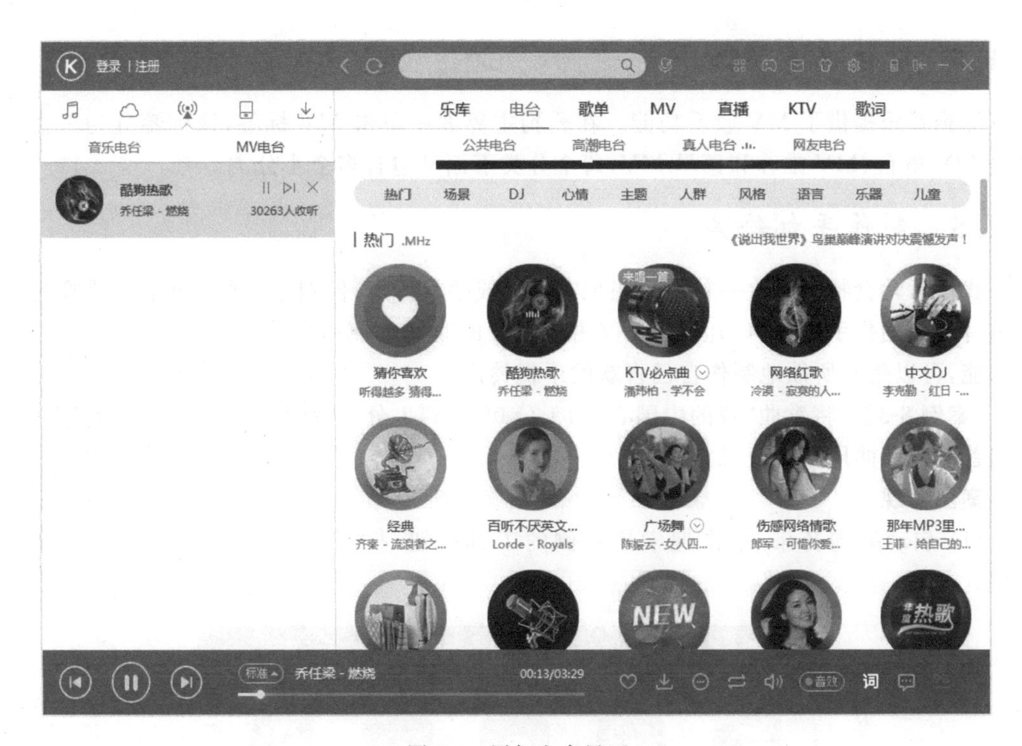

图 8-4　添加电台界面

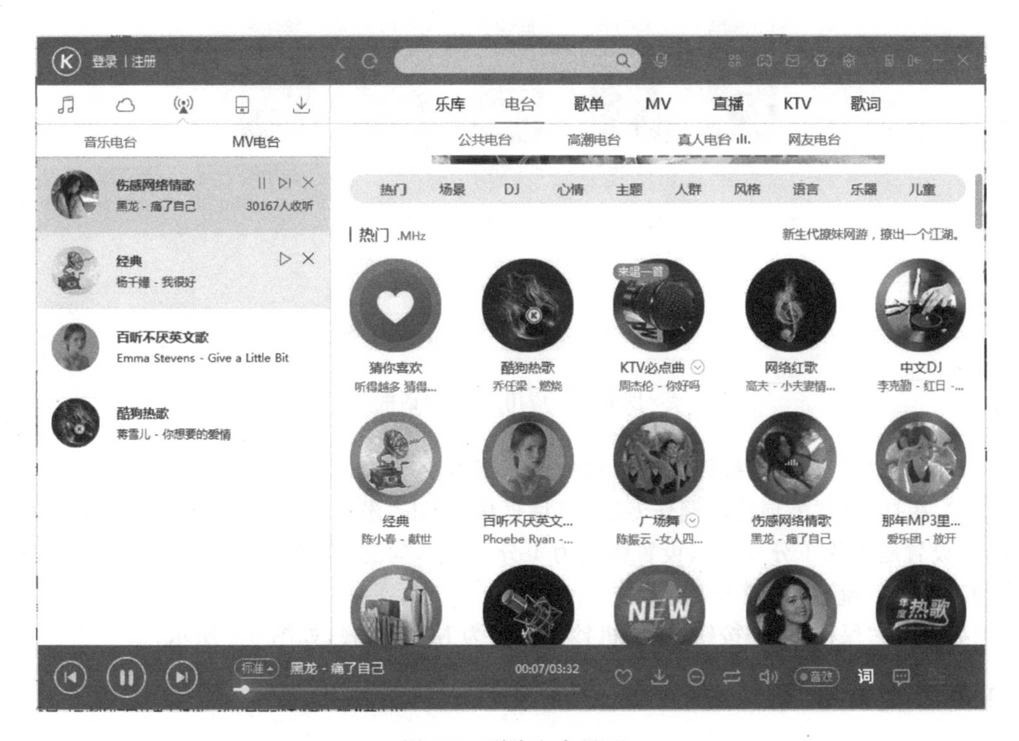

图 8-5　删除电台界面

8.1.4 收看精彩 MV

酷狗音乐提供了 MV 收看功能。在酷狗主界面中单击 MV 标签，该标签分为三类，分别是 MV 电台、MV 推荐和繁星 MV，每个分类下面又包含多个小分类。

8.1.5 制作手机铃声

我们常常会特别喜欢一首歌而想把它设置成手机铃声，但网上下载手机铃声需要付费，把整首歌曲当作手机铃声，开场伴奏又占了很长的时间。使用酷狗音乐提供的制作手机铃声功能，可以随心所欲地制作自己喜欢的手机铃声。

【案例 8-3】 将歌曲“我的中国心”的 1 分 05 秒到 1 分 47 秒片段设置成手机铃声，并添加曲首淡入和曲尾淡出效果。

案例实现

(1) 启动酷狗音乐，单击搜索栏右侧的工具按钮，打开如图 8-6 所示“应用工具”对话框。

图 8-6 “应用工具”对话框

(2) 单击“铃声制作”按钮，打开“酷狗铃声制作专家”对话框。

(3) 在打开的“酷狗铃声制作专家”对话框中，单击“添加歌曲”按钮，添加歌曲“我的中国心”，设置起点为 1 分 05 秒，设置终点为 1 分 47 秒，勾选“曲首淡入”和“曲尾淡出”，并设置时长为 1000 毫秒，如图 8-7 所示。

(4) 单击“保存铃声”按钮，将手机铃声保存为 MP3 格式，如图 8-8 所示。

8.1.6 定时设置功能

随着社会的发展，现代人对计算机和软件的要求越来越高，想不想睡觉前听首歌，在歌声中安然入睡，在早晨起来的时候计算机也关机了？酷狗音乐提供了定时设置功能，包括定时停止、定时播放和定时关机三项内容，可以满足我们的需要。

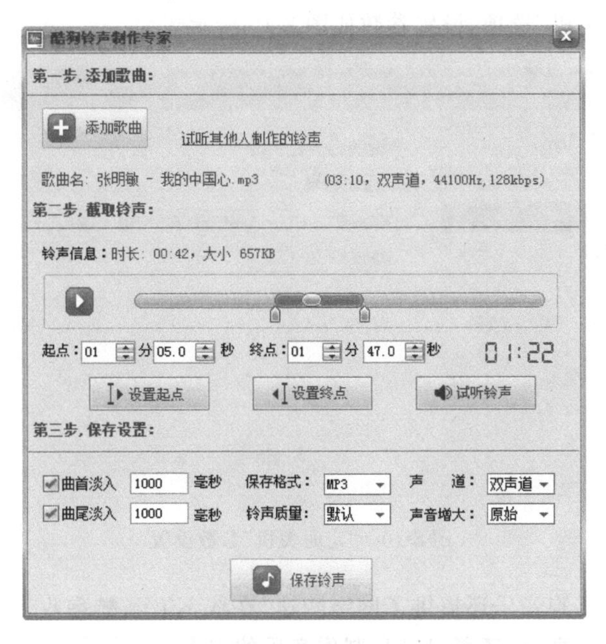

图 8-7 “酷狗铃声制作专家”界面

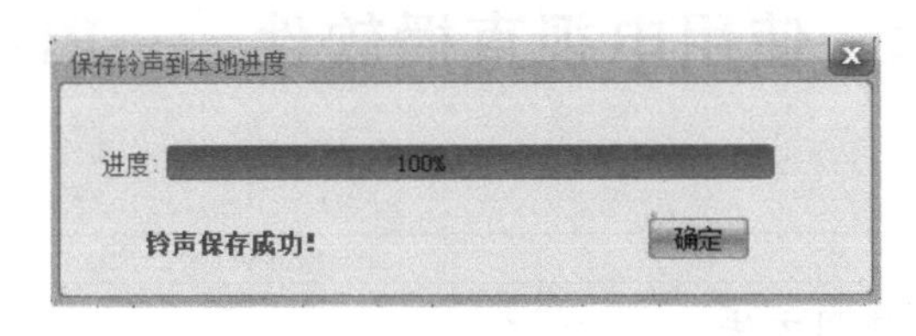

图 8-8 保存成功界面

【案例 8-4】 设置酷狗音乐在指定时间停止播放音乐和关机。

案例实现

(1) 启动“酷狗音乐”,单击搜索栏右侧的工具按钮,打开“应用工具”对话框,单击“定时设置”按钮,打开如图 8-9 所示对话框。

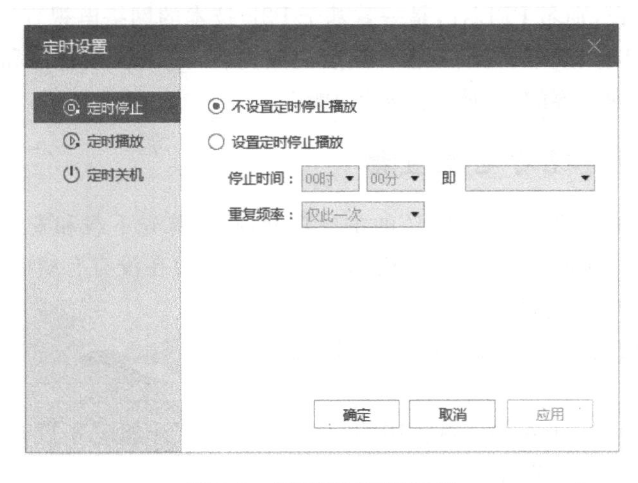

图 8-9 “定时设置”对话框

(2) 单击“定时关机”选项，设置参数如图 8-10 所示。

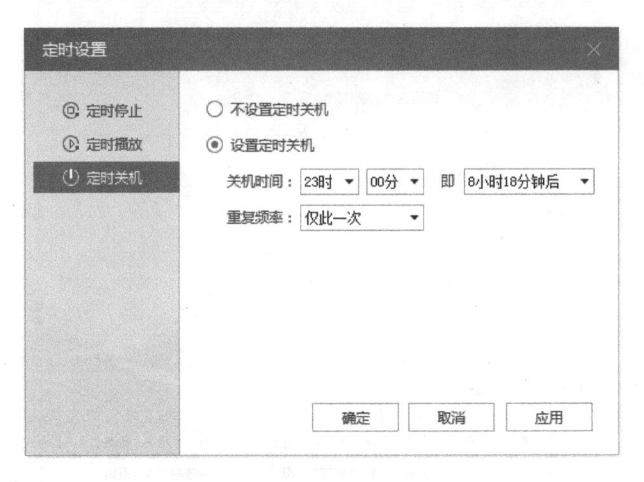

图 8-10 “定时关机”参数设置

除以上功能外，酷狗音乐还提供了网络测速、在线 KTV、酷狗收音机、格式转换等实用工具，用户在欣赏音乐之余，还可以满足制作音乐的需求。

8.2 使用电视直播软件——PPTV

本节重点和难点

重点：

(1) 掌握 PPTV 的使用方法；

(2) 能够订阅电视节目；

(3) 会搜索下载电影。

难点：

(1) PPTV 的基本使用方法；

(2) 播放记录功能的使用。

PPTV 网络电视，别名 PPLive，是一款基于 P2P 技术的网络电视直播软件，全面聚合和精编了涵盖影视、体育、娱乐、资讯等各种热点视频内容，并以视频直播和专业制作为特色，支持对海量高清影视内容的“直播+点播”功能。

8.2.1 选择频道观看电视直播

使用 PPTV 看电视直播是 PPTV 的主要功能，必须首先下载和安装该软件，参考下载地址为 http://app.pptv.com/。安装成功后，就可以即时在没有有线电视的情况下直接在网上通过 PPTV 看电视直播了。

【案例 8-5】 使用 PPTV 观看 CCTV5 电视节目。

案例实现

(1) 启动 PPTV，单击左侧导航栏中的“直播”命令，打开如图 8-11 所示界面，在众多分类中选择想要观看的电视节目。

图 8-11　PPTV 直播界面

(2) 单击上方标题栏中的“播放”标签，选择右侧的“电视”栏目，在如图 8-12 所示界面中选择想要观看的电视节目。

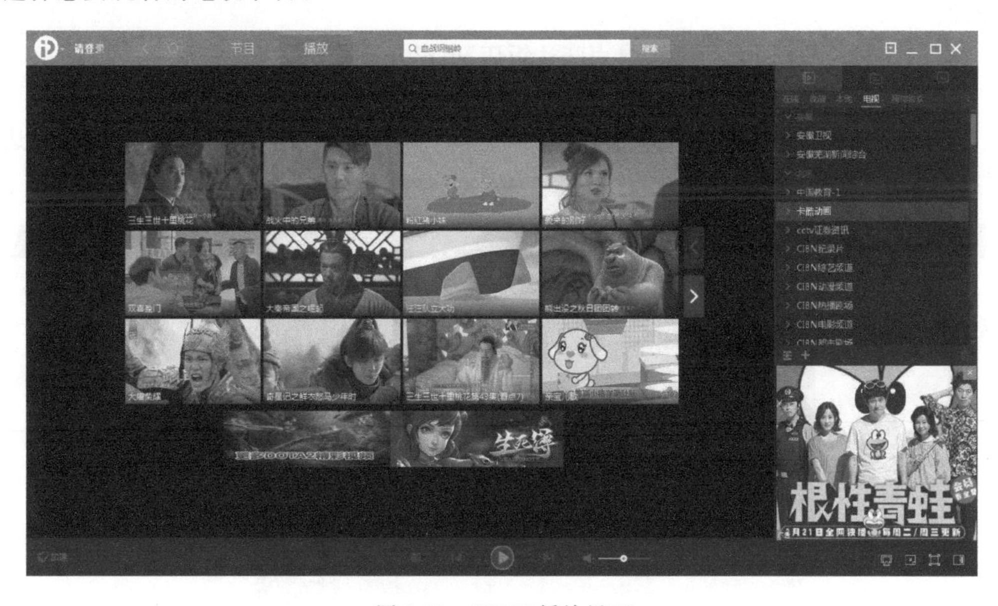

图 8-12　PPTV 播放界面

需要说明的是：上述两种方法均可以观看电视直播，但前者是在浏览器中观看，后者是用 PPTV 软件观看。

8.2.2　订阅想看的电视节目

PPTV 还提供了订阅提醒功能，使用该功能就可以有效避免因多种原因忘记观看自己喜欢的电视节目这一现象。

【案例 8-6】 使用 PPTV 的订阅提醒功能订阅某电视节目。

案例实现

(1) 启动 PPTV,单击左侧导航栏中的“直播”命令,单击想要观看的电视节目右下角的“订阅”按钮,如图 8-13 所示。任务栏 PPTV 图标会提示“预约提醒操作成功,节目开始前您将收到消息提醒”,如图 8-14 所示。

(2) 再次单击电视节目右下角的“取消”按钮,可取消电视节目的预约提醒,如图 8-15 所示。

图 8-13　PPTV 订阅功能

图 8-14　PPTV 订阅成功提示

图 8-15　PPTV 取消订阅提示

8.2.3　搜索播放下载电影

PPTV 提供了海量高清影视,最新大片一网打尽,涵盖动作、科幻、爱情、动画等几大分类,也可以按地区、时间等进行检索。同时支持在线播放和下载功能,也可选择不同清晰度的影片。

【案例 8-7】 使用 PPTV 搜索《卢旺达饭店》电影并下载。

案例实现

(1) 启动 PPTV,单击左侧导航栏中的“电影”命令,在上方搜索栏中输入“卢旺达饭店”,打开如图 8-16 所示界面。

图 8-16　搜索电影

(2) 单击电影海报右侧的“下载”命令，打开如图 8-17 所示对话框。

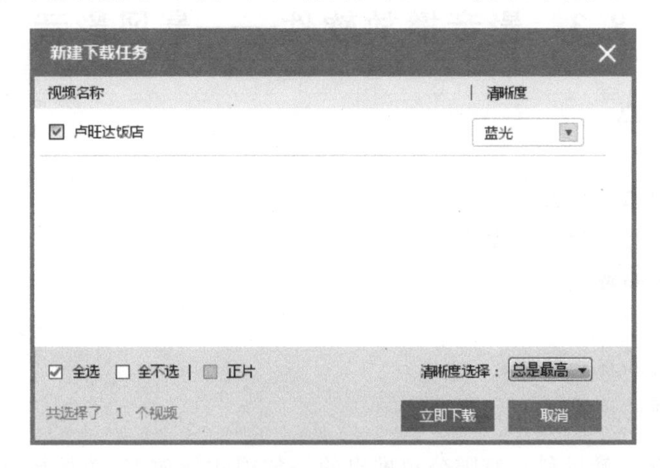

图 8-17 “新建下载任务”对话框

(3) 选择合适的清晰度，单击“立即下载”按钮，打开如图 8-18 所示窗口，可以查看下载任务进程。

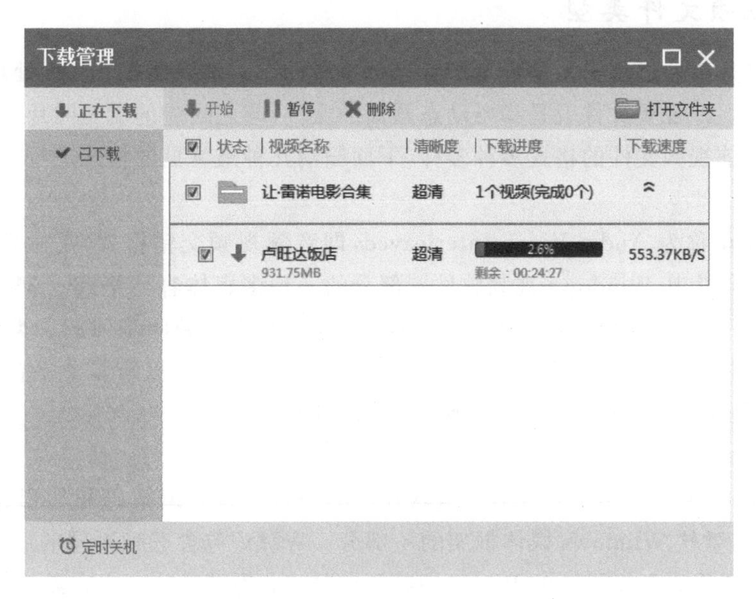

图 8-18 “下载管理”窗口

注意：*PPTV 必须登录后才可下载电影，且下载电影的数量以及清晰度均根据会员级别有不同要求。*

8.2.4 使用播放记录功能

PPTV 的播放记录功能也是非常强大的。如果用户临时中断观看某段视频，那么在 PPTV 主界面的左侧导航栏中单击“记录”命令，会显示该用户最近观看过的所有视频，以及观看进度，单击“继续播放”即可从中断处继续观看。

8.3 影音播放软件——暴风影音

本节重点和难点

重点：

(1) 了解视频文件类型；

(2) 掌握暴风影音的使用方法；

(3) 能够截图和截取片段。

难点：

(1) 截取片段和视频转码；

(2) 高级选项的设置。

暴风影音是北京暴风科技有限公司推出的一款视频播放器，该播放器兼容大多数的视频和音频格式。该软件是目前最为流行的一款影音播放软件，掌握了超过500种视频格式使用领先的MEE播放引擎，使播放更加清晰顺畅。

8.3.1 视频文件类型

视频文件是指通过将一系列静态影音以电信号的方式加以捕捉、记录、处理、储存、传送和重视的文件。即视频文件就是具备动态画面的文件，与之对应的就是图片、照片等静态画面的文件。目前视频文件的格式多种多样，下面归纳几种最常见的格式进行介绍。

1. AVI

AVI英文全称为Audio Video Interleaved，即音频视频交错格式，是微软公司于1992年11月推出、作为其Windows视频软件一部分的一种多媒体容器格式。AVI文件将音频(语音)和视频(影像)数据包含在一个文件容器中，允许音视频同步回放。类似DVD视频格式，AVI文件支持多个音视频流。这种视频格式的优点是可以跨多个平台使用，图像质量好，其缺点是体积过于庞大，在网络环境中适应性较差。

2. WMV

WMV(Windows Media Video)是微软开发的一系列视频编解码和其相关的视频编码格式的统称，是微软Windows媒体框架的一部分。WMV包含三种不同的编解码：为满足在Internet上应用而开发设计的WMV视频压缩技术；为满足特定内容需要的WMV屏幕和WMV图像的压缩技术；为满足物理介质发布的压缩技术，比如高清DVD和蓝光光碟，即所谓的VC-1。WMV格式的特点是体积小，适合在网上播放和传输。

3. MPEG

MPEG包括MPEG1、MPEG2和MPEG4。MPEG1被广泛应用在VCD制作和视频片断下载的网络应用上，可以说99%的VCD都是用MPEG1格式压缩的。MPEG2则应用在DVD的制作方面，同时在一些HDTV和一些高要求视频编辑、处理上也有应用，其图像质量性能方面的指标比MPEG1高得多。MPEG4是一种新的压缩算法，优势在于其压缩比高(最大可达4000∶1)，位元速率低，占用存储空间小，及具有较强通信应用整合能力，已成为影音领域最重要的视频格式。

4. DivX/xvid

DivX 是一项由 DivXNetworks 公司发明的，类似于 MP3 的数字多媒体压缩技术。DivX 基于 MPEG-4，可以把 MPEG-2 格式的多媒体文件压缩至原来的 10%，更可把 VHS 格式录像带格式的文件压至原来的 1%。这种编码的视频 CPU 只要是 300MHz 以上、64M 内存和一个 8MB 显存的显卡就可以流畅地播放了。采用 DivX 的文件小，图像质量更好，一张 CD-ROM 可容纳 120min 的质量接近 DVD 的电影。

5. MKV

Matroska 多媒体容器(Multimedia Container)是一种开放标准的自由的容器和文件格式，这个封装格式可把多种不同编码的视频及 16 条或以上不同格式的音频和语言不同的字幕封装到一个 Matroska Media 文档内。Matroska 同时还可以提供非常好的交互功能，而且比 MPEG 的方便、强大。Matroska 最大的特点就是能容纳多种不同类型编码的视频、音频及字幕流，甚至囊括 RealMedia 及 QuickTime 这类流媒体，可以说是对传统媒体封装格式的一次大颠覆。

6. RM / RMVB

RMVB 的前身为 RM 格式，它们是 Real Networks 公司制定的音频视频压缩规范，根据不同的网络传输速率，而制定出不同的压缩比率，从而实现在低速率的网络上进行影像数据实时传送和播放，具有体积小，画质好的优点。

7. MOV

MOV 即 QuickTime 影片格式，它是 Apple 公司开发的一种音频、视频文件格式，用于存储常用数字媒体类型。在相当长的一段时间内，都只能在苹果计算机上使用，后来才发展到支持 Windows 平台，可以说是视频流技术的创始者。

8.3.2 播放本地及网络电影

暴风影音除了兼具影音播放功能以外，同时还提供了海量电影供用户在线观看。一般情况下，只要暴风影音作为视频文件的默认打开程序，双击视频文件即可进行播放。

【案例 8-8】 使用暴风影音播放本地电影，通过搜索在线观看电影并实现下载。

案例实现

(1) 双击图标启动“暴风影音”，界面如图 8-19 所示。选择“播放列表”选项卡，单击“添加到播放列表”按钮，或者单击屏幕中间暴风影音图标下方的“打开文件”按钮，选择要播放的视频文件即可。

(2) 单击“影视列表”选项卡，在搜索栏中输入要查找的电影名，按 Enter 键，双击找到的电影即可在线播放。界面如图 8-20 所示。

(3) 右键单击电影名，在弹出的快捷菜单中选择“下载”命令，打开如图 8-21 所示对话框，设置完保存路径，单击“确定”按钮下载电影。

8.3.3 截图和连拍截图

暴风影音提供了两种截图方案，截图功能即每次只截一张图。连拍截图就是对整个视频中一个设定的片段距离进行多次截图，再将所有截图组合到一张图片上，常用于用户分享视频。

图 8-19　暴风影音界面

图 8-20　“搜索电影”界面

【案例 8-9】 使用暴风影音的截图和连拍截图功能分别进行截图操作。

案例实现

(1) 选择一个电影进行播放，单击“播放”按钮右侧的“截图”按钮，即可完成截图，在电影下方会显示截图保存路径，单击可打开该文件夹。

(2) 单击左下角“工具箱”按钮，打开如图 8-22 所示工具箱，选择“连拍”命令，完成连拍截图，最终效果如图 8-23 所示。

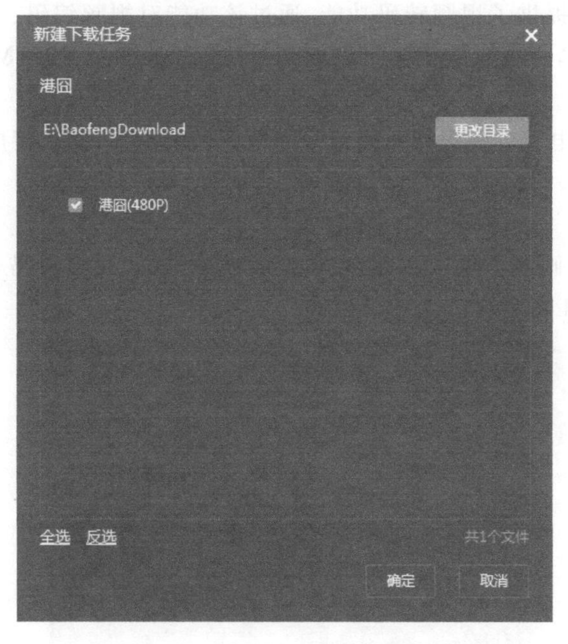

图 8-21 “新建下载任务”对话框

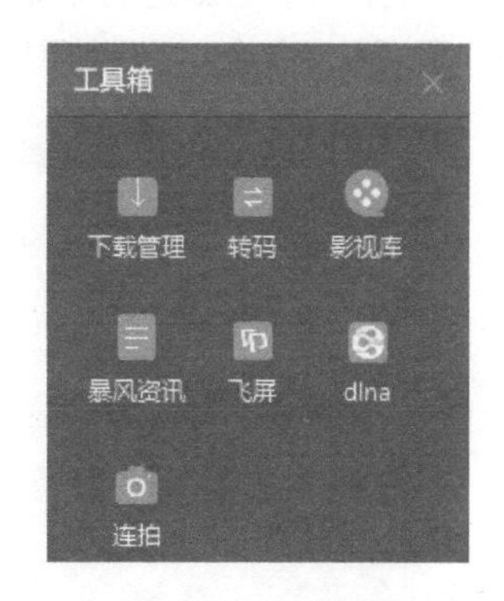

图 8-22 “工具箱”界面

图 8-23 截图效果

8.3.4 截取片段和视频转码

随着智能手机的飞速发展,越来越多的人开始使用手机看视频,如何能将计算机里的视频文件放到手机里播放?暴风影音提供了视频转码功能,通过该功能对视频编码、音频编码、分辨率、帧速率等参数进行调整,将视频输出为可以放到手机、平板电脑、PSP、MP4播放器等移动设备上的文件格式。

【案例 8-10】 使用暴风影音对电影分别进行截取片段和视频转码操作,要求将电影片段输出为手机播放格式。

案例实现

(1) 选择一个电影进行播放,在画面上单击右键,在快捷菜单中选择"视频转码/截取"中的"片段截取"命令,打开如图 8-24 所示窗口。

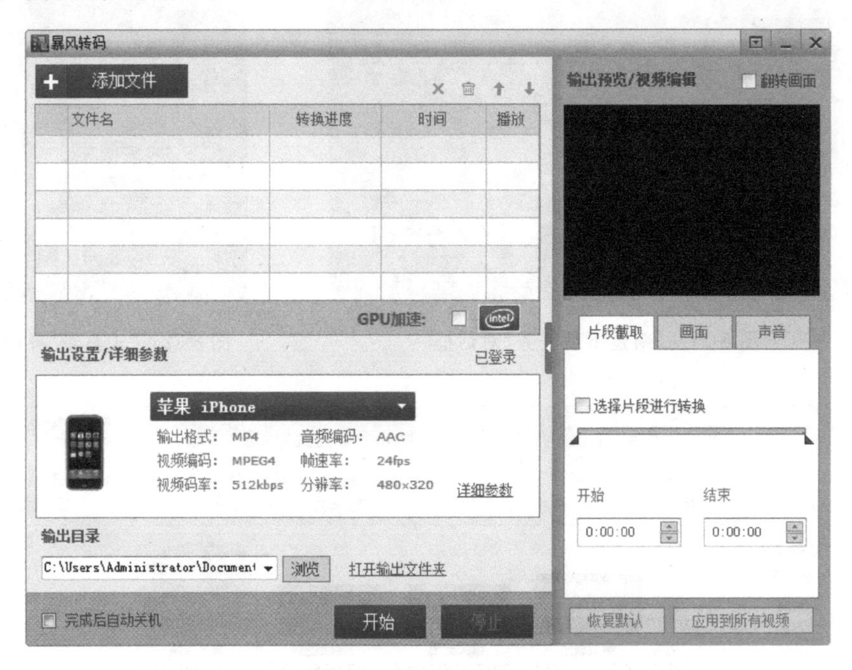

图 8-24 "暴风转码"窗口

(2) 单击"添加文件"按钮,选择转码电影。单击输出设置的详细参数,设置输出格式。在右侧的"片段截取"中,设置截取片段的开始和结束时间,单击"开始"按钮,显示如图 8-25 所示界面,开始转码。

8.3.5 设置高级选项

通过设置暴风影音的高级选项,可以提高软件的使用效率,为用户观看视频提供便利条件。

单击左上角暴风图标,选择"高级选项"命令,打开"高级选项"对话框,主要包括常规设置和播放设置两大类。常规设置又包括列表区域、文件关联、热键设置、截图设置、隐私设置、启动与退出、升级与更新、资讯与推荐、缓存设置、网络运营商等项目;播放设置包括基本播放设置、播放记忆、屏幕设置、声卡、高清播放设置等项目,如图 8-26 所示。

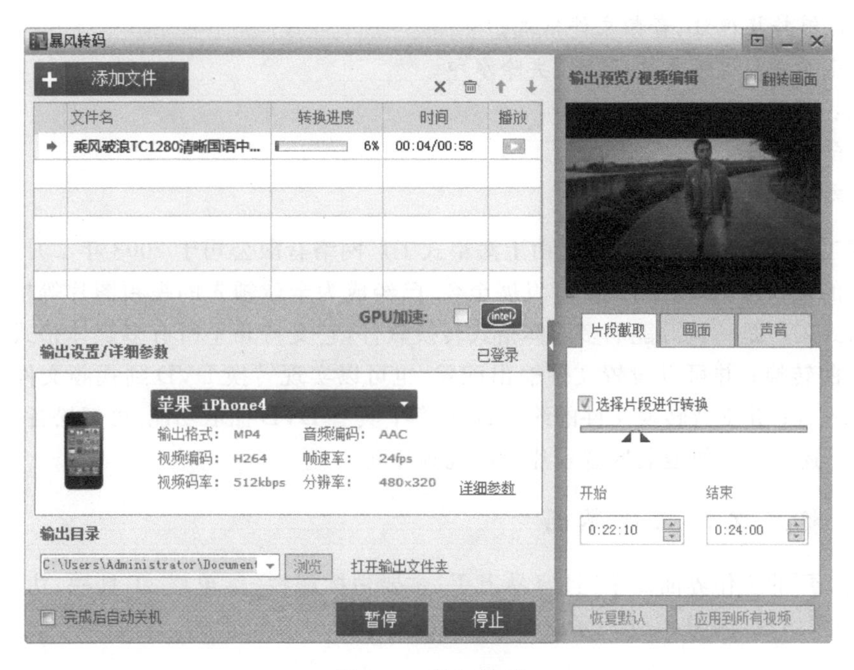

图 8-25　转码界面

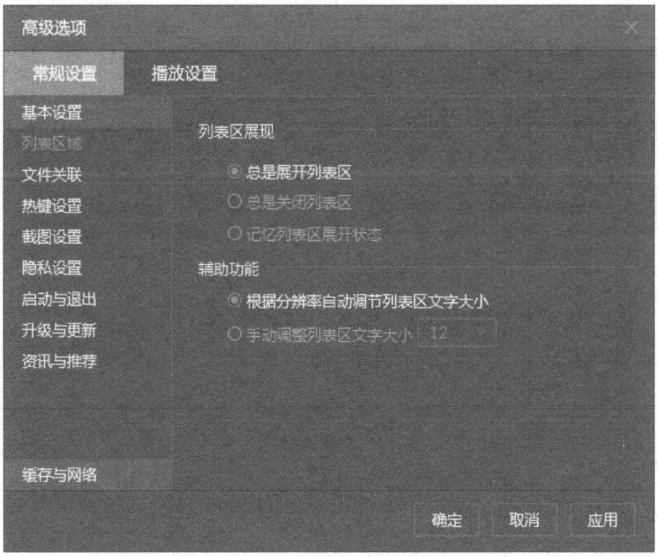

图 8-26　“高级选项”对话框

8.4　视频格式转换工具——格式工厂

本节重点和难点

重点：

(1) 熟悉格式工厂工作界面；

(2) 能够转换视频、音频文件格式；

(3) 能够分割视频文件，添加、去除水印。

难点：

(1) 合并音频文件；

(2) 文件批量重命名。

格式工厂(Format Factory)是由上海格式工厂网络有限公司于 2008 年 2 月开发，面向全球用户的互联网软件。格式工厂发展至今，已经成为全球领先的视频图片等格式转换客户端。格式工厂是一款万能的多媒体格式转换软件，它支持几乎所有多媒体格式到常用的几种格式的转换；并可以设置文件输出配置，也可以实现转换 DVD 到视频文件，转换 CD 到音频文件等；并支持转换文件的缩放、旋转等；具有 DVD 抓取功能，可轻松备份 DVD 到本地硬盘；还可以方便地截取音乐片断或视频片断。

8.4.1 格式工厂工作界面

格式工厂的工作界面简单，且容易上手，主要由标题栏、菜单栏、工具栏、功能区、任务区、状态栏等组成，如图 8-27 所示。主要功能如下。

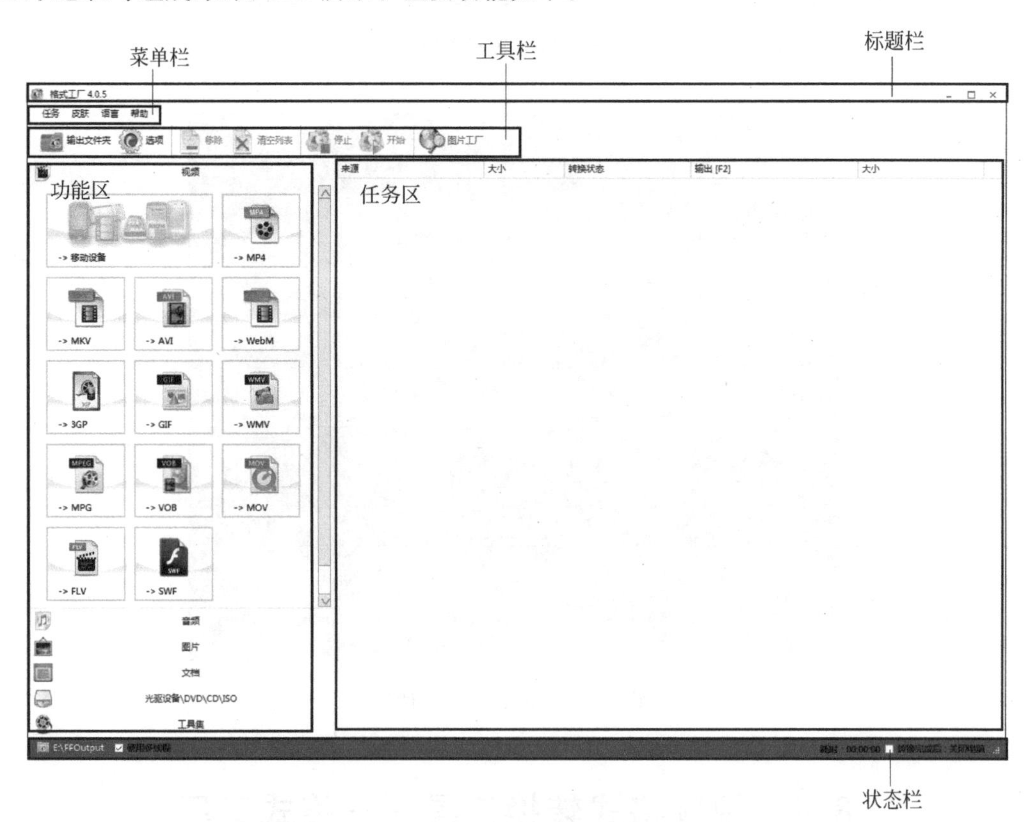

图 8-27 格式工厂工作界面

标题栏：包括控制菜单、“最大化”“最小化”和“关闭”按钮。

菜单栏：主要实现修改软件界面颜色、软件语言等功能，包括“任务”“皮肤”“语言”和

"帮助"等 4 个菜单。

工具栏：主要实现格式转换基本设置和简单控制的功能，包括输出文件夹、选项、移除、停止、开始等工具按钮。

功能区：主要实现软件的主要格式转换功能，包括视频、音频、图片、文档、光驱设备和工具集等选项卡。

任务区：主要显示格式转换的基本状态信息，包括来源、大小、转换状态、输出等信息。

状态栏：包括输出路径、耗时等信息。

8.4.2 转换视频格式

格式工厂可以在不同的视频文件格式之间进行转换，也可以根据不同类型的手机对视频的分辨率、大小等不同要求，自定义视频文件。

【案例 8-11】 使用格式工厂将视频文件转换为流媒体 FLV 格式，达到减少容量的目的。

案例实现

(1) 启动格式工厂，在左边"功能区"中，单击"视频"选项卡中的 FLV 按钮，打开如图 8-28 所示对话框。

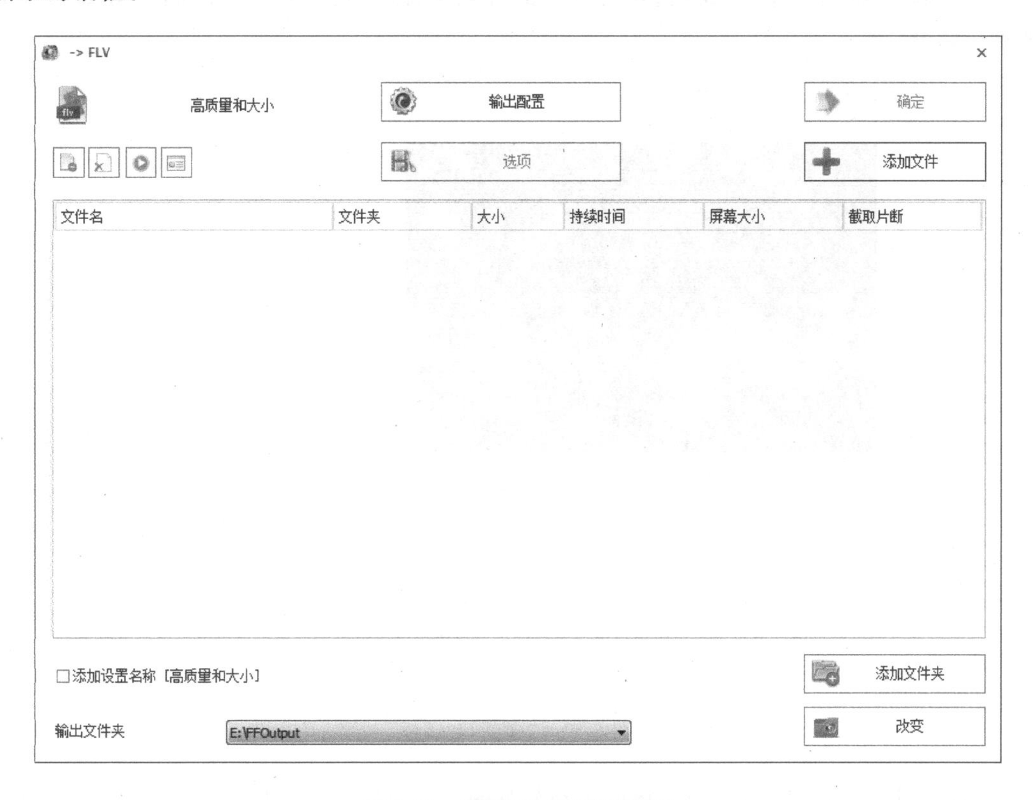

图 8-28 "视频转 FLV"对话框

(2) 单击"添加文件"按钮，选择需要转换格式的视频文件。设置"输出配置"以及"输出文件夹"，单击"确定"按钮。

(3) 单击主工作界面工具栏的“开始”按钮，开始格式转换，任务区会显示转换进度，如图 8-29 所示。

停止 暂停 图片工厂

来源	大小	转换状态	输出 [F2]	大小
乘风破浪TC1280清晰国语...	1.70G	4.0%	E:\FFOutput\乘风破浪TC1280清...	

图 8-29　格式转换进度

8.4.3　分割视频文件

对于专业人员，可以用专业的视频音频处理软件来对视频音频进行分割。但对于大多数人来说，如何能够方便快捷地分割视频音频文件？格式工厂可以轻松解决这一问题。

【案例 8-12】 使用格式工厂对视频文件分别进行分割，并截取需要的片段。

案例实现

(1) 启动格式工厂，在左边“功能区”中，单击“视频”选项卡中要转换的格式，打开“转换格式”对话框。

(2) 单击“添加文件”按钮，选择要分割的视频文件。单击“选项”按钮，打开如图 8-30 所示对话框。

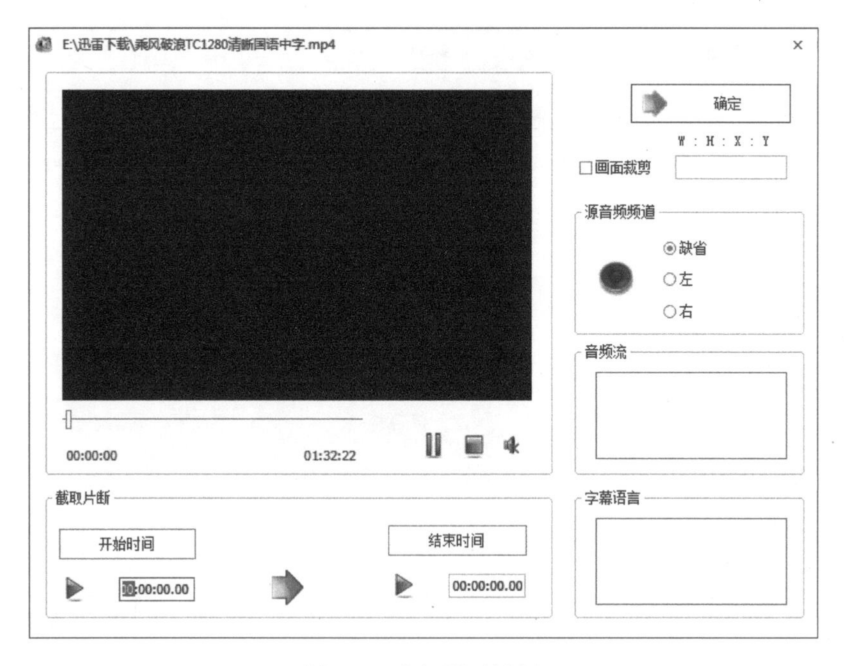

图 8-30　“选项”对话框

(3) 单击“播放”按钮，或拖曳播放头到分割的开始位置，单击“开始时间”按钮。拖曳播放头到分割的结束位置，单击“结束时间”按钮，如图 8-31 所示。

(4) 单击“确定”按钮，返回格式工厂的主界面，单击“开始”生成分割文件。

图 8-31　设置分割时间

8.4.4　视频文件添加水印

如果想给自己创作的视频加上水印，防止别人盗用视频，那么利用格式工厂软件可轻松解决这一问题。

【案例 8-13】 使用格式工厂为视频文件添加水印效果。

案例实现

(1) 启动格式工厂，在左边“功能区”中，单击“视频”选项卡中要转换的格式，打开“转换格式”对话框。

(2) 单击“添加文件”按钮，选择要添加水印的视频文件。单击“输出设置”按钮，打开“视频设置”对话框，如图 8-32 所示。

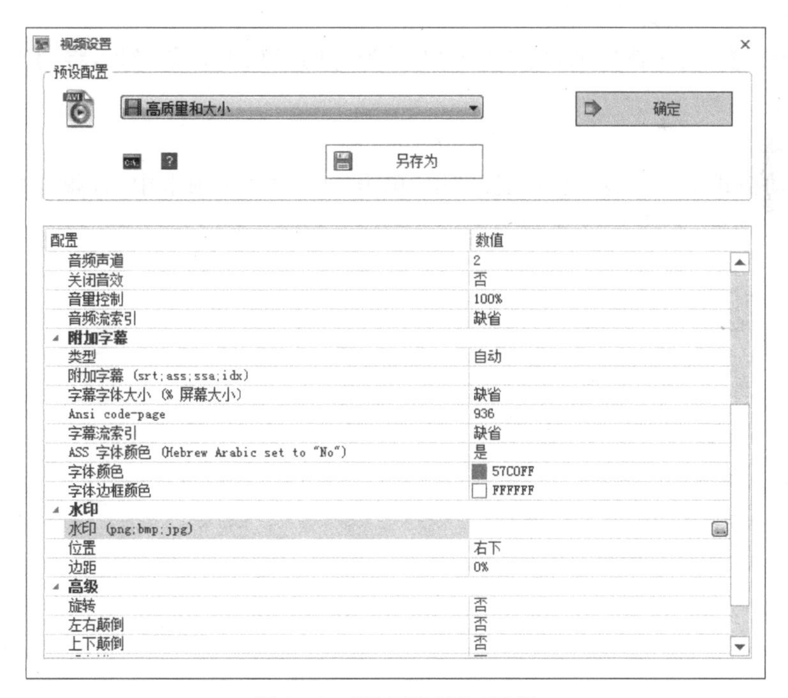

图 8-32　“视频设置”对话框

(3) 单击“水印”右侧的“浏览”按钮，导入提前制作好的水印图像，设置好位置和边距，单击“确定”按钮，返回格式工厂的主界面，单击“开始”生成添加水印的视频文件。

注意： *水印文件只有保存成 PNG 格式，才能实现背景透明的效果。*

8.4.5 视频文件去除水印

学会如何在视频上加上水印，但如何去掉视频上的水印也是我们在日常生活中经常遇到的一个问题，在这里，同样使用格式工厂软件就可以轻松解决这一难题。

【案例 8-14】 使用格式工厂为视频文件去除水印效果。

案例实现

(1) 启动格式工厂，在左边"功能区"中，单击"视频"选项卡中要转换的格式，打开"转换格式"对话框。

(2) 单击"添加文件"按钮，选择要去除水印的视频文件。单击"选项"按钮，打开"选项"对话框，勾选"画面裁剪"复选框，并设置后面的宽、高、坐标等参数，如图 8-33 所示。

(3) 单击"确定"按钮，返回格式工厂的主界面，单击"开始"生成去除水印的视频文件。

图 8-33 设置"画面裁剪"参数

注意： *使用该方法去除水印，会对画面进行裁剪从而损失画面的质量，如果对画面质量要求不是很高的视频，这是一种很好的方法。*

8.4.6 合并音频文件

在一些场合，有时会为了达到某一个特定的效果，需要将多个声音文件合并成一个文件，这就需要合并音频文件功能。

【案例 8-15】 配乐诗朗诵，使用格式工厂为诗朗诵加上背景音乐，将两个音频文件合并为一个文件。

案例实现

(1) 启动格式工厂，在左边"功能区"中，单击"工具集"选项卡中"音频合并"按钮，打开"音频合并"对话框，如图 8-34 所示。

图 8-34 "音频合并"对话框

(2) 单击“添加文件”按钮，选择要添加合并的音频文件。单击“确定”按钮，返回格式工厂的主界面，单击“开始”按钮生成合并的音频文件。

8.4.7 文件批量重命名

给多个文件重命名是一项非常烦琐且枯燥的重复工作，而通过格式工厂提供的文件重命名功能，可以起到事半功倍的效果，大大提高我们的工作效率。

【案例 8-16】 使用格式工厂将图片文件夹中的所有文件名更名为文件夹日期加数字的形式。

案例实现

(1) 启动格式工厂，在左边“功能区”中，单击“工具集”选项卡中“重命名”按钮，打开“重命名”对话框，如图 8-35 所示。

图 8-35 “重命名”对话框

(2) 单击“浏览”按钮，选择重命名的文件夹。设置文件类型为“图片”，日期为“当前日期”，间隔符为“-”，单击“重命名”按钮，显示如图 8-36 所示对话框，更名完成。

图 8-36 更名完成

(3) 重命名后文件名如图 8-37 所示。

图 8-37　重命名后效果

注意：格式工厂的重命名功能可以在不改名的前提下删除某些字符，只要在格式中选择“文件名”，在删除字符串中输入要移除的字符即可。

习　　题

一、单选题

1. 以下关于暴风影音的说法不正确的是(　　)。
   A. 支持几乎所有的音/视频格式　　B. 可以播放在线影视
   C. 可以截取视频片段　　D. 可以逐帧播放 Flash 动画
2. 以下关于格式工厂的说法不正确的是(　　)。
   A. 支持 DVD 转换到视频文件　　B. 支持 DVD/CD 转换到 ISO/CSO
   C. 刻录 ISO 镜像光盘　　D. 支持 ISO 与 CSO 互换
3. 使用格式工厂进行视频格式转换，不能进行的设置是(　　)。
   A. 截取视频片段　　B. 进行画面裁剪
   C. 设置输出画面的大小　　D. 调整多个文件的上下次序
4. 以下关于格式工厂，说法不正确的是(　　)。
   A. 可以进行音频合并　　B. 可以进行视频合并
   C. 可以进行图片合并　　D. 可以进行音视频合并
5. 在格式工厂的主界面功能列表中没有的功能项是(　　)。
   A. 音频　　B. 视频　　C. 图片　　D. 选项
6. 要进行影音合成，需在格式工厂主界面的左侧列表中选择(　　)。
   A. 音频　　B. 视频　　C. 图片　　D. 工具集

二、判断题

1. 酷狗音乐能够实现“听歌识曲”语音搜索。( )

2. WAV 格式的声音,音质非常优秀,占用磁盘空间少,适用于网络传播和各种光盘介质存储。( )

3. 使用暴风影音欣赏影片时,想截取精彩画面,可以在画面播放处按下 F5 键。( )

4. 在暴风影音中,单击播放窗口可以进入全屏播放。( )

5. MOV 是 Microsoft 公司开发的一种音频、视频文件格式。( )

第9章

手机管理软件

本章说明

手机，特别是智能手机，被使用得越来越普遍，已经成为人们必备的基本设备之一。其中，智能手机得到了快速发展，其功能越来越多，应用领域越来越广泛。如何更好地利用和发挥好智能手机的作用，是非常必要的。

本章结合一些常用的手机管理工具，如91手机助手、豌豆荚手机助手等，介绍手机的相关概念和使用方法。

本章主要内容

- 手机软件概述
- 手机驱动及管理软件
- 豌豆荚手机助手

当前，手机已经成为重要的终端，是人们使用最普遍的设备之一。智能手机(Smart Phone)与计算机一样，有相应的处理器和操作系统，运行在操作系统之上的各种应用软件非常多。其中，一类手机软件是针对手机的管理软件。这类软件能够方便地管理手机中的文件信息、优化手机性能、实现手机与计算机的连接和信息传输等。

9.1 手机软件概述

本节重点和难点

重点：

(1) 手机软件的概念和分类；

(2) 手机操作系统的概念和作用；

(3) 手机 App 的含义；

(4) 手机刷机的含义。

难点：

(1) 手机操作系统和 App 的理解和区别；

(2) 手机驱动程序的理解。

与计算机软件类似，手机软件也分为系统软件和应用软件两类。

系统软件指的是负责管理、调度、控制、协调及维护硬件设备，负责对软件系统的管理，支持各种应用软件的开发、运行及管理的程序集。系统软件包括操作系统、语言处理程序等。其中，最基本的就是操作系统。常见的智能手机操作系统有 Android OS、iOS、Symbian OS、Windows Phone、Blackberry 等。

手机应用软件也被称为手机 App(Application)，是解决具体领域中的具体问题的软件。这类软件的种类可以涉及智能手机的全部应用领域。例如，手机浏览器软件、微信系统、音乐播放软件、相片管理软件、日历、计算器等。

1. 手机 App 的文件格式

手机 App 运行于各种手机操作系统之上，一般有不同的通用格式。例如：Android 系统的 App 格式主要为 apk；苹果 iOS 系统的 App 格式主要为 ipa，pxl，deb；微软的 Windows Phone 系统的 App 格式为 xap。

2. 手机 App 商店

为了方便为用户提供各种 App 软件，一种通用的做法是提供一个统一的 App 商店。例如，华为应用市场，小米应用商店，360 手机应用商店，百度 Android 应用中心等。

3. 手机 App 的开发语言

目前，手机 App 已成为发展最迅速、应用最广泛、创新型最高的领域之一。当然，这是需求推动创新发展的结果，即人们对于手机这种移动终端的不断的、更高要求的智能化性能追求。

越来越多的开发者致力于手机 App 的开发和创新，使得 App 迅猛发展起来。

可供 App 开发的编程语言很多，不同系统下的主要开发语言有所侧重。

(1) 安卓 Android 系统下的开发语言一般为 Java。开发者可利用谷歌(Google)公司的 Android SDK 开发包构建开发环境，并使用 Java 开发 App。所开发的 App 运行在基于安卓系统的智能手机中。

(2) 苹果 iOS 系统下的开发语言常用 Objective-C。开发者可以直接使用苹果公司的 iOS SDK 开发包构建开发环境。在 iOS SDK 下,可以编写 App 源代码,并进行编译、运行,从而完成 App 的开发全过程。在 iOS SDK 下开发的是运行于 iPhone 和 iPad 的手机 App。

(3) 塞班 Symbian 系统下的开发语言为 C++。

(4) 微软 Windows Phone 系统下的开发语言为 C#。

总而言之,不同的智能手机系统使用不同的开发语言和工具。开发者可以利用相应的开发工具开发不同的 App 供各种手机用户使用。

4. 手机 App 的特点

在手机 App 的发展过程中,充分借鉴了计算机软件开发的优点,又结合了 App 自身的优势,从而表现出了许多特点。

1) 开放性

大部分手机系统均采取了开放、开源的标准,使得从 App 的开发、升级到维护都更加方便,从而缩短了开放周期,极大地推动了 App 的快速发展。

2) 创新性

创新性是手机 App 最大的亮点。诸如微信、打车软件、移动智慧医疗、移动公交、移动智慧农业等均是 App 的创新,极大地拓展了 App 的应用领域,提升了人们的生活质量。

3) 易开发性

手机系统的开放、开源、可移植性标准,以及所采用的开放框架和语言,均使得几乎任何有兴趣于 App 开发的人员都可以较容易地上手,几乎可通过自学掌握 App 的开发技能。

4) 开发者众多

由于 App 易于开发且发展潜力巨大,从而吸引了众多的开发者加入。这种发展形势的优势就是集中了越来越多的开发者。

5) 智能性

移动智能是手机 App 的典型形象。手机 App 对人们的行为可以说“了如指掌”,并能够指导人们进行更优化的决策和行为。

6) 应用领域广

手机 App 已经深入到了人们的生活、学习、工作的各个方面,深入到了第一产业、第二产业、第三产业的各个领域。移动购物、移动学习、移动办公已经非常普遍,工业、农业、服务业等都实现了移动控制。

7) 个性化

对于开发者而言,可以充分实现自己的设计和创意,对于用户来讲,允许进行个性化的设置,体现个性化特点。

这种自由的个性化特点极大地吸引了大量用户以及众多的开发者,从而进一步推动了 App 的发展。

8) 低成本

App 一系列的特点导致了开放和使用的低成本性。不论是开发者还是使用者,成本几乎不再是障碍,这对 App 能够发展而言是又一个重要因素。

9.1.1 手机驱动程序

设备驱动程序(Device Driver)简称为驱动程序，是实现计算机与其他硬件设备进行连接和通信的软件程序，是计算机与硬件的接口，操作系统通过这个接口来管理控制硬件设备。

手机驱动程序是用来连接计算机与手机的程序。通过该驱动程序，计算机可以对手机中的存储器进行访问，以实现对手机中的文件内容进行读取、复制、删除等的管理。

不同类型的手机需要不同的驱动程序。

9.1.2 手机操作系统

从功能上看，智能手机兼具“掌上电脑”及“手机”的功能。普通手机的通话功能是智能手机的基本功能。除此之外，智能手机具备了个人计算机的信息管理和无线网络通信的大部分功能。

智能手机已经演变为一台移动终端。智能手机具备性能强大的处理器、大容量存储器、触屏等硬件设备。

1. 手机硬件结构

智能手机的基本硬件结构如图 9-1 所示。

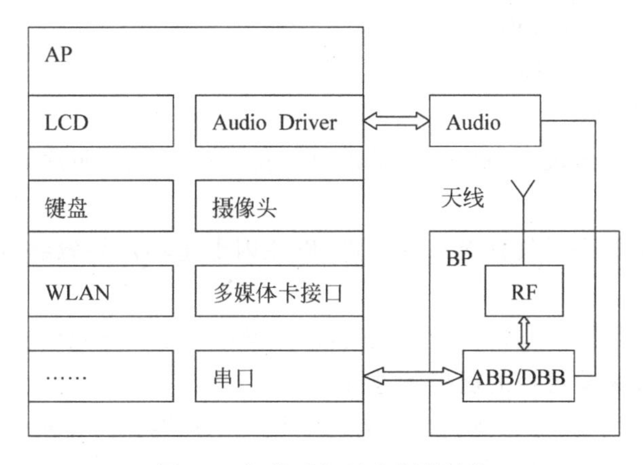

图 9-1 智能手机基本硬件结构

智能手机的基本结构是具有应用处理器(Application Processor，AP)和基带处理器(Baseband Processor，BP)的双处理器架构。

手机操作系统和 App 应用软件都由应用处理器运行。

无线通信功能主要由基带处理器负责完成，诸如 ABB/DBB(Analog Baseband，模拟基带；Digital Baseband，数字基带)、信号调制解调、信道编码解码、无线 Modem 控制等。

AP 与 BP 之间的通信采用 USB、串口、总线等方式实现。

其他部分包括 Audio(音频)芯片、LCD 控制(液晶显示器)、Camera(摄像机)控制器、扬声器、RF(Radio Frequency，射频)天线等。

手机存储器包括：ROM、RAM 等。

手机外部设备包括：触屏、听筒、话筒、摄像头、蓝牙、WiFi 等。

2. 手机操作系统

手机操作系统是实现对手机硬件、软件进行管理的软件系统，运行于手机 AP 之上。

目前主要的手机操作系统有：Android(谷歌)、iOS(苹果)、Windows Phone(微软)等。

Android 意为“机器人”，起源于 2003 年创办的一家名为 Android 的公司，主要业务为手机软件和手机操作系统，后被 Google 收购。

Android 支持 64 位处理器、高屏幕分辨率、蓝牙、指纹识别、CDMA 网络、网页浏览、屏幕虚拟键盘、来电照片显示、应用权限管理等。

华为 EMUI，小米 MIUI 系统、中国移动 OMS 都是基于 Android 的系统。

9.1.3 了解手机刷机

手机刷机是重装、升级、维护手机操作系统的操作。

(1) 升级手机操作系统。手机厂家推出了升级后的系统，就可以通过刷机的方式更新系统。

(2) 为手机系统打补丁。手机系统发现了一些错误、漏洞、不足等 Bug 后，可以通过刷机的方式下载安装补丁程序。

(3) 更新系统，增加新的系统功能。

一些意外情况下，也需要通过刷机的方法解决。

(1) 手机被锁死，需要解锁。

(2) 手机系统损坏，无法启动。

刷机的注意事项如下。

(1) 刷机之前要对手机中的重要信息进行备份，如通讯录、照片等，以防止刷机过程中数据丢失。

(2) 刷机时要确保手机具有充足的电量，以免因电量不足导致刷机中途中断造成不必要的损失。

(3) 刷机前要认真阅读刷机的相关说明，以免操作不正确导致刷机失败。

(4) 刷机应该在风险可控的前提下进行。

需要说明的是，手机厂家不支持用户自己刷机。用户遇到需要刷机的情况，可找相应的厂家售后服务中心，厂家会帮助解决。

大多手机上都有“恢复出厂”设置功能，但刷机与恢复出厂是不同的。刷机是重新安装手机系统，恢复出厂是还原手机原来的系统。

刷机时，将删除手机中所有数据，包括各种用户数据、应用软件以及原有的系统，包括用户设置。因此，刷机前要备份手机数据。

手机刷机涉及的一些概念如下。

(1) BootLoader。

BootLoader 的功能类似于计算机的 BIOS，是启动手机系统前用来初始化硬件、建立内存映射，并加载整个系统的程序。

(2) ROM。

ROM 是 ROM image(只读存储器镜像)的简称。手机 ROM 指的是将只读存储器镜像(ROM image)重新写入只读存储器(ROM)。

(3) Fastboot 和 Recovery 刷机模式。

Fastboot 通称线刷,通过 USB 数据线连接手机后进行刷机的模式。

Recovery 通称卡刷,先将刷机保存到 SD 卡,再进行刷机的模式。

(4) 手机 ROOT。

一般相对 Android 手机系统有此概念,指的是获得 Android 系统的超级用户权限。获取 ROOT 权限是不被手机厂家认可的行为,获取 ROOT 后一般会失去厂家的保修。获取 ROOT 容易造成手机不能正常开机,不能使用手机的功能等后果。

9.2 手机驱动及管理软件

本节重点和难点

重点:

(1) 手机驱动程序的概念和分类;

(2) 手机驱动程序的作用;

(3) 手机驱动程序的安装。

难点:

(1) 手机驱动程序的安装;

(2) 手机与计算机的连接和信息存取。

9.2.1 安装 USB 驱动

安装手机 USB 驱动程序有两种基本的方法。一是通过 Windows 系统的设备管理器安装;二是通过 USB 驱动管理软件安装。下面分别介绍基本过程。

1. 通过 Windows 设备管理器安装

(1) 根据手机型号下载对应的 USB 驱动程序。

(2) 用手机数据线将手机连接到计算机的 USB 口上。

(3) 鼠标右击桌面上"我的电脑"图标,在弹出的快捷菜单中选择"属性"命令。

(4) 在弹出的对话框中单击"设备管理器",出现如图 9-2 所示的窗口,其中黄色叹号所指示的即为待安装的手机设备。

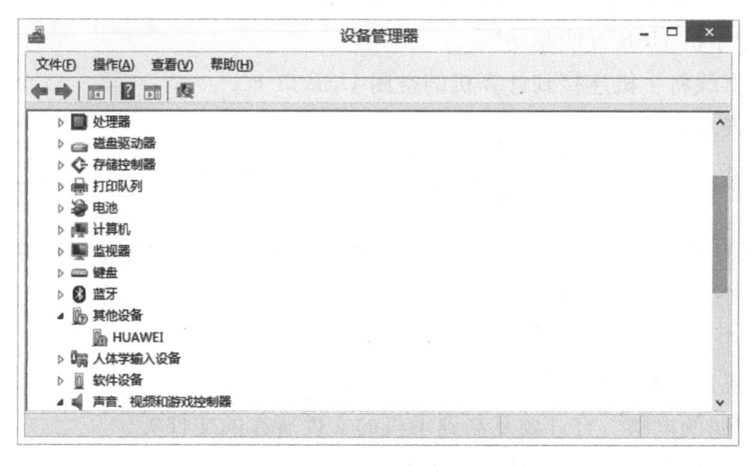

图 9-2 "设备管理器"窗口

(5) 双击该设备,弹出如图 9-3 所示的对话框,单击"更新驱动程序"按钮。

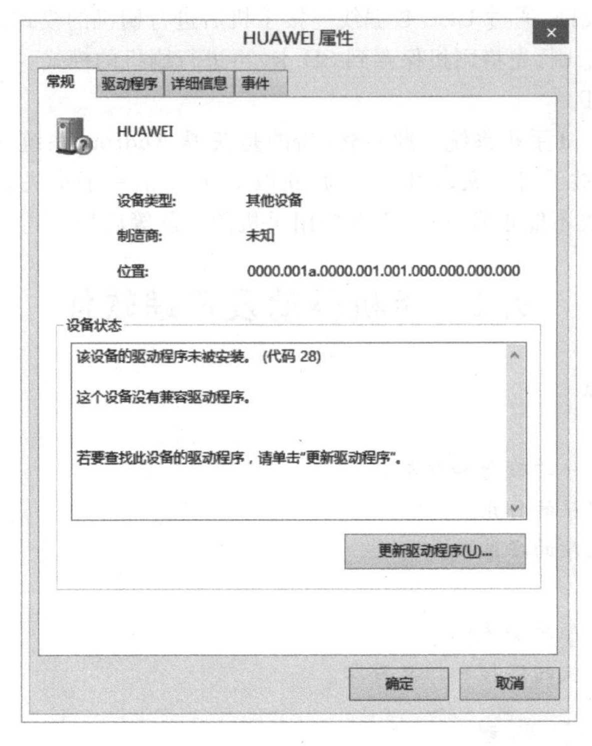

图 9-3 "更新驱动程序"对话框

(6) 单击"从列表或指定位置安装"。

(7) 选择事先下载的驱动程序,完成安装。

2. 通过 USB 驱动管理软件安装

USB 驱动管理软件是用来安装 USB 驱动程序的软件。市场上有很多这样的软件工具。例如,"手机 USB 万能驱动"是一个手机 USB 通用驱动程序,适合所有手机 USB 接口与计算机通信的驱动程序。驱动安装完成以后,请重新启动计算机。

(1) 在计算机上下载并安装"手机 USB 万能驱动"。

(2) 启动"手机 USB 万能驱动"。

(3) 用数据线将手机连接到计算机的空闲 USB 口上。

(4) 按照安装向导,逐步完成安装。

9.2.2 复制计算机文件至手机

安装手机 USB 驱动程序后,手机就可以连接到计算机了。被连接到计算机上的手机作为计算机的一个存储设备,可以进行相互间的文件复制、移动等管理。

将计算机中的文件复制到手机的基本步骤如下。

(1) 将手机通过数据线连接到计算机的 USB 口上。

(2) 打开"我的电脑",打开要复制到手机的文件所在的文件夹。

(3) 选择所要复制的全部文件。

(4) 单击右键，在弹出的快捷菜单中选择“复制”命令。

(5) 从“我的电脑”中打开手机设备，打开目标文件夹，如图 9-4 所示。

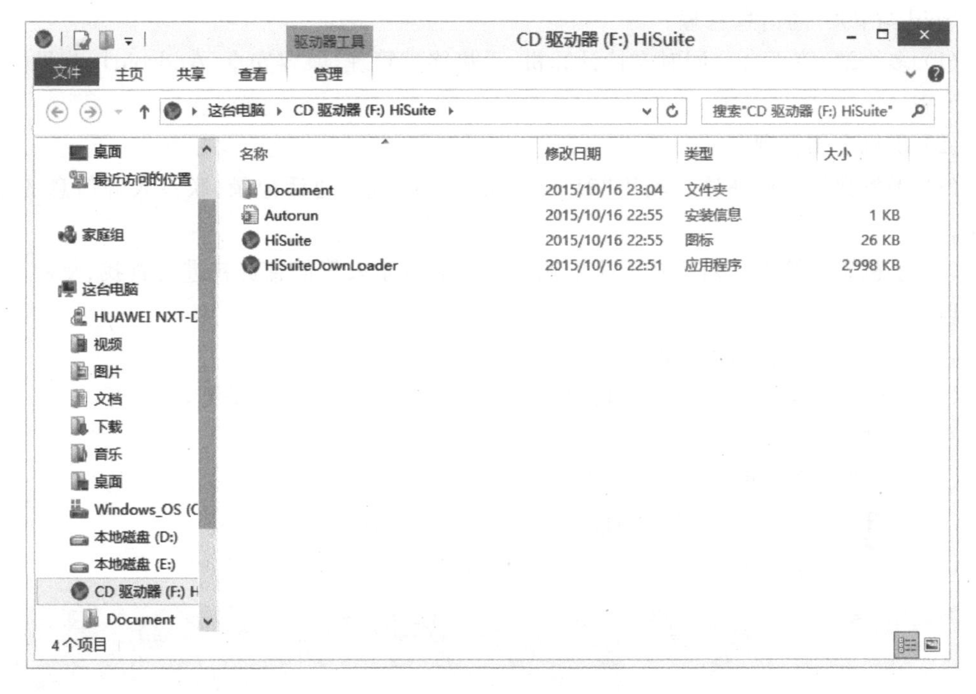

图 9-4　手机存储器窗口

(6) 在目标文件夹中单击鼠标右键，在弹出的快捷菜单中选择“粘贴”命令。

(7) 在手机目标文件夹中看到了已经复制好的文件，完成文件复制任务。

9.2.3　使用 91 手机助手

针对手机的管理，市场上推出了很多手机管理软件。例如，“91 手机助手”是福州博远无线网络科技有限公司所开发的手机管理软件，使用方便简单。

“91 手机助手”包括 PC 端软件和移动端软件。

“91 手机助手”移动端(手机版)包括安卓(Android)版及 iOS 版。

1. “91 手机助手”移动端基本功能

(1) 下载手机 App。

(2) 提供主题、壁纸、铃声等服务。

(3) 支持 USB(数据线)连接、WiFi 无线连接。

(4) 管理手机信息资料，包括短信、联系人、音乐、壁纸等。

(5) 全能搜索，提供语音、文字搜索，支持二维码、图标扫描。

(6) 通过“我的 91 云”实现数据的备份与还原。

(7) App 升级提示。

(8) “每日一推”功能。将用户可能感兴趣的内容，如 App、壁纸、新闻等内容推送给用户。

2. “91 手机助手”计算机端基本功能

91 助手计算机(PC)版是一个智能终端管理工具,支持跨终端(PC 与手机)、跨平台(Android 与 iOS)的信息管理。

(1) 多终端,跨平台。同时支持计算机、手机终端管理,兼容安卓(Android)、苹果(iOS)平台设备。

(2) 手机应用管理。

(3) 手机数据备份还原。利用“91 云存储”进行短信、通话记录、联系人等信息的备份还原。

(4) 手机资料管理。对手机产生的照片、日程、联系人等信息资料进行查找、复制、删除等管理。

(5) “防预装”功能,卸载预装应用。

(6) 个性化手机生活。提供手机电子书、电子杂志、铃声、图片壁纸、主题等。

3. 安装“91 手机助手”

(1) 下载“91 手机助手”。

(2) 打开安装程序,根据安装向导提示逐步完成安装。

(3) 启动“91 手机助手”,出现如图 9-5 所示的窗口。

图 9-5 “91 手机助手”窗口

(4) 将手机数据线接到计算机上,并接上手机。

(5) “91 手机助手”会自动识别是否已经在计算机中安装了相应的驱动程序。若没有安装,则根据“91 手机助手”的提示下载并安装驱动程序,如图 9-6 所示。

(6) 驱动程序安装好后,“91 手机助手”会提示手机已连接,并显示该手机型号。

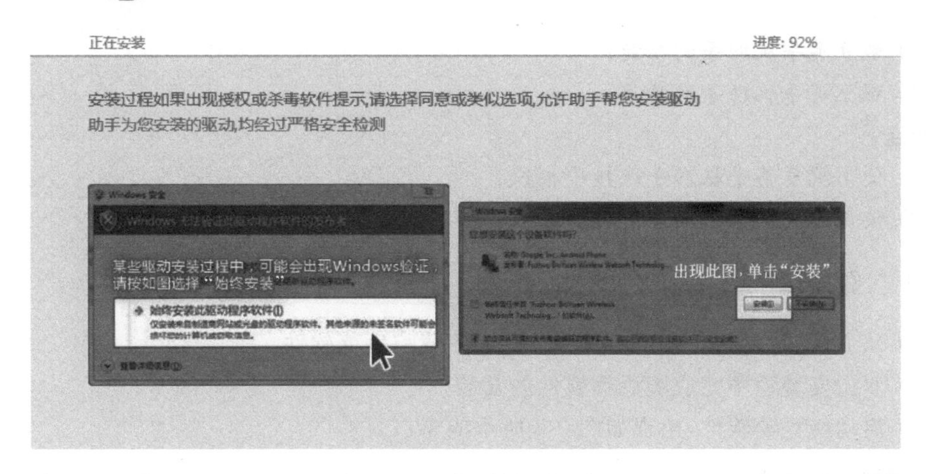

图 9-6　识别安装驱动程序

(7) 根据"91 手机助手"的提示,双击下载的后缀名为.apk 的文件,安装手机端软件,看到安装成功提示。

(8) 可以在 PC 端及手机端打开"91 手机助手",进行文件数据的管理,如图 9-7 所示。

图 9-7　管理手机应用窗口

9.3 豌豆荚手机助手

本节重点和难点

重点：

(1) 豌豆荚手机助手的功能；

(2) 豌豆荚手机助手的应用。

难点：

(1) 使用豌豆荚手机助手连接手机；

(2) 使用豌豆荚手机助手管理联系人。

9.3.1 使用豌豆荚软件连接手机

(1) 从 http://www.wandoujia.com/上下载豌豆荚软件。

(2) 双击安装程序完成豌豆荚软件的安装。

(3) 启动豌豆荚软件，出现如图 9-8 所示的窗口。

图 9-8 “豌豆荚”软件主窗口

(4) 将手机数据线接到计算机 USB 口上，接上手机。

(5) 豌豆荚软件自动识别并安装手机驱动程序。

(6) 豌豆荚软件自动安装豌豆荚客户端到手机中。

(7) 在手机端和计算机端都可看到手机与计算机已经连接好。

(8) 使用豌豆荚软件提供的下载、管理、设置等功能。

9.3.2 添加联系人

当手机与计算机连接好之后,“豌豆荚”软件会自动读取手机中的联系人信息。单击“豌豆荚”主界面中的“通讯录”,进入联系人管理页面,在此可以进行下列操作。

(1) 新建联系人。

(2) 编辑联系人。

(3) 删除/合并联系人。

(4) 导入/导出联系人。

(5) 拨打电话。

1. 添加新的联系人

(1) 单击“新建联系人”。

(2) 输入姓名、昵称、电话、电子邮箱等新的联系人信息。

(3) 单击“保存”按钮,完成。

2. 导出联系人

(1) 单击“导出”。

(2) 选择导出文件格式,单击“下一步”按钮。

(3) 选择导出的联系人类型,选择保存位置。

(4) 单击“保存”按钮,导出完成。

3. 导入联系人

(1) 单击“导入”。

(2) 单击“从指定文件导入”导入。

(3) 指定要导入的联系人文件。

(4) 单击“打开”按钮,单击“下一步”按钮,选择“导入手机账号”。

(5) 单击“确定”按钮,完成导入工作。

9.3.3 升级手机软件

1. 豌豆荚计算机版

(1) 打开计算机上安装的豌豆荚。

(2) 将手机通过数据线连接到计算机的 USB 口上。

(3) 单击“应用”按钮。

(4) 选择欲升级的应用软件,单击“升级”按钮。完成软件升级。

2. 豌豆荚手机版

(1) 打开手机上的“豌豆荚”。

(2) 进入“豌豆荚”主界面后,单击“应用”按钮。

(3) 单击“查看全部”。

(4) 选择欲升级的应用软件,单击“升级”按钮。

(5) 升级完成。

9.3.4 下载影视内容

1. 豌豆荚计算机版

(1) 打开计算机上安装的豌豆荚。

(2) 将手机通过数据线连接到计算机的 USB 口上。

(3) 单击“视频”。

(4) 选择欲下载的视频,单击“下载”,完成视频下载。

2. 豌豆荚手机版

(1) 打开手机上的“豌豆荚”。

(2) 进入“豌豆荚”主界面后,单击“视频”。

(3) 选择欲下载的视频。

(4) 单击“下载”按钮。

(5) 下载完成。

9.3.5 备份手机数据

1. 使用“豌豆荚”备份手机数据

(1) 打开手机上的“豌豆荚”。

(2) 进入“豌豆荚”主界面后,单击“备份和恢复”。

(3) 指定要备份的文件内容,如通讯录、微信等。

(4) 指定备份的目标地址。

(5) 单击“备份”,完成备份。

2. 使用“豌豆荚”恢复手机数据

(1) 打开手机上的“豌豆荚”。

(2) 进入“豌豆荚”主界面后,单击“备份和恢复”。

(3) 指定要恢复的文件内容,如通讯录、微信等。

(4) 单击“恢复”,完成数据恢复。

习　　题

一、单选题

1. 下列不属于手机操作系统的是(　　)。

　A. Android OS　　B. iOS　　C. Symbian OS　　D. Windows 7

2. 下列不属于手机操作系统功能的是(　　)。

　A. 管理手机硬件　　B. 管理手机 App

　C. 管理用户手机开机指纹识别　　D. 管理用户习惯

3. 下列不属于手机 App 的是(　　)。

　A. 微信系统　　B. 手游系统　　C. 手机浏览器　　D. 手机键盘

4. 下列不属于手机 App 格式的是(　　)。

　A. apk　　B. xap　　C. ipa　　D. xls

5. 通常不是用来开发手机 App 的计算机语言是(　　)。

A. C#　　B. Java　　C. C++　　D. VB

6. 通常不属于手机设备的是(　　)。

A. BP　　B. AP　　C. PRINTER　　D. LCD

7. 不属于手机刷机的是(　　)。

A. 升级手机 App　　B. 升级手机操作系统

C. 增加手机操作系统功能　　D. 为手机系统打补丁

8. 未能实现的智能手机功能是(　　)。

A. 收发微信　　B. 控制蔬菜大棚　　C. 进行人脑思维　　D. 语音翻译

9. 不属于豌豆荚手机助手的功能是(　　)。

A. 使用豌豆荚连接手机　　B. 添加联系人

C. 升级手机软件　　D. 开发 App

10. 不属于"91 手机助手"软件功能的是(　　)。

A. 备份手机数据　　B. 还原手机数据　　C. 下载 App　　D. 手机刷机

二、判断题(正确的填写"√",错误的填写"×")

1. 有的计算机不需要安装手机驱动程序就可以读取手机信息。(　　)
2. 手机 App 也是一种操作系统。(　　)
3. 手机刷机可能导致手机数据丢失。(　　)
4. 手机都可以通过 USB 口与计算机连接。(　　)
5. 可以把计算机中各种类型的文件复制到手机中。(　　)
6. 可以把手机中各种类型的文件复制到计算机中。(　　)
7. 使用"91 手机助手"可以更方便地管理手机文件。(　　)
8. "豌豆荚手机助手"可以恢复手机中被误删除的文件。(　　)
9. "豌豆荚手机助手"软件可以压缩手机中的文件。(　　)
10. 手机 App 商店可以为用户提供各种手机应用系统和操作系统。(　　)
11. 可以把手机中的数据备份到服务提供商的服务器中。(　　)
12. 华为 EMUI,小米 MIUI 系统都属于手机操作系统。(　　)
13. Android OS 是一款常用的手机 App。(　　)
14. 智能手机通常采用具有应用处理器和基带处理器的双处理器架构。(　　)
15. 智能手机和计算机一样可以访问互联网。(　　)

第 10 章

系统测试与优化软件

本章说明

使用一台计算机，一般都想了解计算机各个方面的性能，这时，可以使用一些系统测试软件进行测试。而从另一种角度来说，通过测试硬件性能，可以了解计算机系统存在的"瓶颈"，合理配置计算机或方便以后升级；可以根据测试给出的测试结果，合理优化硬件；还可以了解计算机有多大的"能耐"，从而按照实际情况来使用计算机。计算机操作系统使用时间长了就会出现很多的"系统垃圾"，系统的运行速度会变得很慢，影响使用效率，这时就需要对系统进行优化。

本章主要内容

- 系统测试软件的使用
- 系统优化软件的使用

目前有许多优秀的系统性能测试软件工具，用户只需通过简单的操作就可非常详细地获取到计算机的相关信息，如 CPU 信息、主板信息、内存信息等。系统环境的优化主要是指操作系统的优化和各种硬件设备的优化。其优化的方法有两种：一种是通过手工优化；另一种是通过使用第三方的系统优化软件如“超级兔子”“Windows 优化大师”等软件来进行优化。本章介绍几种常用的系统性能测试与优化软件。

10.1 系统测试工具

本节重点和难点

重点：

(1) 计算机性能测试工具 wPrime 的使用；

(2) 国际象棋基准测试工具的使用。

难点：

系统硬件识别工具 EVEREST 的使用。

系统测试工具一方面可以查看计算机软件、计算机硬件、外设、网络等已安装的其他设备，是否已经完美结合在了一起，是否有矛盾或冲突以及不正常工作的地方，另外一方面可以测试整个计算机系统在处理大规模任务的时候，处理的速度和效率如何，以及是否可以长时间、稳定地工作，从而对整个计算机系统有一个全面的认识。

10.1.1 系统硬件识别工具 EVEREST

EVEREST 是一款全面检测各种硬、软件信息的工具软件，市场上能够见到的硬件它都支持。在检测一台新组装的计算机的实际工作情况方面，EVEREST 是一款比较常用的测试工具，能够把检测到的信息保存为各种形式的文件，方便查看，EVEREST 主界面如图 10-1 所示。

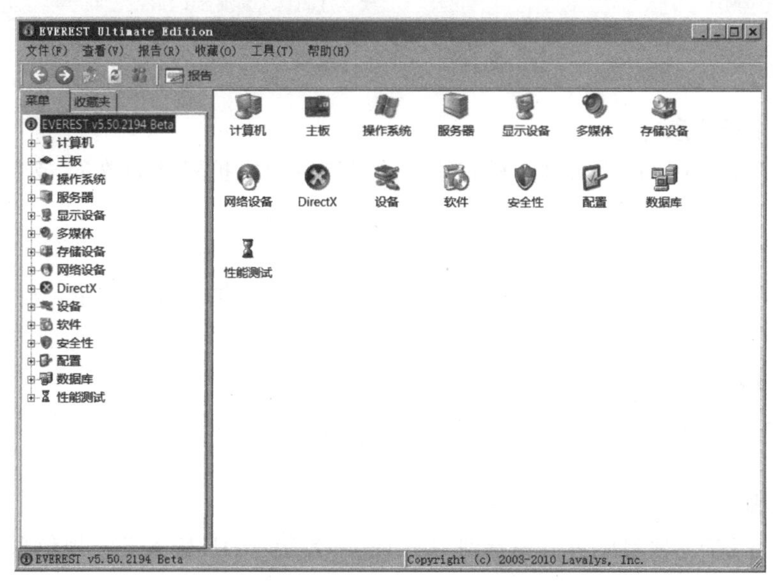

图 10-1 EVEREST 主界面

1. 选择计算机主测试项目进行初步检测

选择“计算机”主测试项目，在分支项目中选择“概述”信息，右边窗口即是本机各部分的简明信息。从中可以看出操作系统版本、DX版本、CPU型号（包括外频与倍频）、主板型号（包括芯片组和扩展槽的数量型号）、显示卡型号及显示器型号等基本信息。

2. 查看CPU的信息

选择“主板”主项目，在CPU中可以看到CPU的型号、版本号、支持指令集、晶体管数量、电压以及功耗等详细信息，如图10-2所示。

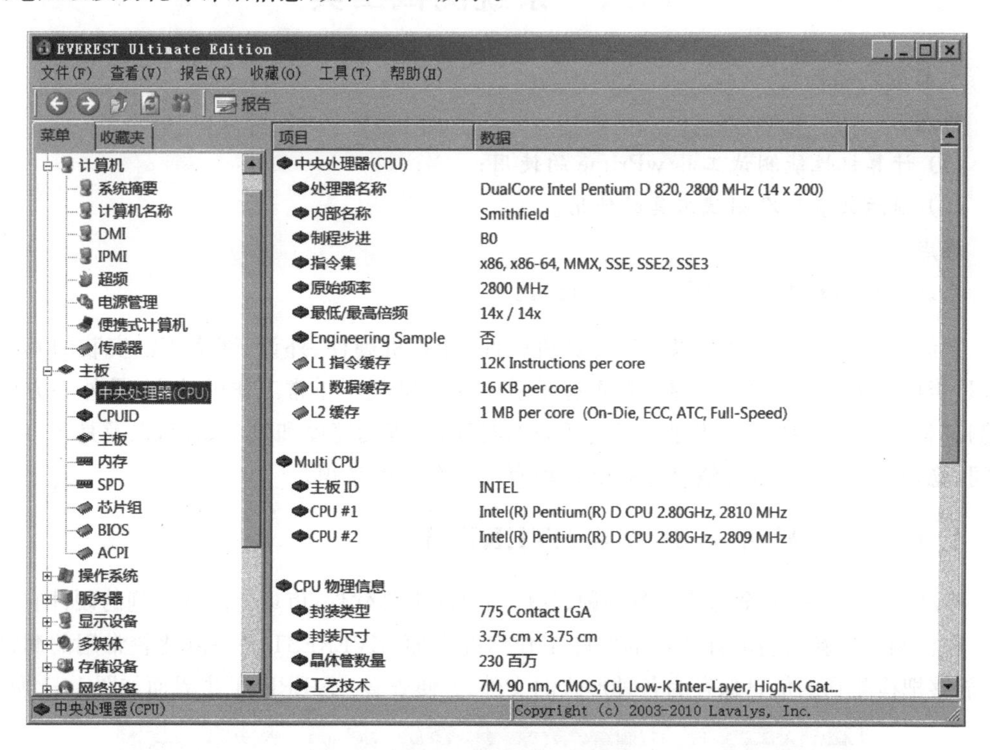

图10-2 CPU详细信息

3. 查看主板信息

在“主板”分支中可以查看到主板芯片组的封装、型号、扩展槽的数量、支持的内存频率等信息。

4. 查看SPD信息

在“主板”分支中可以查看到主板芯片组的封装、型号、扩展槽的数量、支持的内存频率等信息。

5. 查看BIOS信息

在BIOS中有BIOS的版本、日期和生产商的信息，如果BIOS版本太老，还会及时给出更新的建议。

6. 查看操作系统信息

在“操作系统”主项目中可以查看到关于DirectX版本、IE版本等常规信息。

10.1.2 计算机性能测试工具

CPU 是计算机的核心部件，相当于人的大脑，其运行速度决定了计算机整体性能，可以通过一些软件测试计算机的性能。

1. wPrime

wPrime 是一款通过算质数来测试计算机运算能力等的软件（特别是并行能力）。例如，可以选择计算 32MB 的数据，测试计算机计算所需的运行时间，如图 10-3 所示。

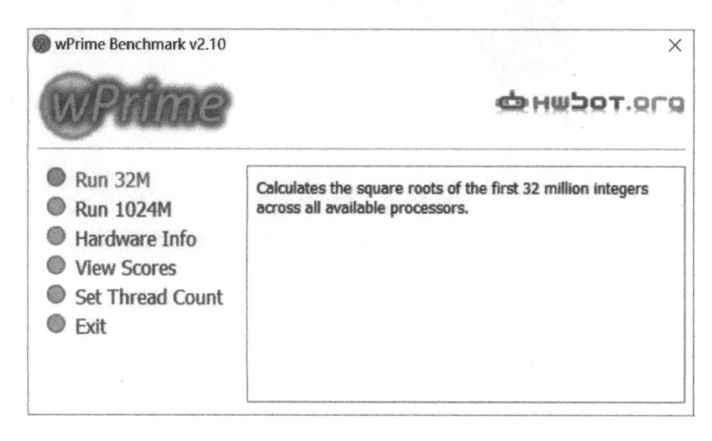

图 10-3 wPrime 主界面

当测试完成，可以选择 View Scores，显示一下计算成绩为 21.004，即完成计算所需的时间 21.004s，如图 10-4 所示。

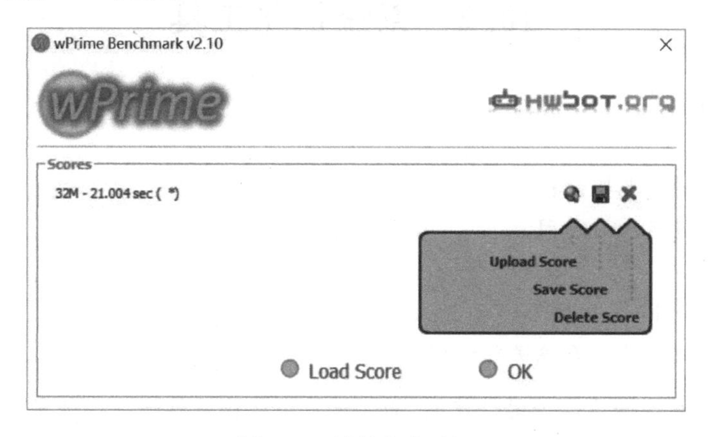

图 10-4 计算完成时间

2. 国际象棋

国际象棋基准测试是“国际象棋高手”游戏软件的一部分，该测试软件在计算机性能测试方面已经获得国际认可。

国际象棋基准测试可以让 X86 计算机可以模拟能完成 IBM“深蓝”当初所做的事情，对国际象棋的步法预测和计算。虽然现在的个人计算机依然无法与十多年前 IBM 的“深蓝”相提并论，并且无论是在处理器架构方面、节点方面还是 AIX 操作系统方面都有很大的差距，但是国际象棋基准测试依然是目前在个人计算机方面最好的步法计算和预测软件，同时也可以使用户对等地看到目前所使用的个人计算机到底达到了一个什么样的水平。该软件还给出了一个基准参数，就是在以 P3 1.0GHz 处理器、每秒运算 48 万步的性能为基准。例如，以下测试结果表示目前的计算机运行速度是 P3 1.0GHz 的 CPU 的 11.45 倍，如图 10-5 所示。

图 10-5　国际象棋测试结果

10.2　系统优化工具

本节重点和难点

重点：

(1) 注册表的基本概念；

(2) 系统垃圾产生的原因。

难点：

(1) 使用 Windows 优化大师对系统优化；

(2) 使用超级兔子对系统进行清理。

为使计算机系统始终保持最佳状态，通过计算机优化软件清理各种无用的临时文件，释放硬盘空间；清理注册表里的垃圾信息，减少系统错误的产生，阻止一些不常用程序开机自动执行，以加快开机速度，加快上网和关机速度，或进行计算机系统的个性化设置。

10.2.1　什么是注册表

注册表是 Windows 的一个内部数据库，它是微软专门为操作系统设计的一个系统管理数据库。注册表中存放着各种参数，直接控制着系统启动、硬件驱动程序的装载以及一些应用程序的运行，从而在整个系统中起着核心作用。如果注册表受到了破坏，如果启动运行异常，重者会使整个系统瘫痪。所以运用一般的系统优化软件，要特别注意，慎用优化注册表。

Windows 的注册表存储当前系统的软、硬件的有关配置和状态信息，以及应用程序和资源管理器外壳的初始条件、首选项和卸载数据，还包括计算机的整个系统的设置和各种许可，文件扩展名与应用程序关联，硬件的描述、状态和属性，以及计算机性能记录和底层的系统状态信息，以及各类其他数据。每次启动时，会根据计算机关机时创建的一系列文件创建注册表，注册表一旦载入内存，就会被一直维护着，注册表实际上是一个系统参数的关系数据库，因每次启动都要加载注册表，所以注册表中如果存在大量垃圾数据，会严重影响计算机的运行速度。

10.2.2 Windows 优化大师

Windows 优化大师是一款优化操作系统的软件，Windows 优化大师可以对 Windows 系统进行全面、有效、安全的检测、优化、清理和维护，让系统始终保持在最佳状态。

下面介绍一下 Windows 优化大师的主要功能。

1. 系统优化

打开“系统优化”窗口，包括系统加速、内存及缓存优化、服务优化、开关机优化、网络加速、多媒体设置、文件关联修复，如图 10-6 所示。

图 10-6 系统优化

2. 系统清理

打开“系统清理”窗口，包括垃圾文件清理、磁盘空间分析、系统盘瘦身、注册表清理、用户隐私清理、系统字体清理。通过以上功能可以清理掉一些垃圾、网络历史痕迹、Windows 使用痕迹、应用软件历史痕迹、表单输入内容、已经保存的密码等内容，如图 10-7 所示。

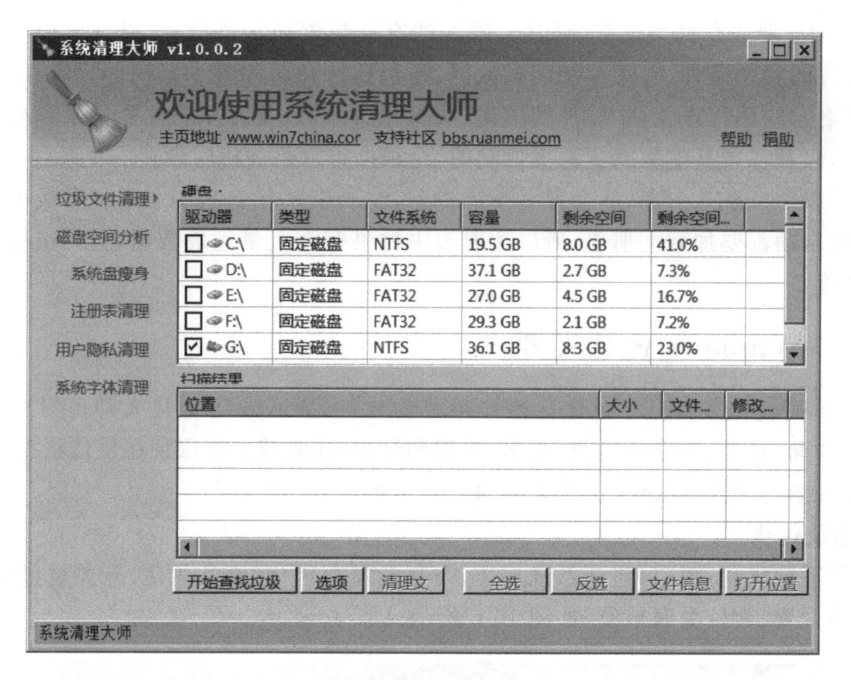

图 10-7　系统清理

3. 安全优化

打开“安全优化”窗口，包括系统安全，用户账户控制，用户登录管理，控制面板，驱动器设置，网络共享，Host 文件管理，阻止程序运行等功能，通过以上功能可以实现对一些系统功能使用的限定，例如注册表、控制面板、账户登录信息等，如图 10-8 所示。

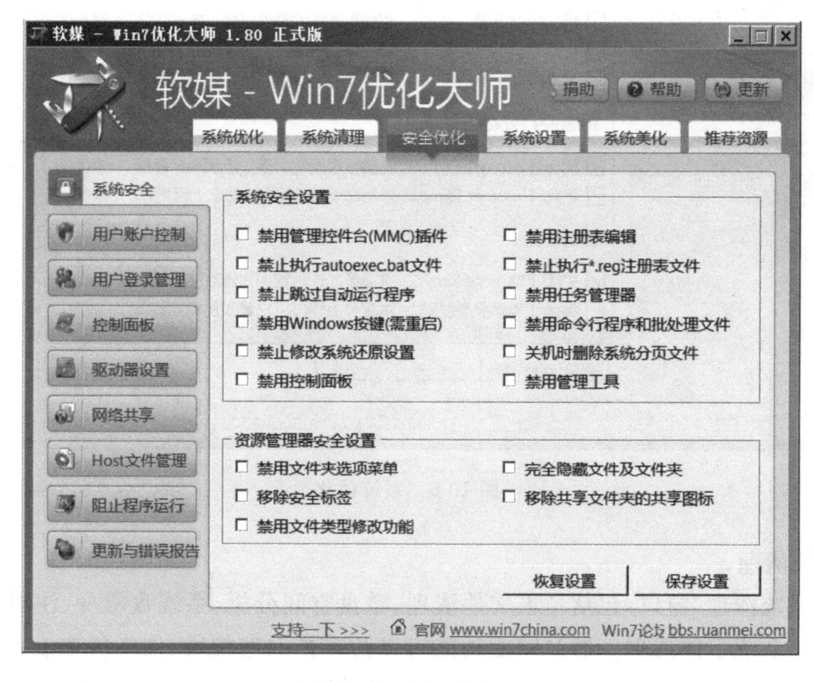

图 10-8　安全优化

4. 系统设置

打开“系统设置”窗口，包括启动设置、右键菜单、“开始”菜单、系统文件夹、IE 管理大师、网络设置、运行快捷命令等功能。通过以上功能可以对启动项设置，可以设置右键菜单，删除一些不用的右键菜单，可以对“开始”菜单进行管理，添加或删除一些菜单项，还可以对系统文件夹进行管理，对 IE 浏览器进行优化与管理，如图 10-9 所示。

图 10-9　系统设置

10.2.3　超级兔子

超级兔子也是常用的系统优化软件。这款软件是完全免费的，功能也非常强大，可以对系统进行全方位的优化和维护，该软件因系统清理方面功能比较突出，被大量计算机用户所使用。

1. 清理痕迹

清理痕迹功能包括清理 IE 使用痕迹，将使用过的登录信息、搜索记录、浏览过的网站信息等相关内容清除，清理软件使用的记录，包括已经打开过文件的链接等，如图 10-10 所示。

2. 清理垃圾文件

Windows 下的很多软件都会保留一些最新使用的信息，IE 浏览网页后也会留下大量的缓存文件，久而久之系统就会相当臃肿。“清除垃圾”成为需要，只要选择需要清理的垃圾文件的复选框即可指定清理文件，释放更多磁盘空间，提升计算机系统存储空间使用效率。全面清理注册表无效、冗余的文件，提升计算机系统性能，如图 10-11 所示。

3. 清理注册表

Windows 中一些软件虽然被卸载了，可能信息还保留在注册表中，形成冗余。清理注册表功能，可以针对诸多无效、冗余、没用的软件信息进行清理，使注册表整体瘦身，提高计算机整体运行速度，如图 10-12 所示。

图 10-10　清理痕迹

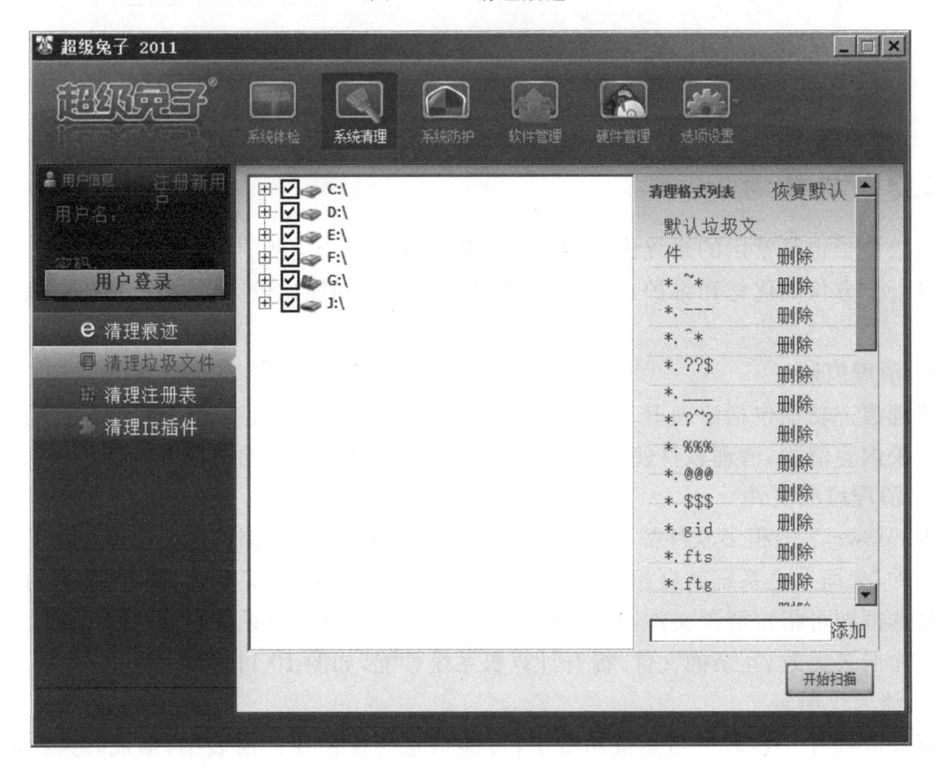

图 10-11　清理垃圾文件

图 10-12　清理注册表

4. 清理 IE 插件

可检测 IE,全面查找、清理浏览器中存在的不常用插件,提高浏览网页的速度,如图 10-13 所示。

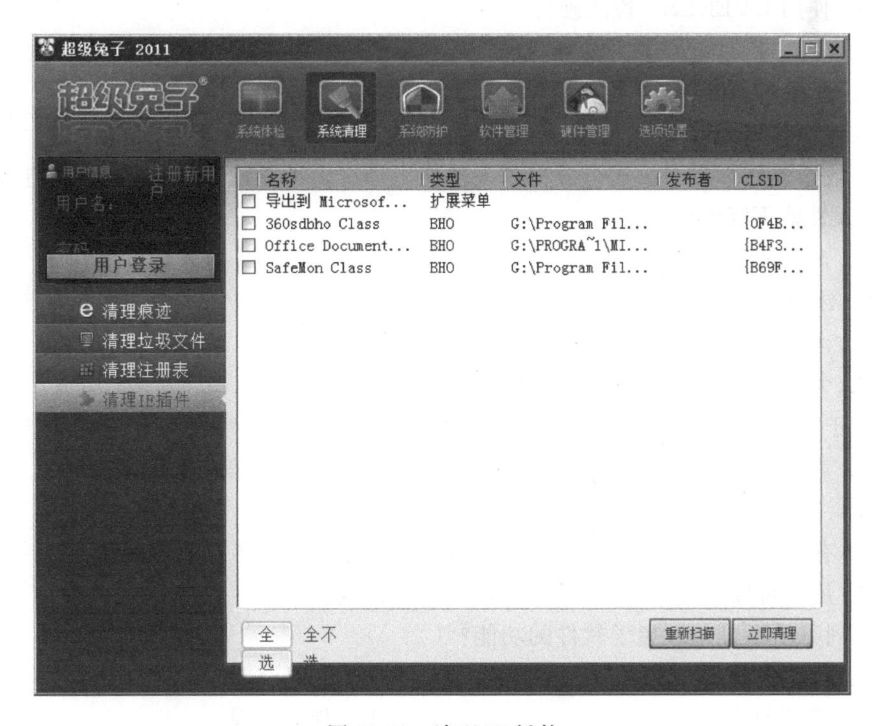

图 10-13　清理 IE 插件

习　题

一、单选题

1. 超级兔子注册表优化工具软件中，提供了备份功能，它备份的是(　　)。

A. 文件　　B. 注册表　　C. 整个磁盘　　D. 系统文件

2. 大量的磁盘碎片可能导致的后果不包括(　　)。

A. 计算机软件不能正常运行　　B. 有用的数据丢失

C. 使计算机无法启动　　D. 使整个系统崩溃

3. 关于超级兔子注册表优化工具软件的说法中，正确的是(　　)。

A. 它可对注册表进行修改

B. 它可对注册表进行优化

C. 当注册表受到损坏时，它不能恢复原有的注册表

D. 它可删除系统中的垃圾文件

4. 大量的磁盘碎片可能导致的后果不包括(　　)。

A. 计算机软件不能正常运行　　B. 有用的数据丢失

C. 使计算机无法启动　　D. 使整个系统崩溃

5. Windows 优化大师提供的文件系统优化功能包括(　　)。

① 优化文件系统类型　② 优化 CD/DVD-ROM　③ 优化毗邻文件和多媒体应用程序

A. ①②　　B. ②③　　C. ①②③　　D. ①③

6. 下列方法中，能增加系统硬盘空间的是(　　)。

A. 使用 EVEREST 检测硬件

B. 使用“超级兔子魔法设置”修复 IE

C. 使用“Windows 优化大师”清理磁盘垃圾

D. 使用“Windows 优化大师”增大磁盘缓存

7. 一般造成计算机系统运行缓慢以及性能下降有多种原因，下列哪项不会造成系统运行缓慢以及性能下降？(　　)

A. 产生的垃圾文件过多

B. 注册表会变得非常庞大

C. 计算机硬件配置比较低

D. 大量的垃圾文件存放在系统文件夹内影响检索速度

8. 关于 Windows 注册表，下列说法错误的是(　　)。

A. 注册表只存储了有关计算机的软件信息，硬件配置信息无法保存

B. 注册表是一个树状分层的数据库系统

C. 有些计算机病毒会恶意改注册表，达到破坏系统和传播病毒的目的

D. 用户可以通过注册表来调整软件的运行性能

9. 下列哪项不是超级兔子软件的功能？(　　)

A. 优化系统　　B. 上网设置

C. IE 修复专家　　D. 刻录光碟

10. 关于 Windows 优化大师说法不正确的是(　　)。

A. 可检测硬件信息　　B. 可备份系统驱动

C. 可制作引导光盘镜像文件　　D. 可清理系统垃圾

11. 下列哪项不是 Windows 操作系统自带的优化工具?(　　)

A. 碎片整理　　B. 取消多余的启动项

C. 关闭多余的服务　　D. Windows 优化大师

二、判断题

1. 对于 Windows 的启动项,禁用一些不必要的启动项,可以提高系统启动速度。(　　)

2. 优化大师就是让系统运行后没有垃圾文件。(　　)

3. 利用 Windows 优化大师不可以加快开机速度。(　　)

4. 利用优化大师可以清理 ActiveX、注册表、系统日志和冗余 DLL。(　　)

5. 在 Windows 优化大师中,开机速度优化的主要功能是优化开机速度和管理开机自启动程序。(　　)

6. 常见的系统垃圾文件有软件运行日志、软件安装信息、临时文件、历史记录、故障转储文件和磁盘扫描的丢失簇。(　　)

7. 注册表直接影响到系统运行的稳定性。(　　)

8. 卸载软件采用直接删除安装目录的方式即可。(　　)

9. 安装的软件越多,系统文件夹,如 Windows 文件夹中的文件也越来越多。(　　)

10. 计算机文件长时间使用,会使得文件存放变得支离破碎,文件内容会散布在存储设备的不同位置上,例如光盘、硬盘上的文件。(　　)

参 考 文 献

［1］ 丁爱萍．计算机常用工具软件．北京：电子工业出版社，2016．

［2］ 于冬梅．计算机常用工具软件案例教程．北京：清华大学出版社，2016．

［3］ 高凯，王俊社，仇晶．Android 智能手机软件开发教程．北京：国防工业出版社，2012．

［4］ 杨青平．深入理解 Android：Telephony 原理剖析与最佳实践．北京：机械工业出版社，2013．

图书资源支持

感谢您一直以来对清华版图书的支持和爱护。为了配合本书的使用，本书提供配套的资源，有需求的读者请扫描下方的“书圈”微信公众号二维码，在图书专区下载，也可以拨打电话或发送电子邮件咨询。

如果您在使用本书的过程中遇到了什么问题，或者有相关图书出版计划，也请您发邮件告诉我们，以便我们更好地为您服务。

我们的联系方式：

地　　址：北京海淀区双清路学研大厦A座707

邮　　编：100084

电　　话：010－62770175－4604

资源下载：http://www.tup.com.cn

电子邮件：weijj@tup.tsinghua.edu.cn

QQ：883604(请写明您的单位和姓名)

资源下载、样书申请

书圈

用微信扫一扫右边的二维码，即可关注清华大学出版社公众号“书圈”。

图书资源支持

[illegible]

[illegible]

[illegible]区下载，也可以拨打电话或[illegible]件咨询。

如果您在使用本书的过程中遇到了什么问题，或者有相关图书出版计划，

请您发邮件告诉我们，以便我们更好地为您服务。

[illegible]

[illegible]

邮　　编：100084

电　　话：010-62770175-4604

资源下载：http://www.tup.com.cn

[illegible]：weiji@tup.tsinghua.edu.cn

QQ：[illegible]

用微信扫一扫右边的二维码，即可关注清华大学出版社[illegible]